A LÓGICA DA VIDA

Uma história da hereditariedade

BIBLIOTECA DE FILOSOFIA
E HISTÓRIA DAS CIÊNCIAS

Vol. n.º 13

FRANÇOIS JACOB

A LÓGICA DA VIDA

Uma história da hereditariedade

Traduzido por Ângela Loureiro de Souza
Revisão técnica de Roberto Machado

2ª Edição

Capa: Fernanda Gomes
Revisão tipográfica: Umberto Figueiredo Pinto

Traduzido do original francês *La logique du vivant,*
edição francesa de 1970.
1ª Edição:1983

Direitos adquiridos para a lingua portuguesa por
EDIÇÕES GRAAL Ltda.
Rua Gal. Venâncio Flores, nº 305 cj 904 - LEBLON
22441-090 - Rio de Janeiro - RJ.
Tel.:**(021)2512.8744**
Rua do Triunfo, 177
012012-010 - São Paulo - SP.
Tel.:(011)**3337.8399**

Copyright by Éditions Gallimard

2001
Impresso no Brasil/*Printed in Brazil*

CIP-Brasil. Catalogação-na-fonte
Sindicato Nacional dos Editores de Livros, RJ.

J161
Jacob, François.
A lógica da vida : uma história da hereditariedade / François Jacob ; tradução de Ângela Loureiro de Souza. — Rio de Janeiro : Edições Graal, 1983.
(Biblioteca de filosofia e história das ciências ; v. n. 13)

Tradução de: La Logique du vivant

1. Hereditariedade I. Título II. Título: Uma história da hereditariedade III. Série

83-0309

CDD — 575.1
CDU — 575.1

SUMÁRIO

PREFÁCIO   7

INTRODUÇÃO.
 O programa   9

CAPÍTULO UM.
 A estrutura visível   25
 A geração   26
 A decifração da natureza   34
 O mecanismo   38
 As espécies   50
 A pré-formação   59
 A hereditariedade   73

CAPÍTULO DOIS.
 A organização   81
 A memória da hereditariedade   82
 A arquitetura oculta   90
 A vida   95
 A química do vivo   99
 O plano de organização   107
 A célula   118

CAPÍTULO TRÊS.
 Os cataclismos   138
 As transformações   149
 Os fósseis   159
 A evolução   166

CAPÍTULO QUATRO.

O gen   *185*
A experimentação   *187*
A análise estatística   *198*
O nascimento da genética   *207*
O jogo dos cromossomos   *214*
As enzimas   231

CAPÍTULO CINCO.

A molécula   *251*
As macromoléculas   *253*
Os microrganismos   *263*
A mensagem   *269*
A regulação   *280*
A cópia e o erro   *287*

CONCLUSÃO.

O íntegron   *299*

ÍNDICE REMISSIVO   *323*

PREFÁCIO

Uma época ou uma cultura caracteriza-se mais pela natureza das questões que coloca do que pela extensão de seus conhecimentos. Este livro é uma história das questões formuladas a respeito da hereditariedade, mais do que das respostas que lhe foram dadas. É a história das tentativas de colocar novas questões, ou melhor, de colocar as antigas questões de maneira nova. E, através deste questionamento incessantemente remanejado durante quatro séculos, assiste-se à gradual transformação da maneira de considerar a vida e o ser humano. Eles se tornam objeto de pesquisa e não mais de revelação.

Ao contrário do que freqüentemente se pensa, tanto o espírito quanto o produto são importantes na ciência. Tanto a aceitação da mudança, o primado da crítica, a submissão ao imprevisto, por mais embaraçoso que seja, quanto o resultado, por mais novo que seja. Há muito tempo os cientistas renunciaram à idéia de uma verdade última e intangível, imagem exata de uma "realidade" que estaria a postos apenas esperando o momento de ser revelada. Já sabem que devem se contentar com o parcial, com o provisório. Tal procedimento freqüentemente vai de encontro à tendência natural do espírito humano, que busca unidade e coerência em sua representação do mundo sob seus mais diversos aspectos. De fato, este conflito entre o universal e o local, entre o eterno e o provisório reaparece periodicamente em certas polêmicas. Por exemplo, a que coloca os partidários da criação contra os da evolução e que utiliza os mesmos argumentos já usados por Huxley e Wilberforce, Agassiz e Gray. Os primeiros sempre encontram, no mais ínfimo detalhe da natureza, o sinal que prova infalivelmente a conclusão a que eles não imaginam ser possível deixar de subscrever. Os outros procuram incansavelmente nesta mesma natureza traços de acontecimentos, que freqüentemente não foram deixados, com o objetivo de reconstruir aquilo que eles querem que seja não um mito, mas uma história, uma teoria que evolui. Este diálogo de surdos oporá eternamente os que recusam uma visão universal e imposta do mundo e os que não podem viver sem ela.

Há alguns anos os cientistas vêm sendo objeto de censuras. São acusados de não possuírem coração nem consciência, de não se interessarem pelo resto da humanidade; e mesmo de serem indivíduos perigosos que não hesitam em descobrir e utilizar meios de destruição e de coerção terríveis. Exagera-se sua importância. A proporção de pessoas imbecis e sem caráter é uma constante presente em todas as amostras de uma população, sejam compostas por cientistas ou por agentes de seguro, por escritores ou por camponeses, por padres ou por políticos. E, apesar do Dr. Frankenstein e do Dr. Strangelove, as catástrofes da história têm sido fruto mais da atuação de padres e de políticos que de cientistas.

Pois não é somente o lucro que faz com que os homens se matem. É também o dogmatismo. Nada é mais perigoso que a certeza de ter razão. Nada causa tanta destruição quanto a obsessão de uma verdade considerada absoluta. Todos os crimes da história são conseqüência de algum fanatismo. Todos os massacres foram realizados por virtude, em nome da religião verdadeira, do nacionalismo legítimo, da política idônea, da ideologia correta; em suma, em nome do combate a Satã. A frieza, a objetividade freqüentemente apontadas como características condenáveis dos cientistas talvez sejam mais convenientes que a febre e a subjetividade para tratar de certos assuntos humanos. Pois não são as idéias da ciência que engendram as paixões. São as paixões que utilizam a ciência para sustentar sua causa. A ciência não leva ao racismo e ao ódio. É o ódio que lança mão da ciência para justificar seu racismo. Pode-se censurar o entusiasmo ocasional de alguns cientistas na defesa de suas idéias. Mas nenhum genocídio foi perpetrado para fazer uma teoria científica triunfar. No final deste século XX, é preciso que fique claro para cada pessoa que nenhum sistema explicará o mundo em todos os seus aspectos e detalhes. Ter ajudado na destruição da idéia de uma verdade intangível e eterna talvez seja uma das mais valiosas contribuições da metodologia científica.

> *Está vendo este ovo? É com ele que se derrubam todas as escolas de teologia e todos os templos da terra.*
>
> **DIDEROT**
> *Entretien avec d'Alembert*

INTRODUÇÃO

O programa

Poucos fenômenos manifestam-se com tanta evidência no mundo vivo quanto a formação do semelhante pelo semelhante. A criança logo se dá conta de que o cão nasce do cão e o trigo do trigo. O homem logo soube interpretar e explorar a permanência das formas através das gerações. Cultivar plantas, criar animais, aprimorá-los para torná-los comestíveis ou domésticos supõe a aquisição de uma grande experiência. Supõe que já se tenha alguma idéia de hereditariedade para utilizá-la em proveito próprio. Pois, para obter boas colheitas, não basta esperar a lua cheia ou fazer sacrifícios aos deuses antes de semear. É preciso também saber escolher as variedades. Era um pouco o que acontecia com os agricultores da pré-história, como o herói de Voltaire que se empenhava em aniquilar seus inimigos com uma mistura cuidadosa de rezas, encantamentos e arsênico. Foi provavelmente no mundo vivo que foi mais difícil separar o arsênico do encantamento. Mesmo depois de estabelecidas as virtudes do método científico com relação ao mundo físico, aqueles que estudavam o mundo vivo continuaram, durante muitas gerações, a pensar a origem dos seres a partir de crenças, de curiosidades, de superstições. Uma experimentação relativamente simples basta para refutar a geração espontânea e as hibridações impossíveis. Entretanto, até o século XIX persistiram, sob uma ou outra forma, alguns aspectos dos velhos mitos que falavam sobre a origem do homem, dos animais e da terra.

A hereditariedade é descrita hoje em termos de informação, mensagens, código. A reprodução de um organismo tornou-se a reprodução das moléculas que o constituem. Não porque cada espécie química tenha capacidade de produzir cópias de si mesma, mas porque a estrutura das macromoléculas é minuciosamente determinada pelas seqüências de quatro radicais químicos contidos no patrimônio genético. O que se transmite, de geração em geração, são as "instruções" que especificam as estruturas moleculares. São os planos arquitetônicos do futuro organismo. São também os meios para executar estes planos e coordenar as atividades do sistema. Portanto, cada ovo contém, nos cromossomos recebidos dos pais, todo o seu futuro, as etapas de seu desenvolvimento, a forma e as propriedades do ser que surgirá dele. O organismo torna-se assim a realização de um programa prescrito pela hereditariedade. A intenção de uma *Psyché* foi substituída pela tradução de uma mensagem. O ser vivo representa certamente a execução de um projeto, mas que não foi concebido por inteligência alguma. Ele tende para um objetivo, mas que não foi escolhido por vontade alguma. Este objetivo é preparar para a geração seguinte um programa idêntico. É reproduzir-se.

Um organismo é apenas uma transição, uma etapa entre o que foi e o que será. A reprodução é ao mesmo tempo sua origem e seu fim, sua causa e seu objetivo. Com o conceito de programa aplicado à hereditariedade, desaparecem algumas contradições que a biologia havia resumido em uma série de oposições: finalidade e mecanismo, necessidade e contingência, estabilidade e variação. Na idéia de programa, duas noções que a intuição havia associado aos seres vivos se fundem: a memória e o projeto. Por memória, entende-se a lembrança dos pais que a hereditariedade grava na criança. Por projeto, o plano que dirige minuciosamente a formação de um organismo. Estes dois temas estão no centro de muitas controvérsias, como a que diz respeito à hereditariedade dos caracteres adquiridos. Achar que o meio ensina a hereditariedade significa uma confusão, intuitivamente natural, entre dois tipos de memória, a genética e a nervosa. Esta é uma velha história, já mencionada na Bíblia. Para evitar novos mal-entendidos com seu sogro, Jacó decide constituir rebanhos com carneiros fáceis de reconhecer pelas manchas e pintas da lã. Pega ramos de árvore, tira-lhes parte da casca e coloca-os no lugar em que os animais copulam quando vão beber. "Com efeito, sucedeu que, estando as ovelhas no fervor do coito e olhando para estas varas, conceberam uns cordeiros malhados, vários e de diversas cores." Através dos séculos, experiências deste tipo foram infinitamente repetidas, nem sempre alcançando tal sucesso. Para a biologia moderna, uma característica fundamental dos seres vivos é sua capacidade de conservar a experiência passada e de transmiti-la. Os dois pontos de ruptura da evolução, primeiro a emergência do ser vivo e em seguida do pensamento e da linguagem, correspondem ao aparecimento de um mecanismo de memória, o da hereditariedade e o do cérebro. Entre os dois sistemas existem certas analogias. Em primeiro lugar, ambos foram selecionados para acumular a experiência passada e transmiti-la. Em segundo lugar, a informação registrada só se perpetua na medida em que é reproduzida a cada geração. Mas trata-se de dois sistemas, tanto em sua natureza quanto na lógica de suas operações. Pela flexibilidade de seus mecanismos, a memória nervosa presta-se particularmente bem à transmissão dos caracteres adquiridos. Por sua rigidez, a da hereditariedade a ela se opõe.

Com efeito, o programa genético é constituído pela combinatória de elementos essencialmente invariantes. Por sua própria estrutura, a mensagem da hereditariedade não permite intervenção alguma do exterior. Químicos ou mecânicos, todos os fenômenos que contribuem para a variação dos organismos e das populações se produzem ignorando seus efeitos. Acontecem sem qualquer ligação com as necessidades do organismo para se adaptar. Em cada mutação existem "causas" que modificam um radical químico, rompem um cromossomo, invertem um segmento de ácido nucleico. Mas em caso algum pode haver correlação entre a causa e o efeito da mutação. E esta contingência não se limita apenas às mutações. Aplica-se a cada etapa da constituição do patrimônio genético de um indivíduo, à segregação dos cromossomos, à sua recombinação, à escolha dos gametas que participam da fecundação e até mesmo, em grande parte, à escolha dos parceiros sexuais. Em nenhum destes fenômenos existe ligação entre um fato específico e seu resultado. Para cada indivíduo, o programa é o resultado de uma sucessão de acontecimentos, todos contingentes. A própria natureza do código genético impede qualquer mudança deliberada do programa sob o efeito de sua ação ou do meio. Proíbe que os produtos de sua expressão influenciem a mensagem. O programa não recebe lições da experiência.

Quanto ao projeto, trata-se também de uma noção que a intuição há muito tempo associou ao organismo. Enquanto o mundo vivo representava, por assim dizer, um sistema regulado pelo exterior, gerido de fora por um poder soberano, nem a origem, nem a finalidade dos seres vivos causava problemas. Continuavam confundidas com as do universo. Mas, depois da constituição da física, no começo do século XVII, o estudo dos seres vivos defrontou-se com uma contradição. Desde então, a oposição entre a interpretação mecanicista do organismo e a finalidade evidente de certos fenômenos, como o desenvolvimento de um ovo ou o comportamento de um animal, cresceu. Claude Bernard resume este contraste da seguinte forma: "Mesmo admitindo que os fenômenos vitais se ligam a manifestações físico-químicas, o que é verdade, a questão não se esclarece totalmente; pois não é o encontro fortuito de fenômenos físico-químicos que constrói cada ser a partir de um plano e de acordo com um traçado fixados e previstos de antemão... Os fenômenos vitais têm suas condições físico-químicas rigorosamente determinadas; mas, ao mesmo tempo, subordinam-se e sucedem-se de acordo com um encadeamento e segundo uma lei que foram previamente fixados: repetem-se eternamente, com ordem, regularidade e constância; harmonizam-se a fim de obter um resultado, isto é, a organização e o crescimento do indivíduo, animal ou vegetal. Existe como que um traçado preestabelecido de cada ser e de cada órgão, de forma que, se cada fenômeno da economia, se considerado isoladamente é tributário das forças gerais da natureza, considerado em suas relações com os outros revela uma ligação especial e parece conduzido por algum guia invisível pelo caminho que segue e que o leva ao lugar que ocupa". Não há nada que, hoje, se possa mudar nestas linhas. Nenhuma expressão que a biologia moderna não retome. O que aconteceu foi que, com ae descrição da hereditariedade como um programa codificado em uma seqüência de radicais químicos, a contradição desapareceu.

Em um ser vivo, tudo está organizado tendo em vista a reprodução. Uma bactéria, uma ameba, um feto (*filictu*), com que destino podem sonhar a não ser com o de formar duas bactérias, duas amebas, muitos fetos? Só há seres vivos hoje na Terra na medida em que outros seres se reproduzem obstinadamente há dois bilhões de anos ou mais. Imagine-se um mundo ainda sem habitantes. É possível conceber que nele possam se organizar sistemas que possuam certas propriedades do ser vivo, como o poder de reagir a certos estímulos, de assimilar, de respirar, até de crescer, mas não de se reproduzir. Pode-se qualificar tais sistemas de vivos? Cada um deles representa o resultado de uma elaboração longa e penosa. Cada nascimento constitui

---

[1] *Leçons sur les phénomènes de la vie*, 1878, t. I, p. 50-51.

um acontecimento único, sem futuro. Cada vez é um recomeço. Sempre à mercê de qualquer cataclismo local, tais organizações só podem ter uma existência efêmera. Além disso, sua estrutura está rigidamente fixada desde o início, sem possibilidade de mudança. Mas se surgir um sistema capaz de se reproduzir, mesmo mal, lenta e custosamente, este sem dúvida é vivo. Ele se expandirá onde as condições permitirem. Quanto mais se dissemina, mais defesas tem contra as catástrofes. Uma vez finalizado o longo período de incubação, esta organização se perpetua pela repetição de acontecimentos idênticos. O primeiro passo foi dado. Mas, para tal sistema, a reprodução, que é a própria causa da existência, torna-se também um fim. Está condenado a reproduzir-se ou a desaparecer. E sabe-se de seres que se sucederam imutáveis durante um número enorme de gerações. Conhecem-se plantas de ciclo anual em que, durante milhões de anos, portanto através de um mesmo número de ciclos sucessivos, nada mudou. O *limulus* das praias permaneceu idêntico, como mostram os fósseis do secundário. Isto significa que durante todo este tempo o programa não variou, que cada geração desempenhou rigorosamente seu papel, que consistia em reproduzir exatamente o programa para a geração seguinte.

Mas se, além disso, sobrevém um acontecimento no sistema que "melhora" o programa e facilita, de uma maneira ou de outra, a reprodução de alguns descendentes, estes naturalmente herdam o poder de melhor se multiplicar. A finalidade do programa transforma assim determinadas mudanças de programa em fatores de adaptação. Pois a variabilidade é uma qualidade inerente à própria natureza do ser vivo, à estrutura do programa, à maneira como é recopiado em cada geração. As modificações do programa acontecem às cegas. Só posteriormente é realizada uma seleção, pelo fato de que todo organismo que aparece é logo submetido à prova da reprodução. A famosa "luta pela vida" não é mais que um concurso pela descendência. Concurso sem fim, pois recomeça a cada geração. Nesta competição eterna, só há um critério: a fecundidade. Ganham automaticamente os mais prolíficos, através de um combate sutil entre as populações e seu meio. Estando sempre do lado dos que têm mais descendentes, a reprodução acaba por conduzir as populações em direções bem precisas. A seleção natural expressa apenas a regulação imposta à multiplicação dos organismos pelo que os cerca. Se o mundo vivo evolui em sentido oposto ao do mundo inanimado, se ele se dirige não para a desordem, mas para uma ordem crescente, é graças a esta exigência imposta aos seres vivos no sentido de se reproduzirem sempre mais e melhor. Pela necessidade da reprodução, é aquilo que infalivelmente conduziria um sistema inerte à desagregação que se torna, no caso do ser vivo, fonte de novidade e diversidade.

A noção de programa permite estabelecer uma distinção nítida entre os dois tipos de ordem que a biologia tenta instaurar no mundo vivo. Contrariamente ao que com freqüência se imagina, a biologia não é uma ciência unificada. A heterogeneidade dos objetos, a divergência dos interesses, a variedade das técnicas, tudo isto contribui para multiplicar as disciplinas. Nos extremos do leque, distinguem-se duas grandes tendências, duas atitudes que acabam por se opor radicalmente. A primeira destas atitudes pode ser qualificada de integrista ou de evolucionista. Para ela, não somente o organismo não é dissociável em seus elementos constituintes, como há freqüentemente interesse em vê-lo como elemento de um sistema de ordem superior, grupo, espécie, população, família ecológica. Esta biologia se interessa pelas coletividades, pelos comportamentos, pelas relações que os organismos mantêm entre si e com o seu meio. Procura nos fósseis o indício da emergência das formas que vivem atualmente. Impressionada com a incrível diversidade dos seres, analisa a estrutura do mundo vivo, procura a causa dos caracteres existentes, descreve o mecanismo das adaptações. Seu objetivo é especificar as forças e os caminhos que conduziram os sistemas vivos à fauna e à flora atual. Para o biólogo integrista, o órgão e a função só têm interesse quando considerados no interior de um todo, constituído não somente pelo organismo, mas pela espécie com seu cortejo de sexualidade, vítimas, inimigos, comunicação, ritos. O biólogo integrista se recusa a considerar que *todas* as propriedades de um ser vivo, seu comportamento, seus desempenhos possam ser explicados somente por suas estruturas moleculares. Para ele, a biologia não pode se reduzir à física ou à química. Não porque pretenda invocar o incognoscível de uma força vital, mas porque a integração em todos os níveis confere aos sistemas propriedades que seus elementos não têm. O todo não é apenas a soma das partes.

No outro pólo da biologia, encontra-se a atitude oposta, que se pode chamar tomista ou reducionista. Segundo ela, o organismo é sem dúvida um todo, mas que deve ser explicado apenas pelas propriedades das partes. Ela se interessa pelo órgão, pelos tecidos, pela célula, pelas moléculas. A biologia tomista procura dar conta das funções unicamente pelas estruturas. Sensível à unidade de composição e de funcionamento que observa atrás da diversidade dos seres vivos, vê nos desempenhos do organismo a expressão de suas reações químicas. Para o biólogo tomista, trata-se de isolar os elementos constituintes de um ser vivo e de buscar as condições que lhe permitam estudá-los em um tubo de ensaio. Variando as condições, repetindo as experiências, especificando cada parâmetro, tenta controlar o sistema e eliminar suas variáveis. Sua esperança é decompor o mais possível a complexidade, para analisar os elementos com o ideal de pureza e certeza representado pelas experiências da física e da química. Para ele, não há caráter do organismo que não possa ser descrito em termos de moléculas e de suas interações. Certamente não se trata de negar os fenômenos de integração e de emergência. Sem dúvida, o todo pode ter propriedades que não existem em seus elementos constituintes. Mas estas propriedades resultam da própria estrutura destes componentes e de sua articulação.

Fica claro, assim, como estas duas atitudes são diferentes. Entre as duas há não somente uma diferença de método e de objetivo, mas também de linguagem, de esquemas conceituais e, por conseguinte, de explicações causais de que é passível o mundo vivo. Uma trata das causas remotas que trazem à cena a história da Terra e dos seres vivos durante milhões de gerações. A outra, ao contrário, trata das causas imediatas que dizem respeito aos elementos constituintes do organismo, seu funcionamento, as reações ao que o cerca. Muitas controvérsias e mal-entendidos, principalmente sobre a finalidade dos seres vivos, devem-se à confusão entre estas duas atitudes da biologia. Cada uma visa a instaurar uma ordem no mundo vivo. Para uma, trata-se da ordem pela qual se ligam os seres, se estabelecem as filiações, se determinam as espécies. Para a outra, trata-se da ordem entre as estruturas, pela qual se determinam as funções, se coordenam as atividades, se integra o organismo. A primeira considera os seres vivos como elementos de um vasto sistema que engloba a Terra inteira. A segunda se interessa pelo sistema que cada ser vivo forma. Uma procura estabelecer uma ordem entre os organismos. A outra no interior do organismo. As duas ordens articulam-se ao nível da hereditariedade que constitui, por assim dizer, a ordem da ordem biológica. Se as espécies são estáveis, é porque o programa é rigorosamente recopiado, signo por signo, de geração em geração. Se elas variam, é porque de tempos em tempos o programa se modifica. Por um lado, trata-se de analisar a estrutura do programa, sua lógica, sua execução. Por outro, o que importa é pesquisar a história dos programas, seus desvios, as leis que regem suas mudanças através das gerações em função dos sistemas ecológicos. Mas em todos os casos, é a finalidade da reprodução que justifica tanto a estrutura dos sistemas vivos da atualidade quanto sua história. O menor organismo, a menor célula, a menor molécula de proteína é o resultado de uma experimentação que se realizou sem interrupção durante dois bilhões de anos. Que significação poderia ter um mecanismo que regula a produção de um metabolito por uma célula, a não ser uma economia de síntese e de energia? Ou o efeito de um hormônio sobre o comportamento de um peixe, a não ser de fazer com que ele proteja sua descendência? É com objetivos precisos que uma molécula de hemoglobina muda de conformação de acordo com a tensão do oxigênio; que uma célula da supra-renal produz cortisona; que o olho da rã detecta as formas que se movem diante de si; que o rato foge do gato; que um pássaro macho se pavoneia diante da fêmea. Em todos os casos, trata-se de uma propriedade que confere ao organismo uma vantagem na competição pela descendência. Ajustar uma resposta ao meio, a um inimigo em potencial, a um eventual parceiro sexual, é adaptar-se. Na seleção natural, um programa genético que impõe o automatismo de tais reações certamente vencerá aquele que não as possui. Como certamente vencerá um programa que permita o aprendizado e a adaptação do comportamento por diversos sistemas de regulação. A reprodução em todos os casos funciona como operador principal do mundo vivo. Por um lado, dá um objetivo para cada organismo. Por outro, orienta a história sem objetivo dos organismos. Durante muito tempo o biólogo se comportou diante da teleologia como diante de uma mulher que não pode dispensar mas em companhia de quem não quer ser visto em público. A esta ligação oculta, o conceito de programa dá agora um estatuto legal.

A biologia moderna tem a ambição de interpretar as propriedades do organismo pela estrutura das moléculas que o constituem. Neste sentido, corresponde a uma nova era do mecanicismo. O modelo do programa é retirado das calculadoras eletrônicas. Assimila o material genético de um ovo à fita magnética de um computador. Evoca uma série de operações a serem efetuadas, a rigidez de sua sucessão no tempo, o projeto nelas subentendido. Na verdade, os dois tipos de programa diferem em muitos aspectos. Em primeiro lugar, por suas propriedades. Um se modifica à vontade, o outro não: em um programa magnético, a informação é acrescentada ou eliminada em função dos resultados obtidos; a estrutura nucleica, ao contrário, não é acessível à experiência adquirida e permanece invariante através das gerações. Os dois programas também diferem por seu papel e pelas relações que mantêm com os órgãos de execução. As instruções da máquina não dizem respeito às suas estruturas físicas ou às peças que a compõem. As do organismo, ao contrário, determinam a produção de seus próprios elementos constituintes, isto é, dos órgãos encarregados de executar o programa. Mesmo se fosse construída uma máquina capaz de reproduzir-se, ela só faria cópias do que ela é no momento de produzi-las. Toda máquina se gasta com o tempo. Pouco a pouco as filhas se tornariam necessariamente um pouco menos perfeitas que as mães. Dentro de algumas gerações, o sistema caminharia cada vez um pouco mais para a desordem estatística. A linhagem estaria destinada à morte. Reproduzir um ser vivo, ao contrário, não é recopiar o pai tal como ele é no momento da procriação. É criar um novo ser. É acionar, a partir de um estado inicial, uma série de acontecimentos que conduzem ao estado dos pais. Cada geração recomeça não do zero, mas do mínimo vital, isto é, da célula. No programa estão contidas as operações que percorrem cada vez o ciclo completo, que conduzem cada indivíduo da juventude à morte. Além disso, nem tudo está fixado com rigidez pelo programa genético. Freqüentemente, este só estabelece limites à ação do meio, ou mesmo dá ao organismo a capacidade de reagir, o poder de adquirir um suplemento de informação não inata. Fenômenos como a regeneração ou as modificações induzidas pelo meio no indivíduo mostram claramente uma certa flexibilidade na expressão do programa. À medida que os organismos se complicam e que aumenta a importância de seu sistema nervoso, as instruções genéticas lhes conferem potencialidades novas, como a capacidade de lembrar ou de aprender. Mas o programa interfere até nestes fenômenos. Ele se manifesta, por exemplo, na aprendizagem, durante a vida, para determinar o que pode ser aprendido e quando a aprendizagem deve ser feita. Ou na memória, para limitar a natureza das lembranças, seu número, sua duração. A rigidez do programa varia, portanto, segundo as operações. Certas instruções são executadas literalmente. Outras se traduzem em capacidades ou potencialidades. Mas é sempre o próprio programa que fixa seu grau de flexibilidade e a gama de variações possíveis.

*

Este livro trata da hereditariedade e da reprodução. Trata das transformações que progressivamente modificaram a maneira de considerar a natureza dos seres vivos, sua estrutura, sua permanência ao longo das gerações. Para um biólogo, existem duas formas de enfocar a história de sua ciência. Em primeiro lugar, pode-se concebê-la como a sucessão das idéias e como sua genealogia. Procura-se então o fio que conduziu o pensamento até as teorias vigentes atualmente. Esta história se faz, por assim dizer, em sentido oposto, por extrapolação do presente sobre o passado. Passo a passo, escolhe-se o predecessor da hipótese em curso, depois o predecessor do predecessor, e assim por diante. Neste procedimento, as idéias adquirem independência. De certa forma, comportam-se como seres vivos: nascem, se reproduzem, morrem. Tendo valor explicativo, têm poder de contágio e de invasão. Existe, assim, uma evolução das idéias, submetida às vezes a uma seleção natural baseada em um critério de interpretação teórica, portanto de reutilização prática, às vezes unicamente à teleologia da razão. De acordo com esta abordagem, a geração espontânea, por exemplo, começa a ser abalada com as experiências de Francisco Redi, perde mais terreno com as de Spallanzani, desaparece definitivamente com as de Pasteur. Mas não se compreende então por que é preciso esperar que Pasteur repita, mesmo aperfeiçoando, os trabalhos de Spallanzani para tirar as mesmas conclusões. Nem por que Needham faz exatamente a mesma coisa que Spallanzani e chega a resultados e a conclusões opostos. O mesmo acontece com a teoria da evolução. Pode-se ver em Lamarck o precursor de Darwin, em Buffon o de Lamarck, em Benoît de Maillet o de Buffon e assim por diante. Mas logo surge uma pergunta: por que no começo do século XIX as mesmas pessoas que, como Goethe, Erasme Darwin ou Geoffroy Saint-Hilaire, procuraram argumentos em favor do transformismo, negligenciam quase que totalmente as idéias de Lamarck?

Existe uma outra maneira de conceber a história da biologia, que consiste em investigar como os objetos tornaram-se acessíveis à análise, permitindo assim que novos domínios se constituíssem como ciência. Trata-se então de precisar a natureza destes objetos, a atitude dos que os estudam, sua maneira de observar, os obstáculos que sua cultura lhes coloca. A importância de um conceito se mede por seu valor operatório, pelo papel que desempenha dirigindo a observação e a experiência. Assim, não existe mais uma filiação mais ou menos linear de idéias que se engendram umas às outras. Existe um domínio que o pensamento se empenha em explorar; onde procura instaurar uma ordem; onde tenta constituir um mundo de relações abstratas de acordo não somente com as observações e as técnicas, mas também com as práticas, os valores, as interpretações em vigor. As idéias outrora repudiadas assumem freqüentemente tanta importância quanto aquelas em que a ciência de hoje procura se reconhecer e os obstáculos tanta importância quanto os caminhos abertos. O conhecimento funciona aqui em dois níveis. Cada época se caracteriza pelo campo do possível, que é definido não somente pelas teorias ou crenças em curso, mas pela própria natureza dos objetos acessíveis à análise, pelo equipamento para estudá-los, pela maneira de observá-los e de falar sobre eles. É somente no interior desta zona que a lógica pode evoluir. É no interior dos limites assim fixados que as idéias se movem, se testam, se opõem. Entre todos os enunciados possíveis, trata-se então de escolher o que melhor integra os resultados da análise. É aí que o indivíduo intervém. Mas nesta discussão infindável entre o que é e o que pode ser, na procura de uma brecha que mostre uma outra forma de possível, a margem de atuação do indivíduo é às vezes muito pequena. E sua importância diminui à medida que aumenta o número dos que praticam a ciência. Freqüentemente, se uma observação não é feita aqui, hoje, ela será feita amanhã. Durante muito tempo se perguntará o que teria acontecido com o pensamento científico se Newton tivesse sido coletor de maças, Darwin capitão de longo curso e Einstein o encanador que ele lamentava não ter sido. Na pior das hipóteses, teria provavelmente havido alguns anos de atraso para a gravitação ou para a relatividade. Menos ainda em relação à evolução, que Wallace anunciava ao mesmo tempo que Darwin. Quando uma concepção manifesta-se muito cedo, como a de Mendel, ninguém a leva em consideração. Quando se torna possível para o pequeno número de especialistas, então a encontramos em muitos lugares ao mesmo tempo. Mas, em compensação, uma vez aceitas, as teorias da ciência contribuem mais que as outras para reorganizar o domínio do possível, para modificar a maneira de considerar as coisas, para dar origem a relações e a objetos novos; em suma, para mudar a ordem em vigor.

Esta maneira de considerar a evolução de uma ciência como a biologia difere profundamente da precedente. Não se trata mais de reencontrar o caminho privilegiado das idéias; de retraçar a marcha de um progresso em direção ao que hoje aparece como a solução; de utilizar os valores racionais hoje em vigor para interpretar o passado e nele procurar a prefiguração do presente. Trata-se, ao contrário, de demarcar as etapas do saber, de precisar suas transformações, de revelar as condições que permitem que os objetos e as interpretações entrem no campo do possível. A eliminação da geração espontânea não é mais, então, uma operação quase linear que conduz de Redi a Pasteur passando por Spallanzani. Darwin não é mais simplesmente o filho de Lamarck e o neto de Buffon. O desaparecimento da geração espontânea e o aparecimento de uma teoria da revolução tornam-se produtos de meados do século XIX em seu conjunto. Introduzem o conceito de vida e o de história no conhecimento dos seres. Só podem surgir quando se delimita a espécie, quando se rompe a continuidade entre o orgânico e o inorgânico, quando se elimina a série de transições que conduzia imperceptivelmente os organismos mais simples aos mais complexos. No final das contas, por sua rigidez e seu dogmatismo, por sua obstinação em só considerar a fixidez das espécies, Lineu e Cuvier contribuíram tanto quanto Redi e Spallanzani, com suas experiências, para eliminar a geração espontânea. E, rompendo o velho mito da cadeia dos seres vivos, Cuvier talvez tenha feito mais para tornar possível uma teoria da evolução que Lamarck generalizando o transformismo do século XVIII.

Em biologia, existe um grande número de generalizações, mas poucas teorias. Entre estas, a teoria da evolução ocupa um lugar mais importante que as outras, porque reúne uma massa de observações oriundas dos mais diversos domínios que, caso contrário, permaneceriam isoladas; porque inter-relaciona todas as disciplinas que se interessam pelos seres vivos; porque instaura uma ordem na extraordinária variedade dos organismos e liga-os estreitamente ao resto da Terra; em suma, porque fornece uma explicação causal do mundo vivo e de sua heterogeneidade. A teoria da evolução se resume essencialmente em duas proposições. Em primeiro lugar, diz que todos os organismos, passados, presentes ou futuros, descendem de um ou de poucos sistemas vivos que se formaram espontaneamente. Em segundo lugar, diz que as espécies derivaram umas das outras por seleção natural dos melhores reprodutores. Para uma teoria científica, a teoria da evolução apresenta o mais grave dos inconvenientes: como se baseia na história, não se presta a qualquer verificação direta. Se apesar disto não deixa de ter um caráter científico, por oposição ao mágico ou ao religioso, é porque permanece sujeita ao desmentido que a experiência lhe pode fazer. Formulá-la é correr o risco de um dia ser contradito por alguma observação. Mas, até hoje, a maior parte das generalizações que a biologia realizou apenas reflete certos aspectos da teoria da evolução e a confirmam. Este é particularmente o caso de uma série de proposições como: todos os seres vivos utilizam os mesmos isômeros óticos; a informação genética de um organismo está contida no ácido desoxirribonucléico; a energia necessária a um ser vivo lhe é fornecida por reações em que as fosforilações são acompanhadas pela utilização seja de um composto químico, seja da luz. O que a fisiologia e a bioquímica mostraram, durante este século, foi a unidade de composição e de funcionamento do mundo vivo. Para além da diversidade das formas e da variedade dos desempenhos, todos os organismos empregam os mesmos materiais para efetuar reações semelhantes. Como se, em seu conjunto, o mundo vivo utilizasse sempre os mesmos ingredientes e as mesmas receitas e a fantasia só interviesse no cozimento e nos condimentos. Deve-se admitir, portanto, que uma vez descoberta a receita que mostrara ser a melhor, a natureza se ateve a ela durante a evolução. Seja qual for sua especialidade, trabalhe ele com organismos, células ou moléculas, não existe hoje um biólogo que não tenha, cedo ou tarde, que se referir à evolução para interpretar os resultados de sua análise. Quanto às outras teorias produzidas pela biologia, como a da condução nervosa ou a da hereditariedade, elas são em geral de uma simplicidade extrema e a intervenção da abstração é modesta. E quando surge uma entidade abstrata, como o gen, o biólogo não descansa até substituí-la por elementos materiais, partículas ou moléculas. Como se uma teoria, para vingar na biologia, tivesse que se referir a um modelo concreto.

A possibilidade de analisar novos objetos foi provavelmente a responsável pela transformação do estudo dos seres vivos. Isto nem sempre foi conseqüência do aparecimento de uma técnica nova responsável pelo aumento do equipamento sensorial; foi mais o resultado de uma mudança na maneira de olhar o organismo, de interrogá-lo, de formular as questões a que a observação deve responder. De fato, freqüentemente se trata de uma simples mudança de enfoque que faz desaparecer um obstáculo, que ilumina algum aspecto de um objeto, alguma relação até então invisível. Não foi um instrumento inédito que de repente permitiu, no final do século XVIII, comparar a perna do cavalo com a perna do homem e encontrar analogias de estrutura e de função. Entre o gesto de Fernel, que cria a palavra fisiologia, e o de Harvey, que torna a circulação do sangue acessível à experimentação, o escalpelo não mudou nem de forma nem de características. Entre aqueles que no século XIX, até Mendel, se interessavam pela hereditariedade, há apenas uma ligeira diferença na escolha dos objetos de experiência, no que neles se observa e sobretudo no que se coloca de lado. E se a obra de Mendel permaneceu ignorada durante mais de trinta anos, foi porque nem os biólogos de profissão, nem os criadores, nem os horticultores tinham condições de adotar seu ponto de vista. "Aqueles que procuram Deus o encontram", dizia Pascal. Mas só se encontra o Deus que se procura.

Mesmo quando um instrumento aumenta de repente o poder de resolução dos sentidos, ele representa apenas a aplicação prática de uma concepção abstrata. O microscópio é a reutilização das teorias físicas sobre a luz. E não basta "ver" um corpo até então invisível para transformá-lo em objeto de análise. Quando Leeuwenhoek contempla pela primeira vez uma gota d'água através de um microscópio, vê um mundo desconhecido: formas que se agitam; seres que vivem; toda uma fauna imprevisível que o instrumento, repentinamente, torna accessível à observação. Mas o pensamento da época não tem o que fazer com todo este mundo. Não tem nenhuma utilização a propor a estes seres microscópicos, nenhuma relação para uni-los ao resto do mundo vivo. Esta descoberta restringe-se a alimentar conversas. Que seres tão pequenos, a ponto de não se poder distingui-los a olho nu, possam viver, nadar, agitar-se, eis um objeto de deslumbramento bem adequado para demonstrar, caso isto ainda seja necessário, a força e a generosidade da natureza. Também objeto de distração para os círculos e salões que se dedicam à ciência divertida. Enfim, objeto de escândalo para aqueles que, como Buffon, vêem nestes seres microscópicos uma espécie de ultraje a todo o mundo vivo. Que uma gota d'água possa conter milhares de corpos vivos é um insulto a todos os seres e sobretudo ao mais nobre dentre eles. Quando, no mesmo momento, Robert Hooke observa um fragmento de cortiça no microscópio, discerne tipos de alvéolos que batiza de células. Malpighi e outros encontram figuras semelhantes em cortes de certos parênquimas vegetais. Mas não estão em condições de tirar, a partir daí, alguma conclusão sobre a constituição das plantas. No final do século XVII, trata-se de analisar a estrutura visível dos seres vivos, não de decompô-los em subunidades. O único domínio em que o pensamento está pronto para acolher as revelações do microscópio é o da geração. Os acontecimentos relacionados à mistura das sementes e ao desenvolvimento dos ovos sempre permaneceram desconhecidos por falta de um equipamento sensorial suficiente. Quando Leeuwenhoek e Hartsoeker distinguem, no líquido espermático dos mais variados animais machos, animálculos que nadam febrilmente, logo encontram um emprego para eles. Não o adequado, na verdade, pois durante muito tempo se procura sobretudo fazer destes animálculos os únicos artífices da geração ou, ao contrário, reduzir seu papel ao de comparsas. Para que um objeto seja accessível à análise, não basta aperceber-se dele. É preciso também que uma teoria esteja pronta para acolhê-lo. Na relação entre a teoria e a experiência, é sempre a primeira que inicia o diálogo. É ela que determina a forma da questão, portanto os limites da resposta. "O acaso só favorece os espíritos preparados", dizia Pasteur. O acaso, aqui, significa que a observação foi feita acidentalmente e não a fim de verificar a teoria. Mas a teoria que permitia interpretar o acidente já existia.

*

Como as outras ciências da natureza, a biologia perdeu, hoje, muitas das suas ilusões. Não procura mais a verdade. Constrói a sua. A realidade aparece, então, como um equilíbrio sempre instável. No estudo dos seres vivos, a história mostra a existência de uma sucessão de oscilações, de um movimento pendular entre o contínuo e o descontínuo, entre a estrutura e a função, entre a identidade dos fenômenos e a diversidade dos seres. É deste vaivém que, pouco a pouco, emerge a arquitetura do vivo, que esta se revela em camadas cada vez mais profundas. No mundo vivo, como fora dele, trata-se sempre de "explicar o visível complexo pelo invisível simples", como disse Jean Perrin. Mas, nos seres como nas coisas, trata-se de um invisível de camadas superpostas. Não há uma organização do vivo, mas uma série de organizações encaixadas umas nas outras como bonecas russas. Atrás de cada uma esconde-se uma outra. Além de cada estrutura acessível à análise acaba se revelando uma nova estrutura, de ordem superior, que integra a primeira e lhe confere suas propriedades. Só se chega a esta destruindo-se aquela, decompondo o espaço do organismo para recompô-lo segundo outras leis. A cada nível de organização evidenciado corresponde uma nova maneira de abordar a formação dos seres vivos. A partir do século XVI, vê-se aparecer, em quatro momentos, uma nova organização, uma estrutura de ordem cada vez mais elevada: primeiro, com o começo do século XVII, a articulação das superfícies visíveis, o que se pode chamar estrutura de ordem um; depois, no final do século XVIII, a "organização", estrutura de ordem dois que engloba órgãos e funções e que acaba transformando-se em células; em seguida, no começo do século XX, os cromossomos e os genes, estrutura de ordem três oculta no interior da célula; enfim, no meio deste século, a molécula de ácido nucléico, estrutura de ordem quatro em que se baseiam hoje a conformação de todo organismo, suas propriedades e sua permanência através das gerações. A análise dos seres vivos é realizada sucessivamente a partir de cada uma destas organizações.

O que se tentou descrever aqui foram as condições que, a partir do século XVI, permitiram o aparecimento sucessivo destas estruturas. É a maneira pela qual a geração, isto é, criação sempre renovada e que exige a intervenção de uma força externa, transformou-se em reprodução, isto é, propriedade interna de todo sistema vivo. É o acesso a estes objetos cada vez mais ocultos que as células, os genes, as moléculas de ácido nucléico representam. A descoberta de cada boneca russa, a explicitação destes desníveis sucessivos não resultam simplesmente de um acúmulo de observações e de experiências. Com maior freqüência exprimem uma mudança mais profunda, uma transformação na própria natureza do saber. Elas apenas traduzem, no estudo do mundo vivo, uma nova maneira de considerar os objetos.

CAPÍTULO 1

A estrutura visível

EM SEU LIVRO DEDICADO *aos Monstres et Prodiges,* que completa seu tratado sobre a geração, Ambroise Paré constata, em 1573: "A natureza sempre procura fazer um semelhante: viu-se um cordeiro com cabeça de porco porque um varrão cruzou com uma ovelha"[2]. O que atualmente espanta nesta frase não é tanto a presença de um monstro em que aparecem características de espécies diferentes: cada um pode imaginá-lo ou esboçá-lo. Não é também a maneira pela qual este monstro foi produzido: uma vez admitida a possibilidade de semelhante intercâmbio de formas e órgãos entre os animais, a cópula ainda parece ser o meio mais simples de fazer surgir um tal híbrido. O mais desconcertante é a argumentação contida nesta frase. Para demonstrar o que hoje aparece como um dos fenômenos mais regulares da natureza, a formação de um filho à imagem dos pais, Ambroise Paré invoca a *visão* de algo cuja existência consideramos impossível, de algo que nos parece excluído pela regularidade deste fenômeno. Infelizmente, Paré nunca diz como são os descendentes do cordeiro com cabeça de porco. Não se pode, assim, saber se ele engendrou outros cordeiros com cabeça de porco.

Pois, nesta época, ainda não existem leis da natureza nem para reger a geração dos animais nem o movimento dos astros. Não se distingue entre a necessidade dos fenômenos e a contingência dos acon-

---

2 *Œuvres,* Paris, 1841, t. III, § 20, p. 43.

tecimentos. Se o cavalo nasce evidentemente do cavalo e o gato do gato, não se trata do efeito de um mecanismo que permite aos seres vivos produzir cópias de si mesmo, de certa forma como a máquina de imprimir produz cópias de um texto. A palavra e o conceito de reprodução só aparecem no final do século XVIII, para designar a formação dos corpos vivos. Anteriormente os seres não se reproduziam. Eram engendrados. A geração é sempre o resultado de uma criação que, em uma ou outra etapa, exige a intervenção direta das forças divinas. Para explicar a manutenção das estruturas visíveis por filiação, o século XVII remeterá a formação de todos os indivíduos pertencentes a uma mesma espécie a uma série de criações simultâneas, realizadas a partir de um mesmo modelo datado da origem do mundo. Uma vez criados, os futuros seres podem então esperar a hora do nascimento ao abrigo de qualquer fantasia e de qualquer irregularidade. Mas, até o século XVII, a formação de um ser depende indiscutivelmente da vontade do Criador. Ela não tem raízes no passado. A geração de cada planta, de cada animal, constitui de certa forma um acontecimento único, isolado, independente de qualquer outra criação, de certa forma como a produção de um objeto ou de uma obra de arte pelo homem.

A geração

Da Antiguidade ao Renascimento, o conhecimento do mundo vivo não mudou muito. Quando Cardan, Fernel ou Aldrovandi falam dos seres, praticamente repetem o que Aristóteles, Hipócrates ou Galeno diziam. No século XVI, cada corpo deste mundo, cada planta, cada animal são sempre descritos como uma combinação específica de matéria e de forma. A matéria sempre se compõe dos quatro mesmos elementos. Portanto, só a forma caracteriza um corpo. Para Fernel[3], quando uma coisa é criada, a forma é que começa. Quando esta coisa morre, somente a forma desaparece, não a matéria. Pois se a própria matéria desaparecesse, há muito tempo o mundo teria desaparecido, teria se gastado. É a Natureza que, para criar astros, pedras ou seres, coloca a forma na matéria. Mas ela é apenas um agente de execução, um princípio que atua sob a direção de Deus. Quando se vê uma igreja ou uma estátua, sabe-se perfeitamente que em algum lugar

---

3 *De abditis rerum causis,* I, 1; *Opera,* Genève, 1637, p. 483-484.

existe ou existiu um arquiteto ou um escultor que as realizou. Do mesmo modo, quando se vê um rio, uma árvore ou um pássaro, sabe-se também que existe um Poder supremo que os criou, uma Inteligência que, tendo decidido fazer um mundo, ordena-o, conserva-o e dirige-o constantemente.

O semelhante invocado por Ambroise Paré para explicar a formação do cordeiro com cabeça de porco não tem o mesmo estatuto que atualmente. Assim, para conhecer as coisas é necessário discernir os signos visíveis dispostos em sua superfície pela natureza a fim de permitir ao homem compreender suas relações. É preciso desvelar o sistema de semelhanças, a rede de analogias e similitudes através do que abre-se um acesso a certos segredos da natureza. Pois, "da similitude das coisas, diz Porta[4], pode-se deduzir as intenções divinas". Para conhecer um objeto, não se deve portanto desprezar nenhuma das analogias que o ligam às coisas e aos seres. Existem assim plantas que se assemelham aos cabelos, aos olhos, a gafanhotos, a galinha, a rãs, a serpentes. Os animais se refletem nas estrelas, nas plantas, nas pedras em que, diz Pierre Belon[5], "a natureza se dedicou mais a exprimir a figura dos peixes do que a dos outros animais". E as semelhanças particularmente difíceis de assinalar trazem uma marca: estão assinadas. As assinaturas ajudam a descobrir as analogias que, de outra forma, correriam o risco de passar desapercebidas. Graças às similitudes e às assinaturas, é possível passar do mundo das formas para o mundo das forças. Pelas analogias, "o invisível é visível", diz Paracelso[6]. Pois as semelhanças não são nem inúteis nem gratuitas. Não traduzem uma simples brincadeira celestial. É porque certos corpos possuem as mesmas propriedades que se assemelham. Inversamente, a similitude traduz uma comunidade de qualidade. A semelhança de uma planta com os olhos é o signo de que esta planta deve ser utilizada para tratar das doenças dos olhos. Atrás das similitudes esconde-se a natureza das coisas. E a semelhança de uma criança com seus pais é apenas um aspecto específico de todos os que ligam secretamente os seres e as coisas.

A ordem que se instaurou em um ser vivo não se distingue, assim, da que reina no universo. Tudo é natureza e a natureza é una, como

---

4 *Phytognomonica,* I, 8, Rouen, p. 14.
5 *La nature et diversité des poissons,* Paris, 1555, p. 87.
6 *Les cinq livres de Auréole Philippe Théophraste de Hohenheim,* prol.; trad. franç. *in Œuvres médicales,* Paris, 1968, p. 194.

mostra esta página de Paracelso[7] dedicada aos médicos. "O médico deve saber o que é útil e nocivo às criaturas insensíveis, aos monstros marinhos e aos peixes, o que amam e o que detestam os animais privados de razão, o que lhes é benéfico e prejudicial. Eis sua cultura em relação à Natureza. E mais: os poderes das fórmulas mágicas, sua origem e procedência, sua natureza: quem é Melusina, quem é Sirena, o que é a permutação, a transplantação e a transmutação, como apreendê-las e compreendê-las perfeitamente, aquilo que ultrapassa a natureza, a espécie, a vida, a natureza do visível e do invisível, do doce e do amargo, o que tem bom gosto, o que é a morte, o que utilizam o pescador, o que prepara o couro, o curtidor e o tintureiro, o ferreiro, o artesão da madeira, o que trabalha na cozinha, na adega, no jardim, o que diz respeito ao tempo, à ciência do caçador e do mineiro, à condição do vagabundo e do sedentário, às necessidades das campanhas e às causas da paz, à causa do leigo e do eclesiástico, às ocupações e à natureza dos diferentes estados, sua origem, à natureza de Deus e de Satã, ao veneno e ao antídoto, à natureza feminina e à natureza masculina, à diferença entre as mulheres e as virgens, entre o que é amarelo e o que é cinza escuro, o que é branco, preto, vermelho e pálido, às causas da multiplicidade das cores, da grande e da pequena extensão, do êxito, do fracasso e de como obter todos estes resultados".

Um ser vivo não pode assim reduzir-se unicamente à sua estrutura visível. Ele representa uma malha da rede secreta que une todos os objetos deste mundo. Cada animal, cada planta torna-se um tipo de corpo proteiforme que se prolonga não somente nos outros seres, mas também nas pedras, nas estrelas e mesmo nas atividades humanas. Ele não é observado unicamente na realidade, mas na cozinha, no céu, nos brasões, com o boticário, o curtidor, o pescador, o caçador. Quando Aldrovandi aborda o cavalo, ele descreve sua forma e seu aspecto em quatro páginas. Mas precisa de quase trezentas para detalhar os nomes do cavalo, sua criação, *habitat*, temperamento, docilidade, memória, afeição, reconhecimento, fidelidade, generosidade, amor pela vitória, velocidade, agilidade, capacidade prolífica, simpatias, antipatias, doenças e tratamento; depois aparecem os cavalos monstruosos, os cavalos prodigiosos, os cavalos fabulosos, os cavalos célebres com descrição dos lugares em que se celebrizaram, o papel dos cavalos na equitação, no transporte, na guerra, na caça, nos jogos,

---

[7] *Le livre Paragranum, ibid.*, p. 95-96.

nos trabalhos dos campos, nos desfiles, a importância do cavalo na história, na mitologia, na literatura, nos provérbios, na pintura, na escultura, nas medalhas, nos brasões.

O mundo vivo não pode, assim, ordenar-se somente de acordo com os critérios das formas. A disposição dos seres se dá em um nível diferente, de acordo com uma outra clivagem do saber. Tudo na natureza é contínuo e, mais que categorias, nela encontramos uma hierarquia. Existe, certamente, a velha ordenação de Aristóteles, a diferença evidente pela qual os seres vivos se distinguem dos minerais e de que só a alma pode dar conta. Entre os seres vivos, pode-se separar as plantas, os animais e o homem, e suas diferentes qualidades correspondem aos diferentes tipos de alma a eles atribuídos por Deus. Mas, na hierarquia dos seres, a progressão se faz por gradações imperceptíveis. Entre estas formas que avançam umas sobre as outras, é bastante difícil definir onde cada domínio começa e onde acaba. Quem dirá se uma esponja é uma planta ou um animal? E um coral é realmente uma pedra? "Assim como os zóofitos assemelham-se igualmente ao animal e à planta, diz Cesalpino[8], os cogumelos pertencem igualmente aos vegetais e às coisas inanimadas." Na verdade, o único corte que o século XVI não hesita em traçar no mundo vivo é entre o homem e as "bestas brutas". Quanto à distinção entre o vegetal e o animal, ela só pode se fazer por meio de uma zona de recobrimento em que a evidência das diferenças apaga-se diante da importância das analogias. "Todas as partes das plantas, diz Cardan[9], correspondem às partes dos animais, as raízes são semelhantes à boca e às partes baixas do tronco ao ventre, as folhas aos pelos, a casca ao couro e à pele, a madeira aos ossos, as veias às veias, os nervos aos nervos, a matriz a determinadas entranhas". O jogo das semelhanças borra os perfis e supera as distâncias. A planta acaba por tornar-se um animal invertido, de cabeça para baixo. Cesalpino[10] localiza o coração, sede da alma, "no lugar em que achamos que devemos colocar, racionalmente, o princípio vital,... na parte inferior da planta, no local em que o caule une-se à raiz".

Com este emaranhado de formas, não existe espécie, no sentido em que a Idade clássica a entenderá, isto é, uma permanência das estruturas visíveis por filiação. A produção do semelhante pelos

---

8 *De plantis libri XVI*, lib. I, cap. XIV, Florença, 1583, p. 28.
9 *Les Livres intitulés de la Subtilité*, trad. franç., Paris, 1584, VIII, p. 196b.
10 *De plantis libri XVI*, lib. I, cap. I, p. 3.

corpos vivos não exprime uma necessidade da natureza. Para explicar a formação de um ser, é preciso cada vez recorrer à ação de Deus ou de seus delegados. Como a de tudo, a criação de um ser requer a união da matéria e da forma. Mas as propriedades dos seres vivos exigem, além disso, a intervenção direta das forças que regem o mundo. A ligação é garantida por dois intermediários: a alma, que é própria a cada indivíduo, de qualidade variável de acordo com o lugar que este ocupa na hierarquia dos seres, e não perceptível pelos sentidos; o calor inato, que é comum a todos os seres vivos e perceptível.

A existência de uma alma para dar conta das propriedades dos seres vivos é tão necessária quanto hoje é a eletricidade para explicar as tempestades. O momento mais importante da geração torna-se assim a implantação da alma na matéria do corpo. Este é o acontecimento natural, dir-se-ia hoje biológico por excelência. Quanto ao calor inato, é a própria marca da vida. Quando ocorre a morte, o calor se extingue e o corpo esfria, apesar de conservar por algum tempo sua forma. "Reconhecemos nosso amigo, diz Fernel[11], apesar da vida não estar mais nele e de seu calor tê-lo deixado. O calor inato o abandonou". Todos os seres vivos são habitados por este calor, mesmo "a serpente, apesar de seu temperamento ser frio", mesmo "a mandrágora e a papoula e todas as ervas de temperamento frio"[12].

Este calor, fonte de toda vida, foi repartido pelo Criador em dois. Um foi colocado entre os animais e plantas que possuem o poder de engendrar seu semelhante. Mais precisamente na semente masculina, capaz de ativar e de dar forma à matéria contida na semente feminina. "Como vemos, diz Montaigne[13], as mulheres produzem sozinhas, aglomerações e pedaços de carne informe; para se ter uma geração boa e natural, é preciso ocupá-las com uma outra semente". O outro foi colocado no sol, a partir de que o calor pode ativar diretamente os elementos, a terra, a água e todos os tipos de dejetos para dar origem aos seres vis, "às serpentes, aos gafanhotos, vermes, moscas, ratos, morcegos, toupeiras e tudo que nasce espontaneamente e não de semente, mas da matéria pútrida e do barro", diz Fernel[14]. Aos olhos do século XVI, a geração espontânea é tão ou mais natural e compreensível quanto a geração pelas sementes. Só a perfeição das

---

11 *Ambiani physiologiae libri*, IV, 1; *Opera*, p. 101.
12 *De abditis causis*, II, 7; *Opera*, p. 590.
13 *Essais*, livro I, VIII, la Pléiade, p. 48.
14 *De abditis rerum causis*, I, 8; *Opera*, p. 538.

formas pode justificar a complicação dos processos. "A Natureza teria procurado na matéria pútrida a geração de todos os animais, diz Cardan[15], mas como os perfeitos requeriam muito tempo para serem terminados, a matéria não podia ser conservada por tanto tempo sem movimento e principalmente sem um conceptáculo, devido à mudança de tempo; por estas causas, a matéria é necessária sempre que a casca do ovo ou fruto permanecem até completarem-se perfeitamente e por isto a geração é feita através de semente".

Para descrever a geração, o século XVI utiliza, senão modelos, ao menos imagens tomadas de empréstimo a duas atividades criadoras do homem: a alquimia e a arte. A utilização do calor para transformar a matéria constitui o método dos alquimistas por excelência. Quando procuram alguma combinação nova do mercúrio, do enxofre e do salitre, utilizam o calor dos fornos e dos alambiques. Do mesmo modo, quando a putrefação transforma em moscas um pedaço de carne, é devido ao calor que ela desprende. Quando se elabora a semente dos animais perfeitos, é igualmente graças ao calor do corpo. A matéria e os espíritos que o habitam são amassados, triturados, enviados do coração para o fígado, do fígado para o cérebro, do cérebro para os testículos por "giros, voltas e espirais como gavinhas de vinha", explica Paré[16]. À medida que vão progredindo nas "circunvoluções e anfractuosidades do corpo", os humores e a semente se impregnam de todas as virtudes necessárias a seu trabalho futuro: as virtudes concupiscíveis, ossíficas, carníficas, nervíficas, veníficas, etc. O jogo das forças desconhecidas esconde-se atrás do jogo da linguagem. Graças às palavras, o mistério da natureza revela-se um pouco; pois nas próprias palavras reside uma parte das virtudes que elas designam. Pronunciá-las ou escrevê-las de certa forma acaba por dar acesso aos segredos que elas recobrem, do mesmo modo que perceber as semelhanças abre caminho para o conhecimento das coisas. Mas, afinal de contas, "tudo o que fazem os pais, precisa Fernel[17], é ser a sede das forças que unem a matéria à forma. Acima dos pais, existe um Operário mais poderoso. É ele que envia a forma soprando o sopro". A produção de um ser pelas forças que ordenam o universo assemelha-se à produção dos objetos pelo homem. Com todos os seus poderes, a natureza trabalha "como os arquitetos, pedreiros e carpinteiros que,

---

15 *De la Subtilité,* IX, p. 235b.
16 *De la génération de l'homme,* pref.; *Œuvres,* t. II, p. 634.
17 *De abditis rerum causis,* I, 7; *Opera,* p. 535.

depois de terem lançado a primeira fundação de uma casa ou construído a quilha de um navio, edificam e levantam o resto da construção"[18]. Ou como "um escultor que retira a forma do bronze e das pedras"[19]. Ou ainda como "um pintor que pinta a partir do Natural"[20]. É este retrato natural que dá conta das semelhanças entre pais e filhos, através de que a hereditariedade se insere na rede das analogias e das similitudes. A hereditariedade de certa forma representa o papel do artista, esta mistura de forma, de constituição, de temperamento, mas não de matéria, que através da semente passa de geração para geração. "Que, monstro, pergunta-se Montaigne[21], é esta gota de semente de que somos produzidos, que traz em si as impressões não somente da forma corporal, mas dos pensamentos e das inclinações de nossos pais? Onde esta gota d'água aloja estas semelhanças, de um progresso tão temerário e desregulado que o bisneto se parecerá com o bisavô, o sobrinho com o tio?"

Mas o retrato natural fica sempre submetido à influência das diversas forças que podem atuar enquanto o embrião se desenvolve: "A imaginação feminina, diz Paracelso[22], assemelha-se ao poder divino, seus desejos exteriores reproduzem-se na criança". E, a partir daí, tudo se torna possível. Todas as visões, todos os sonhos, todas as impressões podem abrir caminho até o filho que está no ventre da mãe. Cada sensação do pai pode refletir-se na criança, imprimir-lhe uma marca, uma assinatura. "Se, diz Fernel[23], quando o pavão choca os ovos, ele for coberto por lençóis brancos, engendra pavões brancos e não de cor matizada. Do mesmo modo, a galinha engendra pintos de diferentes cores se ela choca ovos pintados de diferentes cores... Estas coisas foram confirmadas por observação de muitas pessoas".

Deste modo, na confecção dos seres perfeitos que engendram seus semelhantes, a rede das similitudes acaba por desdobrar-se. Por um lado, a reprodução da forma e do temperamento é assegurada pela semelhança que a hereditariedade acarreta. Por outro, através das sensações tidas pelos pais ou sob o efeito de sua imaginação, o produto da geração fica exposto às influências do mundo exterior, que pode imprimir sobre a criança a assinatura de todas as analogias possíveis.

---

18 Paré, *De la génération de l'homme*, X; Œuvres, t. II, p. 651.
19 Fernel, *De abditis rerum causis*, I, 3; Opera, p. 491.
20 Paré, *ibid.*, p. 638.
21 *Essais*, livro II, 37, p. 540.
22 *Livre de Hohenheim*, III; Œuvres médicales, p. 222.
23 *Ambiani physiologiae libri*, VII; Opera, p. 239.

O círculo se fecha assim pelo jogo das semelhanças. Como a criança não se refletiria no universo, se antes de seu nascimento o universo já se reflete na criança? E, através destes circuitos, pelos quais as forças invisíveis refletem sem fim as semelhanças entre os seres, todas as combinações de forma tornam-se possíveis; os órgãos, os membros, os ornamentos de todos os seres podem combinar-se uns com os outros. A passagem das pequenas variações, das anomalias mínimas que traduzem alguns erros sem importância, para este cruzamento, realizado em um alambique, responsável pela mistura das partes dos seres vivos para produzir monstros, se faz insensivelmente. Entre a excrescência que tem "forma de cereja, de ameixa, de chifre ou de figo"[24] e a "égua que pare um potro com cara de homem"[25], existem todos os intermediários possíveis.

Pois a descrição do mundo vivo no século XVI está cheia dos mais diversos monstros. Não somente Aldrovandi e Ambroise Paré lhes dedicam livros inteiros, mas em cada "História" dos seres vivos, na das aves ou na dos peixes, os seres fabulosos figuram ao lado dos seres comuns. Estes monstros sempre refletem o conhecido. Não existe monstro algum que não se assemelhe a algo, que seja inteiramente diferente do que se vê aqui ou ali. Simplesmente se assemelha não a um só ser, mas a dois, a três ou a muitos ao mesmo tempo. Suas partes correspondem a animais diferentes. E vê-se aparecer o "monstro com cabeça de urso e braços de macaco" ou "o homem que tem mãos e pés de boi", "a criança com cara de rã", o "cachorro com cabeça semelhante a uma ave", o "leão coberto de escamas de peixe", o "peixe com cabeça de bispo" e todas as combinações concebíveis. Os monstros sempre expressam semelhanças, mas estas se tornam heteróclitas e não correspondem mais ao jogo normal da natureza. As combinações e os signos que se podem decifrar neles não se referem mais à ordem do mundo; dão testemunho dos erros que nela podem interferir. "Os monstros são coisas que aparecem contrariando o curso da Natureza", diz Ambroise Paré[26]. Contrariando o curso, mas não as forças da natureza, pois esta não pode se enganar. Se às vezes há erro dos homens, dos animais ou mesmo das plantas, se se encontram erros físicos e erros morais, não há erros que possam ser atribuídos aos princípios, pois estes executam inabalavelmente as vontades supre-

---

24 Paré, *Des Monstres e Prodiges*, XVI; *Œuvres*, t. III, p. 34.
25 *Ibid.*, XX, p. 44.
26 Paré, *Œuvres*, t. III, pref. p. 1.

mas. "O que chamamos monstros, explica Montaigne[27], não o são para Deus, que vê na imensidão de sua obra a infinidade das formas que Ele produziu". Quando uma menina nasce com duas cabeças ou um homem tem, no lugar dos cabelos, "pequenas serpentes vivas", é porque há excesso de semente. Quando um homem nasce sem braço ou sem cabeça, é ao contrário por insuficiência de semente. Se uma mulher dá a luz a um filho com cabeça de cachorro, a culpa não é da Natureza que "sempre faz um semelhante", mas da mulher que cometeu atos repreensíveis com um animal. Quanto aos delitos da imaginação, como não ver que são com freqüência o efeito de um pensamento culpado? Cada monstro decorre de uma falta e testemunha um desregramento de um ato ou de uma intenção, que não se adequam à ordem do mundo. Físico ou moral, cada desvio da natureza dá um fruto contranatureza. Pois a natureza também tem sua moral.

Mas por mais heteróclito que possa parecer um saber baseado em uma mistura de observação, de hipóteses, de raciocínio, de filosofia antiga, de princípios derivados da escolástica, da magia e da astrologia, isto não quer dizer que não constitua um quadro perfeitamente coerente. Tudo que a experiência sensível pode perceber ordena-se em um conjunto em que cada coisa, cada ser tem seu lugar e insere-se na rede que a Vontade suprema tece em segredo. O conhecimento dos objetos não pode se dissociar da fé. A formação de um ser não é uma operação fundamentalmente diferente da que consiste em fazer um astro girar ao redor da Terra. A geração é apenas uma das receitas utilizadas cotidianamente por Deus para manter um mundo que Ele formou.

A decifração da natureza

Na Idade clássica, a produção de um ser vivo se faz sempre pela geração, mas esta muda de papel e de estatuto. Em menos de um século, os corpos vivos se limpam, por assim dizer. Desembaraçam-se de sua camada de analogias, de similitudes e de signos, para aparecer na nudez das linhas e das superfícies determinadas pela visão. Não é mais possível colocar em um mesmo plano a forma de uma planta ou de um animal e as idéias que deles podem ter os viajantes, os historiadores ou os juristas. O que é lido ou ouvido não se iguala

---

[27] *Essais,* Livro II, 31, p. 692.

mais ao que é visto. O aspecto dos seres vivos, sua estrutura visível torna-se então objeto de análise e de classificação. E como a estrutura primária dos organismos repete-se incansavelmente, em suas grandes linhas, dos pais para os filhos, a geração representa o meio que assegura, ao longo dos anos, a manutenção das formas e, portanto, a permanência das espécies. A geração de um ser não pode mais constituir um acontecimento isolado, único, independente. Torna-se a expressão de uma lei que testemunha a regularidade do universo.

Com o século XVII, transforma-se a própria natureza do conhecimento. Até então, este articulava-se com Deus, com a alma, com o cosmos. Na Idade clássica, não se trata mais de encontrar os indícios que dão sigilosamente testemunho das intenções primeiras da natureza. Trata-se de penetrar nesta, de captar os seus fenômenos, de ligá-los por leis, na medida em que seja possível ao espírito humano. O debate se reduz a um diálogo entre o homem e o mundo exterior. "Só se deve levar em conta duas coisas, diz Descartes[28], nós que conhecemos e os próprios objetos que devem ser conhecidos". Nesta relação nova que se estabelece entre o homem e a natureza, o centro da ação se desloca. O primeiro papel passa da vontade divina para o espírito humano. O interesse se concentra não mais na criação da natureza, mas em seu funcionamento atual. Em vez de uma contemplação, de uma exegese, de uma adivinhação, a ciência da natureza torna-se uma decifração. Para Galileu[29], "a filosofia está escrita em um grande livro que está sempre aberto diante de nossos olhos, mas não é possível compreendê-lo se não houver esforço para compreender a língua e para conhecer os caracteres com os quais é escrito". Para Descartes[30], "se queremos ler um texto expresso em caracteres desconhecidos, sem dúvida não veremos nele ordem alguma; no entanto, imaginaremos uma, não somente para examinar todas as conjecturas que se pode fazer em relação a cada signo, cada palavra ou cada idéia, mas também para dispô-las de modo a conhecer por enumeração tudo que pode ser deduzido dela". Para Leibniz[31], "a arte de descobrir as causas dos fenômenos, ou as hipóteses, é como a arte de decifrar, em que freqüentemente uma conjetura engenhosa encurta muitos caminhos". Mais que pela vontade divina que ordena sigilosamente os seres e as coisas, a ciência da natureza interessa-se de agora em diante pela des-

---

28 *Règles pour la direction de l'esprit*, XII, la Pléiade, p. 75.
29 *Il Saggiatore; Opere*, Florença, 1890-1909, t. VI, p. 232.
30 *Règles*, X, p. 70-71.
31 *Nouveaux essais sur l'entendement humain*, IV, 12, éd. Flammarion, p. 403.

coberta da cifra, pelo código que o pensamento humano tenta aplicar à natureza para desvendar sua ordem. O eventual cifrador dá lugar ao decifrador. O que importa não é mais tanto o código utilizado para criar a natureza, mas o código procurado pelo homem para compreendê-la. E os dois não necessariamente coincidem. "Se alguém, diz Descartes[32], para adivinhar uma cifra escrita com as letras comuns, decide ler um B sempre que houver um A e de ler um C sempre que houver um B e assim substituir cada letra por aquela que a segue na ordem do alfabeto, e se, lendo-a desta forma, encontrar palavras que têm sentido, não duvidará de que tenha descoberto o verdadeiro sentido desta cifra, apesar de ser possível que aquele que a escreveu tenha dado um sentido totalmente diferente a cada letra". É a plenitude do sentido e sua coerência que medem a exatidão da cifra descoberta. Do mesmo modo, ao interrogar a natureza, é o poder de explicação que determina o valor das hipóteses ou das causas invocadas. O método de decifração provém da combinatória, que constitui o instrumento essencial da pesquisa científica. Para estabelecer um alfabeto do pensamento, como deseja Leibniz, é preciso reduzir a complexidade à simplicidade das unidades que a compõem. Assim como um número qualquer deve ser concebido como um produto de números primos, toda operação lógica deve se reduzir a uma combinação de elementos. É a combinatória da lógica que dá a medida do possível.

Querer decifrar a natureza para nela descobrir uma ordem exige a certeza de que o código não mudará durante a operação. É preciso estar seguro da regularidade dos fenômenos da natureza. É preciso excluir a intervenção de toda força hostil, de todo "gênio mau, tão astucioso e enganador quanto poderoso que, diz Descartes[33], empregou todos os seus artifícios para me enganar". A natureza não pode, assim, ser concebida como uma harmonia em que o comportamento dos seres e das coisas segue necessariamente as regras de um jogo de agora em diante imutável. Deus pode perfeitamente ter criado o mundo; pode perfeitamente lhe ter dado o impulso inicial e decidido a respeito de seu funcionamento futuro. O que importa hoje é que este funcionamento não possa ser modificado, que a natureza não faça nenhuma alteração nos planos que lhe foram traçados. Sem isto, não há ciência possível.

---
32 *Les Principes de la Philosophie*, IV, 205, p. 668.
33 *Première méditation*, p. 272.

Até o século XVI, todos os possíveis considerados pela imaginação humana eram realizáveis pela vontade divina. Na Idade clássica, o universo passa a estar submetido a uma certa regularidade, a certas leis ou grupos de leis que ninguém, nem mesmo Deus, pode mudar e cuja lógica se articula com uma ordem de natureza. Que na origem as leis da natureza tenham sido ou não impostas por algum decreto divino, que se possa ou não imaginar a possibilidade de outros mundos, regidos por outras leis, que o procedimento seja do geral para o particular ou no sentido inverso, este mundo existe e funciona. Nele, tudo se ordena, tudo se liga, tudo se harmoniza não mais do exterior, sob o efeito de alguma força oculta a que a razão humana não tem acesso, mas do interior, pelo próprio encadeamento das leis. Decifrar a natureza é limitar-se à análise dos fenômenos para encontrar suas leis. As causas primeiras desaparecem ante as causas eficientes. O conhecimento se funda não mais no discurso de Deus, mas no do homem.

Para analisar objetos, para submetê-los à combinatória e deduzir sua ordem e sua medida, é necessário poder representá-los por um sistema de signos. O signo não é mais a marca depositada nas coisas pelo Criador para permitir que o homem descubra suas intenções. É uma parte integrante do entendimento humano, ao mesmo tempo produto elaborado pelo pensamento para a análise e instrumento necessário para o exercício da memória, da imaginação ou da reflexão. De todos os sistemas de signos, o mais perfeito é evidentemente o das matemáticas. Com a ajuda dos símbolos matemáticos, é possível dividir o contínuo das coisas, analisá-las em combinações variadas. Para Galileu[34], o grande livro da natureza está "escrito na língua matemática e os caracteres são triângulos e círculos e outras figuras geométricas". Durante a maior parte da Idade clássica, só é objeto de ciência o que pode expressar-se em linguagem matemática, primeiro para imaginar um universo geométrico, depois para representá-lo sob forma analítica. Com Newton e o abandono de um universo geométrico, o cálculo perde sua significação puramente matemática, mas permite explorar os resultados da observação e da medida para deduzir as leis da natureza. É a análise algébrica dos fenômenos físicos que dá ao universo sua lei de integração. Só a formulação matemática das medidas físicas pode tornar novamente admissível a intervenção de uma força misteriosa, a gravitação, cuja

---

34 *Il Saggiatore; Opere*, t. VI, p. 232.

origem é desconhecida, mas que exige o cálculo para ligar a mecânica do céu e a de Terra. Se a física desempenha um papel decisivo nos séculos XVII e XVIII, não é somente pela transformação que traz ao universo. Nem pelas funções novas que confere à observação, à experiência e ao raciocínio. É também porque, entre as ciências da natureza, é a única que pode se exprimir na linguagem das matemáticas. A física substitui a palavra da revelação pela palavra da lógica. No lugar da escuridão, da ambigüidade, da exegese sem fim dos textos sagrados, ela instala a clareza, o unívoco, a coerência do cálculo. De Galileu a Newton, a física justifica os esforços do pensamento para estabelecer uma ordem no mundo.

Limitada no início aos objetos da matemática, a pesquisa da ordem estende-se progressivamente a domínios empíricos que, à primeira vista, pareciam fora do alcance de uma tal análise. Pouco a pouco, a redução do complexo ao simples, a resolução da complexidade aparente pela simplicidade subjacente e o jogo da combinatória se aplicam ao que não é diretamente mensurável. As coisas mais variadas, as substâncias, os seres, as próprias qualidades acabam por se deixar classificar. Para extrair uma ordem, é suficiente, quando for possível, estabelecer a lei geral que permite agrupar objetos ou proposições, mesmo heterogêneos, fixar as classes e, nos limites desta ordem, percorrer à vontade o conjunto do domínio em que a lei se aplica. E, para isto é necessário encontrar um sistema de símbolos que seja conveniente para representar estes objetos e descobrir as relações entre eles. Pois, diz Condillac[35], se um homem quisesse por si só fazer o inventário dos objetos que estão à sua volta, se quisesse por si só efetuar um cálculo, ele se veria na obrigação de inventar signos, do mesmo modo que se quisesse comunicar a lista de seus objetos ou o resultado de seu cálculo. Só há imaginação na medida em que ela pode exprimir-se por uma combinatória de signos que ela mesma imaginou.

O mecanismo

Na Idade clássica, progressivamente se definem as duas correntes que estudam as seres vivos: a fisiologia, procedente da medicina,

---

[35] *Essais sur l'origine des connaissances humaines,* Amsterdam, 1746, t. I, parte 4, cap. I, p. 179.

e a história natural, ligada ao inventário dos objetos deste mundo. Mas se a segunda poderá se constituir como ciência porque o pensamento da época favorece a análise das estruturas visíveis, a primeira permanece limitada por falta de conceitos e de meios suficientes. Sem dúvida, seria conveniente distinguir uma série de tendências ideológicas nesta fisiologia; tendências que variam de acordo com os que a praticam, o objeto que estudam, os objetivos que perseguem, os fenômenos que observam. Mas o que interessa são apenas os conceitos que servem como operadores para o estudo do mundo vivo. E ainda não existem muitos que possam desempenhar este papel. De fato, durante toda a Idade clássica, o funcionamento dos seres vivos só pode ser compreendido na medida em que reflete o que já se conhece no funcionamento das coisas.

O século XVII se encontra em um universo em que o centro de gravidade oscilou. Um universo em que astros e pedras obedecem às leis da mecânica expressas pelo cálculo. A partir de então, para determinar um lugar para os seres vivos e para explicar seu funcionamento, só há uma alternativa. Ou os seres são máquinas de que só se deve considerar as formas, dimensões e movimentos, ou escapam às leis da mecânica, devendo-se então renunciar a encontrar unidade e coerência no mundo. Diante desta escolha, nem os filósofos, nem os físicos, nem mesmo os médicos hesitariam: toda natureza é máquina, como a máquina é natureza. "Quando um relógio marca as horas por meio das rodas de que é feito, diz Descartes[36], isto é tão natural quanto é para uma árvore dar frutos". Para Hobbes, pode-se indistintamente considerar o animal como uma máquina ou como um autômato cujos membros se mexem como os de um homem com vida artificial. Isto não é uma metáfora, uma comparação ou uma analogia. É uma identidade. Astros, pedras ou seres, todos os corpos estão submetidos às mesmas leis do movimento. O mecanicismo é tão natural e necessário na Idade clássica quanto o será uma certa forma de vitalismo no início da biologia.

Pois, até o final do século XVIII, não existe uma fronteira bem definida entre os seres e as coisas. O vivo se prolonga no inanimado sem descontinuidade. Tudo é contínuo no mundo e pode-se, diz Buffon[37], "descer gradualmente e imperceptivelmente da criatura mais

---

36 *Principes*, IV, 203, p. 666.
37 *De la manière d'étudier et de traiter l'histoire naturelle; Œuvres complètes*, in-16, Paris, 1774-1779, t. I, p. 17.

perfeita até a matéria mais informe, do animal melhor organizado até o mineral mais bruto". Ainda não existe divisão fundamental entre vivo e não-vivo. A distinção feita habitualmente entre mineral, vegetal e animal serve, antes de tudo, para estabelecer grandes categorias entre os corpos deste mundo. Pode-se também, como faz Charles Bonnet, basear esta classificação no grau de organização dos corpos, na faculdade de se mover, na capacidade de raciocinar. Distingue-se então "os Seres brutos ou sem organização, os Seres organizados e inanimados, os Seres organizados e animados e finalmente os Seres organizados, animados e racionais"[38]. Entre estes diferentes grupos, não existem cortes bem definidos. "A organização aparente das Pedras laminadas ou divididas em camadas, diz Charles Bonet[39], como as ardósias, os talcos, etc., a das Pedras fibrosas ou compostas de filamentos, como os amiantos, parecem constituir pontos de transição entre os Seres sólidos brutos e os sólidos organizados." A organização ainda representa apenas a complexidade da estrutura visível. Nem no século XVII nem durante grande parte do XVIII se reconhece esta qualidade específica da organização que o século XIX chamará vida. Não existem ainda grandes funções necessárias à vida. Existem órgãos que funcionam. O objetivo da fisiologia consiste em reconhecer suas engrenagens e sua articulação.

Portanto, no século XVII não existe razão alguma para reservar um lugar à parte para os corpos vivos e subtraí-los à grande mecânica que faz o universo girar. Só o que depende claramente das leis do movimento no corpo dos animais é accessível à análise. É o caso da ossatura dos animais e de seu tamanho, que, observa Galileu, não pode aumentar indefinidamente "nem na arte, nem na natureza", sem quebrar sua coerência e dificultar o funcionamento normal dos órgãos. "Creio que um cachorro pequeno possa carregar nas costas dois ou três cachorros de seu tamanho, mas acho que um cavalo não pode carregar nem mesmo um cavalo do mesmo tamanho"[40]. É também o caso do vôo dos pássaros em que, observa Borelli, necessariamente deve existir alguma relação entre o peso do corpo, a envergadura das asas e a força da musculatura, para permitir que o organismo se desprenda do solo. "Mesmo se tivesse asas, o homem não

---
38 *Contemplation de la nature; Œuvres complètes*, Neuchâtel, 1781, t. VII, p. 42.
39 *Ibid.*, p. 79-81.
40 *Discours concernant deux sciences nouvelles*, trad. franç., Paris, 1970, 2ᵉ journ., p. 107.

conseguiria voar por não ter músculos suficientemente fortes no peito[41]." Mas este é o caso sobretudo da circulação do sangue nos vasos. As fibras, diz Harvey, "amarram o coração como os cordames de um navio"; as válvulas tricúspides velam na entrada dos ventrículos "como guardiães diante das portas"; os ventrículos "expulsam um sangue já em movimento, como um jogador pode, saltando e batendo na bola, enviá-la com mais força e mais longe que se a atirasse simplesmente"[42]. Diz-se freqüentemente que, fazendo analogia do coração com uma bomba e da circulação com um sistema hidráulico, Harvey contribuiu para a instalação do mecanismo no mundo vivo. Mas, ao se dizer isto, inverte-se a ordem dos fatores. Na realidade, é porque o coração funciona como uma bomba que se torna accessível ao estudo. É porque a circulação é analisada em termos de volumes, de fluxo, de rapidez, que Harvey pode fazer com o sangue experiências semelhantes às que Galileu faz com as pedras. Pois quando Harvey se defronta com o problema da geração, que não tem relação com esta forma de mecanismo, não pode tirar conclusão alguma.

No século XVII, a teoria dos animais-máquinas é portanto imposta pela própria natureza do conhecimento. Representa uma atitude inconcebível em um Fernel ou em um Vesálio. Talvez tenha podido existir nos gregos, em Aristóteles ou nos atomistas, por exemplo, alguma atração pelo mecanicismo. Mas este tinha um caráter muito diferente. Primeiro porque, no caso dos gregos, tratava-se sobretudo de analogias feitas com objetivo didático, enquanto que na Idade clássica o que interessa é unificar as forças que regem o mundo. Em segundo lugar porque, para Aristóteles, o motor de todo movimento em um corpo vivo residia, definitivamente, na alma. Para Descartes, as propriedades dos objetos só podem provir do arranjo da matéria. Isto é verdade para os movimentos de uma máquina cujas partes foram produzidas e articuladas unicamente com o objetivo de imprimir-lhe determinado movimento. Isto é necessariamente verdadeiro no caso do corpo de um animal, em que é inútil invocar "alguma outra alma vegetativa ou sensitiva ou algum outro princípio de movimento e de vida que não seja seu sangue e seus espíritos movidos pelo calor do fogo que arde continuamente em seu coração e cuja natureza não é

---

41 *De Motu Animalium*, Roma, ed. 1685, CCIV, p. 243.
42 *On the Motion of the Heart and the Blood in Animals*, 1628, cap. XVII; *The Works of W. Harvey*, trad. Sydenham Soc., Londres, 1847, reimp. 1965, p. 78-80.

diferente dos outros fogos que existem nos corpos inanimados"[43]. O mecanicismo deve portanto aplicar-se a todos os aspectos da fisiologia. Não somente ao movimento do corpo e dos órgãos, mas também à "recepção das luzes, dos sons, dos odores, dos gostos, do calor..., à impressão de suas idéias no órgão do senso comum e da imaginação, à retenção ou à fixação destas idéias na memória, aos movimentos interiores dos apetites e das paixões". Por isso mesmo, é o conjunto dos corpos deste mundo, vivos ou não, que está situado fora de qualquer interação à distância, de qualquer relação duvidosa, de qualquer atração ou repulsa por simpatia ou por antipatia. Nada mais é possível pelo jogo das forças mágicas. Tudo se torna possível pelo jogo das forças físicas.

Rapidamente os recursos de que o mecanicismo da Idade clássica dispõe tornam-se claramente insuficientes para explicar o funcionamento dos seres vivos. À medida que a complexidade destes se revela, cresce a dificuldade em atribuir todas as suas propriedades aos impulsos que agem sobre roldanas, alavancas, ganchos. Em sua forma inicial, o mecanicismo não resiste ao peso crescente das observações. A imagem que dá dos seres vivos, a de uma máquina composta de engrenagens capazes somente de transmitir o movimento recebido, só pode levar a procurar fora da máquina tanto sua razão de ser quanto seu fim. Uma máquina só se explica de fora. Feita com uma determinada finalidade, ela só serve para realizar esta tarefa. Do mesmo modo, as tentativas que se manifestam na Idade clássica, seja para acentuar o mecanicismo, seja para limitá-lo, dizem respeito mais à metafísica do que a uma atitude possibilitada pela ciência da época. Em sua descrição do mundo vivo, Descartes havia excluído dois domínios: Deus que, tendo criado o mundo e tendo-lhe comunicado o movimento inicial, não intervém mais; e o pensamento humano, cuja complexidade ultrapassa o que existe nos animais ou o que é realizável nos autômatos, como prova a linguagem: se uma pega, um papagaio ou um autômato podem perfeitamente proferir palavras, eles não as ordenam para responder ao que lhes é dito, o que "provaria que eles pensam o que dizem"[44]. Estes são os pontos que o materialismo e o vitalismo procuram refutar.

Existem dois componentes no animismo da Idade clássica. Em primeiro lugar, uma necessidade de valorizar o que vive. O ser vivo

---
43 *Traité de l'homme*, p. 873.
44 *Discours de la méthode*, V, p. 165.

é sempre um pouco embebido de magia. É acompanhado por um tipo de fetichismo. Todas as forças da natureza existem nele. A matéria tem no ser vivo propriedades verdadeiramente milagrosas. É ativada, influenciada, transformada. Com seu cortejo de imagens, metáforas, simpatias, o vivo ocupa um lugar privilegiado no mundo. Situa-se acima de todos os outros corpos. Sempre se dá a ele a nota mais alta. Ao seu lado, os objetos inanimados perdem toda cor, todo relevo. Das coisas aos seres, da poeira ao pensamento, há uma hierarquia de valor e também de complexidade. Os fenômenos não são somente mais complexos nos seres vivos. São também mais perfeitos. A uma qualidade ímpar deve corresponder uma causalidade ímpar. A perfeição se transforma rapidamente em princípio de explicação. A necessidade de valorizar o vivo em geral, o homem em particular, traduz-se então por dois tipos de antropomorfismo: prolonga-se até o infinito a hierarquia de uma inteligência soberana ou, ao contrário, atribui-se ao conjunto das formas vivas algumas qualidades próprias ao homem. É isto que mostram, por exemplo, as interpretações que o século XVIII fornece da regularidade "admirável" encontrada nos favos das colméias. Desde a Antiguidade, sempre causou admiração a arquitetura dos alvéolos, seu rigor, sua simetria. Em fins do século XVII, físicos e geômetras passam a demonstrar grande interesse por estas estruturas. Estudam suas bases, medem seus ângulos, calculam suas relações. Para espanto geral, vê-se que cada alvéolo corresponde precisamente à metade da estrutura conhecida pelos cristalógrafos pelo nome de "dodecaedro romboidal". Trata-se exatamente da formação cuja simetria melhor permite preencher o espaço nas condições em que se encontram os alvéolos. Cada um destes está em contato com doze outros, seis em seu plano, três em cima e três embaixo. Cada um adere rigorosamente a cada um de seus vizinhos sem que nenhum intervalo subsista entre eles. Diante de uma disposição tão eficaz, existem duas atitudes possíveis: maravilhar-se ou procurar uma explicação em um modelo mecânico. A própria referência à perfeição pode assumir duas formas. Pode-se, como Réaumur, atribuir à abelha as qualidades do homem. O dodecaedro romboidal traduz assim a arte da abelha, suas qualidades de arquiteta e mesmo seu senso de economia. "Convencido, diz Réaumur[45], de que as abelhas empregam o fundo piramidal que merece ser preferido, levantei a suposição de

---

45 *Des gâteaux de cire. Mémoires pour servir...; Morceaux choisis*, Paris, 1939, p. 101-102.

que a razão ou uma das razões para sua decisão era a economia de cera; que entre as células com a mesma capacidade e com fundo piramidal, aquela que podia ser feita com menos matéria ou cera era aquela em que cada rombo tinha dois ângulos, cada um de aproximadamente 110° e dois tendo, cada um, aproximadamente 70°". O senso de economia baseia-se assim em um sólido conhecimento da matemática. Mas ao prestigiar desta forma a abelha, acaba-se desprestigiando o homem. Sem deixar de se maravilhar, pode-se então, como Fontenelle, fazer algumas reservas a todas estas qualidades que se deve atribuir às abelhas. "A grande maravilha, diz Fontenelle[46], é que a determinação destes ângulos ultrapassa bastante as forças da geometria comum e faz parte apenas dos novos métodos baseados na teoria do Infinito. Mas, de todo modo, estas Abelhas saberiam muito e o excesso de sua glória é causa de sua ruína. Deve-se remontar a uma Inteligência infinita que as faz agir cegamente sob suas ordens". Para o matemático, encontrar em um animal alguns conhecimentos de geoemtria elementar é admissível. Mas não o cálculo infinitesimal!

A outra atitude diante dos mesmos alvéolos baseia-se, ao contrário, em uma análise que ignora a perfeição e deixa o maravilhoso em seu lugar exato. Somente a figura e o movimento devem justificar a regularidade das estruturas. Pode-se então, como Buffon, pesquisar em que condições aparecem estas articulações geométricas. Esta forma hexagonal encontra-se com freqüência nos corpos minerais, nos cristais, notadamente no momento de sua formação. Mas às vezes ela também é encontrada nos seres vivos, no estômago dos ruminantes, entre os corpos em via de digestão, em certos grãos e certas flores. E isto acontece sempre que objetos de forma semelhante são submetidos a forças sensivelmente iguais, mas em sentido contrário. Em certos peixes, por exemplo, as escamas que crescem ao mesmo tempo obstaculizam-se mutuamente. Tendem a ocupar da melhor forma possível o espaço disponível e acabam adotando esta configuração em hexágono. Pode-se mesmo fazer experiências, procurar realizar modelos mecânicos em que corpos cilíndricos ou esféricos são submetidos a pressões iguais. "Encha-se um recipiente de ervilha ou de qualquer outro grão cilíndrico, diz Buffon[47], e feche-se logo depois de ter colocado nele tanta água quanto os espaços entre os grãos podem re-

---

46 *Histoire de l'Académie Royale,* 1739, p. 35.
47 *Discours sur la nature des Animaux; Œuvres complètes,* in-16, t. V, p. 380-381.

ceber; deixe-se ferver esta água e todos os cilindros se transformarão em colunas de seis lados. Vê-se claramente a razão, que é puramente mecânica; cada grão, cuja forma é cilíndrica, tende a ocupar o maior espaço possível em um espaço dado; portanto, tornam-se necessariamente hexagonais pela compressão recíproca. Cada abelha também procura ocupar o maior espaço possível em um espaço dado; portanto, também é necessário, pois o corpo das abelhas é cilíndrico, que suas células [alvéolos] sejam hexagonais, pelo mesmo motivo dos obstáculos recíprocos... Não se quer ver, ou não se duvida, que esta regularidade, maior ou menor, depende unicamente do número e da figura, e não da inteligência destes pequenos animais; quanto mais numerosos forem, mais existirão forças que agem igualmente e que se opõem, mais haverá pressão mecânica, regularidade forçada e perfeição aparente em suas produções". A partir daí, a forma dos alvéolos pode ser considerada sem referência a nenhuma inteligência. O que não tira nem a beleza dos favos nem a poesia das abelhas.

O outro componente do animismo na Idade clássica é uma reação contra o mecanicismo cartesiano e contra os abusos feitos sobretudo quando se leva sua lógica ao extremo, como no caso de Holbach e de La Mettrie. É absurdo, diz Hartsoeker[48], abordar o estudo dos seres vivos com "a opinião de que tudo se faz quase que unicamente pelas leis da mecânica, sem a ajuda de uma alma e de uma inteligência". Na Idade clássica, o animismo retoma uma velha tradição que a alquimia e a medicina rejuvenesceram. Mas ele funciona mais *contra* uma tendência para o materialismo que para demonstrar a existência de fenômenos específicos ao ser vivo. É, em primeiro lugar, uma hostilidade em relação ao ateísmo, ao aparecimento do acaso como uma das forças que governam o mundo. É a recusa de admitir que as causas, diz Stahl[49], "produzem, sob a influência de suas ações, casos fortuitos". A perfeição dos seres, suas propriedades, sua geração exigem um princípio desconhecido, um X fora do alcance de qualquer conhecimento. É preciso uma força espiritual, uma *Psyché* para executar as vontades divinas, pois não se pode encontrar outra justificação para a finalidade dos seres vivos. Este agente misterioso recebe nomes variados: primeiro Alma,

---
48 *Cours de physique*, La Haye, 1730, t. VII, p. 71.
49 *Recherces sur la différence entre machine et organisme*, XXXIV; *Œuvres médico-philosophiques et pratiques*, Paris, 1859-1863, t. II, p. 289.

segundo a tradição, depois Inteligência e mesmo "natureza plástica". No final do século XVIII, ele mudará um pouco de natureza e se tornará a "força vital". Não é mais, então, um princípio central, um poder que, instalado no âmago do organismo, rege as atividades; é uma qualidade particular da matéria que constitui os seres vivos, um princípio que se difunde em todo o corpo, aloja-se em cada órgão, cada músculo, cada nervo, para conferir-lhe suas propriedades. Toda parte do corpo possui então um "sentimento", um "tato", uma "disposição" que sustenta suas atividades. Mas se o vitalismo do final do século e do começo do século seguinte aparece como uma etapa decisiva para que os seres se separem das coisas e para que se constitua uma biologia, o animismo da Idade clássica não funciona como operador do conhecimento. Não porque os animistas ou vitalistas produzam menos observações que os mecanicistas, mas porque estas observações são muito raramente feitas *por* vitalismo, para colocar em evidência uma força vital. Com maior freqüência o vitalismo só intervém após a observação, não para ver, mas para interpretar. Não é o vitalismo que guia o escalpelo de Willis para dissecar um cerebelo e estabelecer as conexões existentes. Nem o olhar de Hartsoeker para perceber, no microscópio, os animálculos no líquido seminal do macho. Quando Swammerdam coloca em evidência a metamorfose dos insetos, pouco importa que ele veja nisto a ação da alma e a regularidade da Providência. Na Idade clássica, o que importa é antes de tudo retirar os objetos e os acontecimentos do halo de crenças e de fantasias que mascaram seus contornos. Seres ou coisas, trata-se sobretudo de desembaraçá-los do misterioso e do maravilhoso, de colocá-los dentro dos limites do visível e do analisável; em suma, de transformá-los em objetos de ciência. Isto porque, apesar da insuficiência dos meios de que dispõe, o mecanicismo no momento representa a única atitude em conformidade com o conhecimento. Mesmo os animistas utilizam analogias caras aos mecanicistas para descrever sua postura. "Aquele que procura dar conta dos fenômenos da natureza, diz Hartsoeker[50], é bastante semelhante a um homem que, encontrando-se ante uma máquina extremamente complexa que só pode ver e examinar do exterior", deve compreender seu funcionamento. Afinal de contas, o animismo da Idade clássica representa mais uma filosofia e uma moral que uma atitude de pesquisa científica.

---
50 *Suite des Éclaircissements sur les Conjectures physiques*, Amsterdam, 1712, p. 55.

De fato, com Newton o mecanicismo muda de natureza e, incorporando o mundo das substâncias, dá origem à química. Em sua representação do mundo inanimado, a física combina as leis do movimento e a natureza corpuscular da matéria. Esta não é mais um substrato homogêneo infinitamente divisível, mas se compõe de um número ilimitado de partículas isoladas, separadas umas das outras e não idênticas. À matéria e ao movimento que constituíam o mundo de Descartes, o de Newton adiciona o espaço, isto é, um vazio em que se movem as partículas. O que mantém as partículas no lugar, o que as liga entre si para formar um universo coerente é a atração. Esta não é um elemento constituinte do universo, não participa de sua construção. Mas tece entre todos os átomos que o constituem uma rede de dependências que dá ao mundo sua coesão. É o conceito de atração que fornece aos químicos a força que permite substituir as influências astrais pelas quais a alquimia havia ligado os metais às estrelas e aos planetas. Quando se misturam as substâncias, elas não ficam inertes: deslocam-se umas em relação às outras. Observam-se assim, entre corpos diferentes, relações que fazem com que se unam uns aos outros com maior ou menor facilidade. Sempre que duas substâncias que têm, diz Geoffroy[51], "alguma disposição a se juntar uma com a outra" se unem, caso apareça uma terceira que tenha mais relação com uma das duas, ela se une "fazendo com que a outra seja deixada de lado". Assim, a força que liga certos corpúsculos de natureza diferente chama-se "afinidade". Não é mais um princípio mágico, uma virtude semelhante às que a alquimia atribuía às substâncias. É uma propriedade dos corpos que se pode medir determinando a ordem em que uns deslocam os outros.

Pouco a pouco se delineiam grupos, famílias de corpos que possuem certas propriedades em comum, como os ácidos ou as bases. Cada membro de uma família forma combinações com cada membro da outra. Pode-se portanto classificar as substâncias como se fazia com as plantas e, para consegui-lo, é preciso seguir o mesmo caminho que para as plantas: a classificação que Lavoisier emprega, as operações efetuadas e o método seguido são os mesmos que os utilizados por Lineu. Como em relação às plantas, trata-se de reconhecer o caráter principal das substâncias e de nomeá-las em função deste caráter. Nas ciências físicas, com efeito, a palavra deve suscitar a idéia

---

51 *Table des différents Rapports observés en Chymie; Traité de la Matière médicale,* Paris, 1743, t. I, p. 18.

e a idéia deve retratar o fato, pois, diz Lavoisier, "são três marcas do mesmo sinete"[52]. Como a química é antes de tudo uma ciência da análise, a denominação dos corpos se reveste de uma importância particular: "Um método analítico é uma língua e uma língua é um método analítico". Até então, havia muita heterogeneidade na linguagem da química. Certas expressões, introduzidas pelos alquimistas, tinham um caráter um tanto enigmático e o sentido só podia ser percebido pelos adeptos. Ao contrário, outros termos haviam sido atribuídos aos corpos, não em função de suas propriedades, mas do acaso das circunstâncias, de sua descoberta, de seu aspecto. Os químicos manipulavam, assim, o "óleo de tártaro diluído", a "manteiga de arsênico" ou as "flores de zinco". Para Lavoisier, trata-se de introduzir na química o espírito de análise e esta operação só pode se realizar pelo aperfeiçoamento da linguagem. Antes de tudo existem substâncias simples, aquelas que não podem ser decompostas por análise química. São elas que se deve nomear primeiro. "Designei o mais que pude, diz Lavoisier[53], as substâncias simples por palavras simples... de forma que expressassem a propriedade mais geral, mais característica da substância". Quanto aos corpos compostos, formados pela reunião de várias substâncias simples, é preciso designá-los por nomes compostos. Como o número de combinações binárias aumenta rapidamente com o dos nomes, é preciso constituir classes para evitar a confusão. "O nome das classes e das flores situa-se na ordem natural das idéias e remete à propriedade comum a um grande número de indivíduos; o das espécies, ao contrário, é o que remete às propriedade específicas de alguns indivíduos"[54]. Os ácidos, por exemplo, são formados por duas substâncias consideradas simples. Uma confere a propriedade de acidez comum a todos: nela deve-se basear o nome de classe ou de gênero. A outra, ao contrário, caracteriza um determinado ácido: deve determinar o nome específico[55]. E o que é verdadeiro para os ácidos aplica-se também aos outros tipos de corpos, aos óxidos metálicos, às substâncias combustíveis, etc. As substâncias tornam-se assim accessíveis à ordem e à medida. Podem ser classificadas, denominadas, suas propriedades podem ser medidas. A química constitui-se assim como ciência, com suas técnicas, sua linguagem e seus conceitos próprios.

---

52 *Traité de chimie*, Paris, 1.ª ed., 1793; disc. prelim., p. vj.
53 *Ibid.*, p. xviij-xix.
54 *Ibid.*, p. xx.
55 *Ibid.*, p. xxj.

Com esta forma modificada de mecanicismo representada pela química, um domínio novo da fisiologia pode tornar-se objeto de estudo. Harvey pode analisar a circulação do sangue no século XVII porque ela é a única entre as grandes funções que diz respeito quase que exclusivamente às leis do movimento, porque o coração é uma bomba e o sangue um líquido submetido às regras da hidráulica. Do mesmo modo, no século XVIII tornam-se accessíveis à análise as duas funções que pertencem ao campo da química, de seus conceitos e métodos: a digestão e a respiração. Se Réaumur e Spallanzani podem abordar o estudo da digestão, é porque esta, diz Réaumur[56], "é levada a cabo unicamente pela ação de um dissolvente e pela fermentação que ele produz". O suco gástrico provoca uma série de reações químicas. Ele de certa forma age "sobre as carnes e os ossos como a água sobre ouro". Do mesmo modo, se Lavoisier pode compreender a respiração, é porque a respiração de um pássaro e a combustão de uma vela podem ser colocados como objetos de estudo semelhantes, podem ser analisados com os mesmos conceitos, as mesmas técnicas, as mesmas medidas. O paralelo com a combustão conduz Lavoisier a ligar a respiração a outras funções, ou ao menos ao que pode ser analisado nos termos e segundo os conceitos da física e da química: à digestão, pois no final do século XVIII não há fogo sem consumo de combustível e, "se os animais não reparassem através da alimentação o que perdem pela respiração, logo faltaria óleo para o lampião e o animal pereceria como um lampião se apaga quando lhe falta alimento"[57]; à circulação, pois é preciso levar combustível ao lampião; à transpiração, para que seja evitado o aumento de temperatura que necessariamente acompanha a presença de um fogo contínuo. No funcionamento de todo órgão existe, assim, um domínio que pode ser estudado pelas técnicas da química; mesmo no cérebro, mesmo no pensamento. "Pode-se conhecer a quantas libras em peso correspondem os esforços do homem que recita um discurso, de um músico que toca um instrumento. Seria possível até mesmo avaliar o que há de mecânico no trabalho do filósofo que reflete, do homem de letras que escreve, do músico que compõe"[58].

---

56 *Second mémoire sur la digestion*, Mém. Acad. Sc. Paris, 1752; *Œuvres choisies*, p. 202.
57 *Premier mémoire sur la Respiration des Animaux* (Seguin e Lavoisier); *Œuvres*, Imprimerie Impériale, Paris, 1862, t. II, p. 691.
58 *Ibid.*, p. 697.

Para Lavoisier, portanto, o animal se analisa em termos de máquina. Não de máquina funcionando somente pela figura e pelo movimento, mas segundo princípios extremamente variados, na medida em que se descobrem fenômenos elétricos até no músculo de uma rã. O modelo que melhor permite descrever um corpo vivo é o de uma máquina a vapor, com uma fonte de calor que é preciso alimentar, um sistema de resfriamento e mecanismos para ajustar as operações das partes, para coordená-las, harmonizá-las. "A máquina animal, diz Lavoisier[59], é governada basicamente por três reguladores principais: a respiração, que consome oxigênio e carbono e que fornece o calórico; a transpiração, que aumenta ou diminui dependendo da necessidade de maior ou menor calórico; enfim, a digestão, que devolve ao sangue o que ele perde pela respiração e pela transpiração". Se estes diferentes domínios da fisiologia podem assim ser analisados porque se tornaram accessíveis aos métodos e aos conceitos da física e da química, por sua vez as analogias observadas e os modelos utilizados contribuem para transformar radicalmente a representação que se faz dos seres vivos no fim do século XVIII. Tudo se encaixa no funcionamento do organismo, tudo se une, tudo se articula. Atrás das formas se esboçam as exigências da fisiologia. Um corpo vivo não é simplesmente uma associação de elementos, uma justaposição de órgãos que funcionam. É um conjunto de funções, sendo que cada uma responde a exigências precisas. Não somente os órgãos dependem uns dos outros, como sua presença e sua articulação decorrem de necessidades impostas pelas leis da natureza que regem a matéria e suas transformações. O que dá aos seres suas propriedades é um jogo de relações que secretamente une as partes para que o todo funcione. É a organização oculta atrás da estrutura visível. Poderá aparecer então a idéia de um conjunto de qualidades específicas aos seres, que o século XIX chamará de vida.

As espécies

Durante toda a Idade clássica, os seres vivos podem ser conhecidos e analisados antes de tudo por sua estrutura visível. A velha rede de semelhanças é substituída pela das comparações. O conhecimento das coisas se realiza a partir de suas relações, de suas identida-

---
59 *Premier mémoire...; Œuvres*, t. II, p. 700.

des e diferenças. Se a coisa procurada e a coisa apresentada participam "de uma certa natureza", então a comparação é simples e clara. Caso contrário, é preciso fazer uma prolongada análise dos objetos para discernir a natureza comum atrás da complexidade das proporções. Para realizar a análise e a comparação, nem todas as qualidades que os sentidos podem reconhecer nos objetos têm o mesmo valor. Só o que é visível permite apreender o universo. Pois, se um astro é visto, ele não é tocado, não é saboreado, não é ouvido. Mas talvez tenha sido em relação ao mundo vivo, mais do que em relação a qualquer outra área, que o espírito humano teve mais dificuldade em se libertar dos hábitos e idéias acumuladas através dos séculos, de se desembaraçar desta multidão de imagens que, como diz Tournefort[60], "cansam a imaginação", de reduzir os seres aos limites determinados pelo olhar. Foi somente no final do século XVII que todas as analogias duvidosas, todas as ligações invisíveis, todas as semelhanças obscuras que "não são evidentes para todos, diz Lineu[61], e foram introduzidas para vergonha da arte", foram definitivamente rejeitadas. É então que a história natural, que tem por objeto a estrutura visível dos seres vivos e por objetivo sua classificação, pode se desenvolver.

Para fazer história natural, é preciso antes de tudo observar os seres e descrevê-los. Descrever é dizer o que o olhar discerne em um ser, rejeitando tudo que "não aparece para os sentidos sem o recurso de uma lupa"[62]. É reduzir este ser a seu aspecto visível e traduzir em palavras a forma, o tamanho, a cor e o movimento. A descrição deve desprezar os detalhes. Mas não deve silenciar sobre nenhuma das "propriedades singulares", nenhum dos elementos essenciais. Deve ser precisa e concisa, pois é "insensato, diz Lineu[63], colocar muito onde pouco basta".

A história natural exige, portanto, qualidades particulares do sujeito e do objeto. Para ser naturalista, é preciso antes de tudo ser capaz de renunciar às imagens adquiridas e saber observar. Mas olhar não basta. É preciso também ver o que importa e só ver isto. O naturalista não pode se contentar em examinar um organismo em seu conjunto. É preciso analisá-lo, estudar suas partes, apreender o essencial de seus traços. Quanto ao objeto de estudo, ele deve se prestar

---
60 *Élemens de Botanique*, Paris, 1694, t. I, p. 4.
61 *Philosophie Botanique*, Paris, 1788, 299, p. 277.
62 *Introduction à la Botanique*, in "Tournefort", Muséum National d'Histoire Naturelle, Paris, 1957, p. 284.
63 *Philosophie Botanique*, 291, p. 271.

às exigências da análise. Sem dúvida é mais simples detalhar a planta do que o animal; ela é menos carregada de paixões e de signos secretos. Pelos seus movimentos, pelo seu contínuo estremecer, o animal muda de forma sem cessar. Em sua imobilidade, a planta mostra permanentemente suas figuras e seus desenhos diante do observador. Atrás do invólucro do animal esconde-se uma zona de mistério; sob o pêlo, a pluma ou a carapaça percebe-se confusamente o mundo secreto dos órgãos, toda a maquinaria das entranhas. Na planta, ao contrário, nada fica no escuro. Todos os órgãos são expostos ao olhar, todos os usos são aparentes. E é bem evidente, observa Tournefort[64], "que se compreende melhor a estrutura de uma máquina e que se retém mais facilmente o nome das peças que a compõem quando se conhece os usos a que cada peça está destinada".

À primeira vista, a estrutura de um animal, ou mesmo de uma planta, constitui uma arquitetura muito complexa. É difícil comparar as formas em seu conjunto. Mas quando se constrói a rede de semelhanças e de diferenças, não dos organismos em sua totalidade, mas das partes discernidas pela análise, então a complexidade torna-se simplicidade. O que é visível em uma planta se decompõe em um conjunto de linhas, superfícies e volumes. A estrutura de conjunto se reduz a uma reunião de figuras mais ou menos geométricas. À condição, mais uma vez, que as qualidades a observar sejam convenientemente escolhidas, pois nem todas as propriedades visíveis oferecem a mesma garantia de generalidade. A cor, por exemplo, é muito sujeita a variações de um indivíduo a outro. A descrição deve ser feita "utilizando-se somente dos termos da arte, se estes bastarem, diz Lineu[65], descrevendo-se as partes segundo o Número, a Figura, a Proporção, a Situação". O que deve ser comparado não é portanto esta e aquela planta, mas o número de seus estames, a forma de seus cálices, a situação de suas anteras, a proporção de seus estames e de seus pistilos. Toda planta pode ser representada como um conjunto de elementos em número e proporção determinados. Cada elemento pode variar infinitamente em relação a cada parâmetro e cada variedade de cada elemento pode voltar a unir-se com as de outros em um número infinito de combinações. A botânica torna-se uma espécie de combinatória de possibilidades quase ilimitadas.

---

64 *Élémens de Botanique*, t. I, II.ª parte, p. 47.
65 *Philosophie Botanique*, 327, p. 306.

São estes conjuntos de elementos que devem ser colocados em ordem e classificados. Tarefa particularmente delicada por várias razões. Primeiro devido à diversidade do mundo vivo: o número de variedades conhecidas, que no final do século XVII ultrapassa muitas dezenas de milhares, aumenta sem cessar. O microscópio, além disso, eliminou os limites do mundo vivo. Em segundo lugar, devido à sua continuidade. Pois, até o século XIX, não somente não há uma barreira nítida entre os seres e as coisas, mas o mundo vivo forma uma trama ininterrupta. Tudo é matizado, gradual. A natureza não dá saltos. Entre os Quadrúpedes, os Pássaros, os Peixes, ela produz pontes, traça linhas de prolongamento que faz com que tudo se aproxime, tudo se ligue, tudo interdependa. "Ela manda morcegos voarem no meio dos pássaros, diz Buffon[66], ao mesmo tempo que aprisiona o tatu em um invólucro de crustáceo; ela construiu o molde do cetáceo a partir do molde do quadrúpede, de que mutilou a forma na morsa, na foca que, da terra em que nascem, mergulham no mar e vão se juntar a estes mesmos cetáceos como para demonstrar o parentesco universal de todas as gerações saídas do seio da mãe comum". Pode-se perfeitamente agrupar os seres em categorias. A natureza não conhece classes. Entre dois seres de tipos diferentes, mas vizinhos, a diferença é mínima, "de tal modo, diz Robinet[67], que não poderia ser menor sem que um fosse exatamente a repetição do outro, ou maior, sem deixar uma lacuna". Estes dois seres se tocam da maneira mais próxima possível. A passagem de um ao outro não admite intermediário ou vazio. Pois "se entre dois seres quaisquer, diz Charles Bonnet[68], existisse um vazio, qual seria a razão da passagem de um para outro?" Entre o grau mais baixo e o grau mais elevado da série dos seres existe portanto um número infinito de intermediários. O conjunto dos seres forma uma série contínua, uma cadeia ininterrupta "que vemos, diz Bonnet[69], serpentear na superfície do globo, penetrar nos abismos do Mar, lançar-se na Atmosfera, embrenhar-se nos Espaços celestes". É somente nossa ignorância que nos impede de ver certos nós da cadeia e só nos deixa entrever elos mal ligados. A ligação entre todos os tipos de indivíduo é tão próxi-

---

66 *Les Pingouins et les Manchois; Œuvres complètes,* éd. Flourens, in-4.º, 1853-1857, t. VIII, p. 589.
67 *De la Nature, Amsterdam,* 1766, t. IV, p. 5.
68 *Contemplation de la Nature,* II, 10; *Œuvres,* t. VII, p. 52.
69 *Ibid.,* t. VII, p. 51.

ma que seu conjunto poderia perfeitamente "formar um todo, diz Adanson[70], um só ser universal de que eles seriam as partes".

Enfim, a terceira dificuldade para ordenar o mundo vivo está em que "na natureza só existem indivíduos, diz Buffon[71], e que os gêneros, as ordens e as classes só existem em nossa imaginação". Em última análise, para seguir fielmente a natureza, uma classificação dos seres deveria portanto ramificar-se indefinidamente. Deveria compreender tantas categorias quantos são os indivíduos existentes. Mas então não haveria ciência possível. Portanto, para fazer botânica é preciso entrar em acordo com a natureza. É preciso, segundo a imagem de Tournefort[72], "juntar como que em buquês as plantas que se assemelham e separá-las das que não se assemelham". Isto consiste em discernir "linhas de separação" onde tudo parece contínuo, em encontrar vazios onde a natureza parece desconhecê-los. Mas mesmo se o universo não é verdadeiramente dividido, nós o vemos dividido. Isto basta para justificar as tentativas de classificação e é o papel do naturalista descobrir os cortes mais marcantes. "Esta ordem tão necessária, diz Fontenelle[73] em seu *Éloge de Tournefort,* não foi estabelecida pela natureza, que preferiu uma confusão magnífica à comodidade dos Físicos, e a eles cabe, quase apesar dela, colocar ordem e criar um Sistema nas plantas".

Para classificar as plantas, é preciso poder representá-las em um sistema de símbolos, isto é, nomeá-las. Nomear uma planta já é classificá-la. As duas operações são indissoluvelmente ligadas. Correspondem a dois aspectos de uma mesma combinatória das estruturas visíveis, das superfícies e dos volumes que se reúnem para formar a diversidade das plantas. E o ponto de encontro, o ponto de articulação entre o que se pode ver, nomear e classificar é o caráter. Para Lineu, "a Planta se conhece pelo nome e, reciprocamente, o nome pela Planta; é o efeito do caráter próprio de uma e de outra, traçado nesta, escrito naquele"[74]. Ligado aos detalhes de sua estrutura, o caráter constitui a "marca própria"[75] da planta. Assim, ele é o traço que deve persistir no pensamento após o exame e a descrição de uma planta. Descrever, com efeito, é dizer tudo; é reunir todos os dados

---
70 *Familles des Plantes,* Paris, 1763, p. clxiv.
71 *De la manière d'étudier...; Œuvres complètes,* in-16, t. I, p. 54.
72 *Élemens de Botanique,* p. 13.
73 *Œuvres,* Paris, 1767, t. V, p. 219-220.
74 *Philosophie Botanique,* 261, p. 246.
75 Tournefort, *Introduction à la Botanique,* p. 284.

visíveis. Encontrar o caráter, ao contrário, é agrupar as propriedades comuns a certos indivíduos que os distinguem dos outros. Antes de tudo, é escolher, entre a confusão do visível, as propriedades particulares que, para o espírito, devem permanecer indissoluvelmente ligadas à planta e que devem ser capazes de substituir a imagem desta em todos os seus detalhes. Considerando apenas um caráter, nomeando-o, retendo-o isoladamente no espírito, em suma, reduzindo a planta ao caráter, o pensamento liberta-se do caos das imagens sensíveis. Pode então realizar seu trabalho de classificação.

A classificação é sempre uma pirâmide, uma hierarquia que compreende grupos de classes situados em níveis diferentes, cada classe de um nível incluindo uma ou muitas subclasses do nível inferior. Cada hierarquia pode funcionar em graus diferentes de complexidade. Simples, como na "disposição sinóptica"[76], em que ela se reduz a um conjunto de chaves dicotômicas sucessivas. Mais elaborada, como nas classificações "sistemáticas", em que cada classe de um nível engloba mais de duas classes do nível inferior. No século XVIII, o conjunto do mundo vivo dispõe-se em uma hierarquia de cinco níveis: o Reino, a Classe, a Ordem, o Gênero e a Espécie. Esta é formada pela reunião das variedades, cuja diversidade provém, diz Lineu[77], "de uma causa acidental devida ao Clima, ao Terreno, ao Calor, aos Ventos, etc." A distribuição dos seres vivos em cinco níveis é uma simples convenção. Significa que um organismo não deve ser considerado como classificado de forma conveniente a não ser que possa, de maneira explícita ou não, ser situado em um grupo definido de cada nível.

Para construir tal edifício existem duas técnicas, caso se proceda por uma espécie de lógica dedutiva ou por empirismo: os sistemas e o método. Os sistemas são muito mais antigos que o método. Procedem de Aristóteles, passando pela escolástica. Para construir um sistema, é preciso ter uma certa idéia a respeito da natureza dos objetos a classificar, assim como das relações existentes entre eles. Existem portanto tantos sistemas quanto idéias e mesmo botânicos. O número de variáveis permite adaptar a classificação aos dados empíricos segundo a precisão desejada. Todos os sistemas procuram a conexão dos caracteres e a relação lógica adequadas à melhor articulação das classes. "É preciso, diz Tournefort[78], recorrer à arte das combinações:

---

76 Lineu, *Philosophie Botanique*, 153, p. 128-129.
77 *Ibid.*, 158, p. 132.
78 *Introduction à la Botanique*, p. 289.

isto é, que as partes das plantas devem ser tão bem combinadas entre si, uma a uma, que no final se possa escolher aquelas a partir de que podem ser constituídos os caracteres genéricos que são mais esclarecedores e mais conformes à experiência". Portanto, analisam-se as possibilidades combinatórias que a utilização desta ou daquela parte de uma planta permite e opta-se por aquela em que o número das combinações realizáveis ultrapassa o das combinações existentes na natureza. É a escolha arbitrária dos critérios que impõe os cortes que devem ser feitos.

Com o método, ao contrário, não há necessidade de se ter uma concepção *a priori*. Basta comparar os objetos com rigor e minúcia para inferir as diferenças. Só poderia haver, assim, um método. O procedimento consiste em escolher arbitrariamente uma planta de referência, superpor-lhe as outras plantas e assinalar cuidadosamente todos os desvios, todos os excessos. "Eu fazia em primeiro lugar uma determinação de cada planta, diz Adanson[79], colocando cada uma das partes em todos os seus detalhes em itens distintos; e, à medida que se apresentavam novas Espécies que tinham relação com as já descritas, eu as descrevia ao lado, suprimindo todas as semelhanças e anotando somente suas diferenças". O conjunto de semelhanças permanece como um fundo ignorado de onde emergem as diferenças. Agrupando-se naturalmente, estas mostram linhas de separação. Mais ou menos acentuados segundo a amplitude das diferenças, os cortes impõem então a hierarquia das classes.

Sistemas e métodos procedem, portanto, de princípios distintos, senão opostos. Mas se o procedimento difere, a linguagem é comum e o resultado semelhante, pois as duas técnicas permitem construir a mesma hierarquia em cinco níveis. Nos dois casos, uma das etapas inclui uma escolha arbitrária em que se baseia toda a construção. Daí uma dificuldade comum a todas as classificações. "Este é o ponto mais delicado da história das ciências, diz Buffon[80]: saber distinguir bem o que há de real em um assunto do arbitrário que incluímos quando o consideramos". Tanto para os sistemáticos quanto para os metodistas, tanto para Ray, Tournefort ou Lineu quanto para Magnol, Adanson ou os Jussieu, a escolha de uma nova classificação só se justifica por um argumento: menos arbitrariedade e mais naturalidade. Reencontrar a ordem verdadeira que existe na natureza, eis

---

79 *Familles des Plantes*, p. clviij.
80 *De la manière d'étudier...*; *Œuvres complètes*, in-16, t. I, p. 88.

o objetivo da história natural. E para isso é necessário distinguir o essencial do acidental.

Durante séculos, desde Aristóteles e passando pela escolástica, a unidade de um grupo vivo baseou-se em sua "essência", constituída pela soma do "gênero" e da "diferença". Na Idade clássica, modificam-se o sentido e o papel do que se chama a essência dos seres, mas a pesquisa do essencial está subjacente a todo esforço de análise e de classificação. O que importa na comparação das plantas são as diferenças que existem em sua essência e não os acidentes devidos ao acaso, às variáveis que escapam às leis da natureza. A "estrutura, diz Tournefort[81], constitui o caráter que distingue essencialmente as plantas entre si". Mas todos concordam em constatar a presença de uma grande parte de arbitrariedade até na escolha do caráter. Segundo o que dele se espera, o caráter pode se desdobrar durante toda a comparação das plantas, indo da "marca singular" proveniente de um determinado órgão ao conjunto de propriedades extraídas da planta como um todo. O caráter pode, segundo Lineu[82], ser "factício, essencial ou natural". Para estabelecer os cortes entre as classes, o que importa é utilizar unicamente "o caráter essencial mais bem escolhido"[83] e rejeitar todos os aspectos acidentais, tudo que diz respeito ao lugar de implantação, à temperatura, à irrigação, à exposição ao sol ou aos ventos, em suma, tudo que está sujeito à variação devido a condições ambientais. O essencial em uma planta torna-se então esta singularidade que a natureza lhe impõe e que escapa a toda intervenção externa. Como opõe-se ao acidental, o essencial é necessariamente de natureza objetiva. Diz respeito não à observação, mas às remotas origens da criação. A ordem em que se articulam as essências dos seres é aquela que a natureza, e não a razão, dita. O essencial das plantas constitui, de certa forma, a boa consciência do naturalista. Permite que ele separe suas classes "sem escrúpulo", como aconselha Tournefort[84], só buscando a eficácia. E o essencial em uma planta é, para Lineu[85], o que lhe é imposto pela "geração contínua das espécies".

Pois se os sistemas e o método possuem cada um sua lógica interna, esta não tem nenhuma ligação com a realidade da natureza.

---

81 *Élemens de Botanique*, p. 1.
82 *Philosophie Botanique*, 186, p. 166.
83 *Ibid.*, 258, p. 242.
84 *Introduction à la Botanique*, p. 297.
85 *Philosophie Botanique*, 259, p. 242.

Devem recorrer a um elemento exterior que não se baseia unicamente na estrutura visível dos seres mas na permanência desta estrutura através das gerações. O conceito de espécie nasce, assim, no final do século XVII, da necessidade sentida pelos naturalistas de fundar suas classificações na realidade da natureza. O que faz da espécie uma categoria privilegiada é que ela não está baseada somente em uma certa semelhança, por maior que seja, entre os indivíduos. Mas também na sucessão das gerações que sempre produzem o semelhante. "A identidade específica do touro e da vaca, diz John Ray[86], a do homem e da mulher provêm do fato de que eles nascem dos mesmos pais, freqüentemente da mesma mãe". Se uma ordem se mantém na estrutura dos animais e das plantas, é porque esta é fielmente transmitida dos pais aos descendentes com o conjunto de propriedades. A forma específica de um ser vivo de certa forma se prolonga na semente e "jamais uma espécie, constata Ray, nasce da semente de uma outra e reciprocamente." Convém ainda excluir da espécie todos os híbridos estéreis, todas as "mulas" que são produzidas por certas uniões não conformes à natureza. Para que a espécie conserve um caráter universal, é preciso portanto que a geração seja "contínua, perpétua, invariável, diz Buffon[87], semelhante, em uma palavra, à dos outros animais". Nestas condições, as operações da natureza, no mundo vivo como no mundo inanimado, se realizam com regularidade: obedecem leis de que a espécie não é mais que uma expressão.

Portanto, na Idade clássica, a história natural se baseia na propriedade que os seres vivos têm de engendrar seu semelhante e em seu corolário, o conceito de espécie. De fato, a espécie funciona em dois níveis para tornar possível a classificação do mundo vivo. Por um lado, como ela não se baseia somente no recorte arbitrário do visível, mas também considera a regularidade da natureza, a espécie dá uma base comum e universalmente admitida a todas as classificações, de que ela constitui a unidade básica. A espécie nunca se torna objeto de discussões, como as que são levantadas em torno do gênero. Ela justifica o esforço que visa a instaurar uma ordem na série dos seres, a recortar a trama contínua formada pelo mundo vivo. Na medida em que "existem" espécies, a ciência dos seres fundamenta-se não no espírito, mas em bases naturais. Por outro lado, a permanência da espécie através das gerações assegura que o mundo vivo tal

---
86 *Historia Plantarum,* Londres, 1686, t. I, cap. XX, p. 40.
87 *Histoire Naturelle des Animaux; Œuvres complètes,* in-16, t. III, p. 15.

como ele é visto hoje reflete bem o que foi instaurado primitivamente. "Contamos com tantas espécies, diz Lineu[88], quantas foram as formas criadas no início". Para que a história natural tenha seu lugar no conjunto do conhecimento, não basta que exista a possibilidade de instaurar uma ordem no mundo vivo. É preciso, além disso, que a classificação estabeleça uma ligação entre o mundo vivo de hoje e sua origem. Através do conceito de espécie é garantida a permanência das formas vivas desde a criação. "Um indivíduo não é nada no universo, diz Buffon[89], cem mil indivíduos tampouco são alguma coisa. As espécies são os únicos seres da natureza. Seres perpétuos, tão antigos, tão permanentes quanto ela; seres que se pode considerar como um todo independente do mundo, um todo que contou como um só nas obras da criação e que, conseqüentemente, forma uma unidade na natureza". Pois as relações que é possível estabelecer entre os seres se baseiam sempre em outro sistema lógico, seja ele a permanência das estruturas visíveis, com Tournefort e Lineu, seja mais tarde a integração funcional dos organismos, com Cuvier, e depois sua filiação evolutiva, com Darwin.

A pré-formação

Com o conceito de espécie, a geração torna-se uma expressão da regularidade da natureza. Mas, para a Idade clássica, a geração só pode ser abordada através da estrutura visível dos seres vivos e das leis da mecânica. Contrariamente à circulação do sangue, os fenômenos da geração não podem ser analisados por medidas de volumes, de movimentos e de velocidade, nem ser descritos em termos de alavancas, roldanas ou de bombas. Quando Harvey se interessa pela geração dos seres, não pode fazer mais que seu mestre Fabrício de Acquapendente. Este fazia chocar os ovos de galinha e cada dia abria um para examinar o estado do embrião. Na época do cio, Harvey imola as corças do rei da Inglaterra e cada dia abre o ventre de uma para observar o conteúdo da matriz. E nela vê apenas uma massa informe, um montículo viscoso, uma espécie de "cicatriz" em que pouco a pouco se delineiam coração, vasos, intestinos, cabeça e patas. Harvey limita-se a analogias pouco convenientes. A fêmea foi fecun-

---

88 *Philosophie Botanique*, 157, p. 130.
89 *De la Nature*, 2ᵉ vue; *Œuvres complètes*, in-4.°, t. III, p. 414.

dada pelo macho da mesma forma que o ferro, quando tocado pelo ímã, adquire uma virtude magnética[90]. Ou ainda a matriz se assemelha ao cérebro, pois "um concebe o feto como o outro concebe as idéias que nele se formam"[91]. Como Harvey coloca como epígrafe de seu *On the generation of Animals* o famoso *Omnia ex ovo,* freqüentemente se atribui a ele a paternidade da idéia de que todo ser vivo provém de um ovo. Mas o *ovum* não é somente o ovo. É toda substância já pouco organizada, como carne putrefata, plantas podres, excrementos; é também a ninfa ou a crisálida dos insetos; em suma, tudo aquilo que pode dar origem a um ser vivo, seja ele quadrúpede, mosca, verme ou planta.

Para o século XVI, a geração espontânea era tão fácil de explicar quanto a geração pelas sementes, pois fazia intervir diretamente a ação das forças divinas sobre a matéria. Para o século XVII, trata-se de substituir as forças ocultas pela combinação de matéria e pelas leis do movimento que devem explicar a formação dos seres vivos assim como a queda dos corpos ou o movimento dos astros. Para Descartes, isto não representa nenhuma dificuldade específica. Como a matéria é a mesma em todos os corpos do mundo, os seres só diferem das coisas pela articulação desta matéria. Portanto, é preciso muito pouco para animar esta matéria e para fazer surgir dela um corpo vivo. Um pouco de calor ou de pressão, uma simples fricção para agitar as partes e provocar reação entre elas. "Portanto, na medida em que é preciso tão pouco para produzir um ser, certamente não é de admirar que tantos animais, tantos vermes, tantos insetos se formem espontaneamente sob nossos olhos em toda matéria em putrefação"[92]. O calor e o movimento devem agir pouco a pouco, parte por parte. Na carne ou no ovo dos animais perfeitos, o pequeno ser não se forma abruptamente e sai todo equipado como Minerva do cérebro de Júpiter. A matéria organiza-se progressivamente, órgão por órgão, com a regularidade de um relógio muito complexo. Nos seres que engendram seus semelhantes, toda mecânica já está preparada pela combinação da matéria na semente. Para falar do desenvolvimento do embrião, Descartes[93] utiliza termos semelhantes aos que mais tarde Laplace empregará para descrever os movimentos do

---

90 *On the generation of Animals,* 1651; *The Works of W. Harvey. On Parturition,* p. 575.
91 *Ibid.,* p. 577.
92 *Primae Cogitationes; Œuvres,* Cerf, Paris, 1897-1913, t. XI, p. 506.
93 *Formation de l'animal; Œuvres,* t. XI, p. 277.

universo: "Se se conhecesse bem todas as partes da semente de uma espécie de animal em particular, por exemplo do homem, seria possível deduzir, por razões certas e matemáticas, a forma e a conformação de cada um de seus membros."

A geração espontânea resiste mal ao peso crescente da observação. À medida que o olho equipado com uma lupa ou um microscópio observa mais de perto os insetos, a complexidade de sua estrutura visível aumenta. Uma rede de fibras, de vasos, de nervos entrelaçados com precisão pouco a pouco se revela. "Uma mosca, exclama admirado Malebranche[94], tem tantas ou mais partes orgânicas quanto um cavalo ou um boi. Um cavalo só tem quatro patas e uma mosca tem seis... No olho do boi só há um cristalino: mas hoje se descobrem muitos milhares no das moscas6". As observações de Swammerdam e de Malpighi revelam a metamorfose do bicho da seda, do grilo, do escaravelho, da borboleta. Descrevem seus órgãos sexuais e formas de cruzamento. Tudo isto adequa-se mal à formação dos vermes ou das moscas pelo calor da fermentação na carne. Mas se é possível no século XVII excluir a geração espontânea dos insetos, é porque a experimentação necessária só faz intervir o movimento, o do ar e o dos seres vivos. Basta colocar carne em um frasco hermeticamente fechado para que ela não entre em putrefação e não dê origem a moscas. Em seu livro sobre a geração, Francesco Redi atribui a idéia de fazer tal experiência à leitura de Homero. Se a putrefação das carnes basta para engendrar insetos, admira-se Redi[95], por que, no canto XIX da *Ilíada*, Aquiles teme que o corpo de Pátrocles torne-se presa das moscas? Por que pede a Tetis que proteja o corpo contra os insetos que poderiam dar origem a vermes e assim corromper as carnes do morto? A experiência mostra que os temores de Aquiles eram justificados. "Estes vermes, diz Redi[96], são todos engendrados por inseminação e a matéria putrefata em que são encontrados serve apenas como localização, como ninho em que os animais depositam seus ovos na época da geração e em que encontram alimento; em outras palavras, afirmo que esta matéria jamais engendra algo". O mesmo pode ser dito dos vermes que vivem no intestino do homem e dos animais. Estes vermes não nascem das entranhas

---

94 *Entretiens sur la Métaphysique, sur la Religion et sur la Mort*, Paris, 1711, t. II, p. 14-15.
95 *Experimenta circa Generationem Insectorum; Opera*, Amsterdam, 1686, t. I, p. 30-31.
96 *Ibid.*, p. 17-18.

de seus hospedeiros, mas de uma semente que, encontrando-se no ar, na água ou nos alimentos, é inalada ou engolida pelos animais. O mesmo em relação aos insetos que nascem nas plantas. Não são as frutas, as raízes ou as verrugas das plantas que os engendram, mas insetos que nelas depositam seus ovos. No final do século XVII, os vermes, as moscas ou as enguias nascem de vermes, de moscas ou de enguias. Onde quer que apareça um ser vivo, havia um ser semelhante para engendrá-lo. Pela lógica, a geração espontânea deveria desaparecer. Mas quase que imediatamente ela se refugia neste mundo invisível e um pouco grotesco dos animálculos, percebidos repentinamente, com a ajuda dos microscópios, na água das calhas, na infusão de plantas, na saliva. Para desalojá-la daí não serão suficientes novas experiências. Será necessário consolidar o conceito de espécie, precisar seus limites, garantir sua permanência.

Quanto à geração pelos pais, o segredo esconde-se nas sementes. E aí que é preciso substituir as forças ocultas por figura e movimento. Pois os erros da faculdade formadora, os caprichos da imaginação materna, a influência da alimentação ou dos sonhos sobre a formação de uma criança, em suma, todas as fantasias, todas as irregularidades que dificultam o curso normal das coisas adequam-se mal à harmonia do universo e às leis da natureza. Mas o único aspecto da geração que a Idade clássica pode abordar por seus métodos de análise, o único acessível às suas técnicas de observação e ao poder de resolução que o microscópio lhe dá é o conteúdo da semente. Somente nisto a Idade clássica está preparada para substituir os princípios e as virtudes por figuras e partículas. Uma das questões mais simples que se pode colocar a respeito da geração é: o que contém a semente de cada sexo? Mais precisamente, como é possível que certos animais ponham ovos enquanto outros produzem seres vivos? De tanto examinar, dissecar, revirar o corpo, acaba-se descobrindo, nos "testículos" das fêmeas vivíparas, pequenas massas repletas de um líquido semelhante à clara de ovo e que amarelece depois da cópula. Régnier de Graaf chega mesmo a estabelecer uma correlação entre o número destas bolas e o de embriões que aparecem nos cornos da matriz. Até o século XIX, quando os embriologistas mostrarão que as bolas discernidas por de Graaf são na realidade folículos que cercam os verdadeiros ovos, elas desempenharão o papel de ovos. Portanto, no final do século XVII, todas as fêmeas possuem ovos. "Não tenho mais dúvidas, diz Sténon[97], de que os testículos da mulher são ovários". Assim, quando o animalzinho emerge de um ovo, como um pinto, ou quando ele sai vivo do ventre da mãe, como o veado, o processo é o mesmo. Cabra, cordeiro, vaca, seja qual for o animal dissecado, encontra-se sempre a mesma anatomia. "A geração se faz da mesma maneira nas mulheres, diz de Graaf[98], pois elas possuem ovos nos testículos e nas trompas ligadas à matriz, como os brutos". Apesar dos protestos das Preciosas que se indignam de serem tomadas por galinhas, discute-se interminavelmente para saber se os ovos podem se formar sem coito, se existem nas virgens ou nas mulheres frígidas. Pergunta-se se a mulher expulsa mensalmente um ovo com sua menstruação ou se, ao contrário, o ovo só se desprende "com o aguilhão do prazer".

Quanto à semente masculina, o microscópio revela, como na água de goteira ou na infusão de feno, inúmeras criaturas, pequenos vermes que vivem, se movem, nadam em todos os sentidos. De todo este mundo que o microscópio de repente revela, quase que por acaso, só os animálculos da semente masculina têm um lugar e um papel. Não se sabe muito bem o que fazer com os animálculos da água de goteira, nem onde situá-los, nem se se deve considerá-los como objeto de deslumbramento ou de escândalo. Os animais da semente masculina, ao contrário, de certa forma são o que a razão procurava. Para fazer com que o macho desempenhe seu papel, para livrar a semente dos princípios e das virtudes, era preciso descobrir nela partículas e corpos organizados. De fato, a descoberta ultrapassa as esperanças. "Não existem tantos homens na superfície do globo quanto animálculos no sêmen de um só macho", diz Leeuwenhoek[99], que toma cuidado em precisar que seus exames não foram feitos a expensas de sua própria posteridade.

Existem portanto ovos nas fêmeas e animálculos nos machos. E isto deve bastar para produzir a complexidade de um animal. Recusando-se uma faculdade formadora, recusando-se a intervenção de qualquer força misteriosa, desejando-se organizar as partículas das sementes unicamente através das leis do movimento para transformá-las em animal, o problema fica sem solução. "Não é possível, diz Male-

---
[97] *Elementorum myologiae specimen*, Florença, 1667, p .117.
[98] *Traité des parties des femmes qui servent à la génération*, Varsóvia, 1701, pref., p. II-III.
[99] Carta a Grew de 25 de abril de 1679; *Arcana Naturae*, Leyde, Boutesteyn, 3.ª ed., 1696, II.ª parte, p. II.

branche[100], que a união dos dois sexos produza uma obra tão admirável quanto o corpo de um animal. Pode-se perfeitamente acreditar que as leis gerais da comunicação do movimento bastam parad esenvolver e fazer crescer as partes dos corpos organizados, mas não se pode admitir que elas possam formar uma máquina tão compósita". Em uma época em que os seres vivos são apreendidos unicamente por sua estrutura visível, o que se deve explicar na geração é a manutenção no tempo desta estrutura primária. Esta não pode desaparecer; deve persistir por meio das sementes, de geração em geração. Para que haja continuidade da forma, é preciso que a semente já contenha o "germe" do pequeno ser que nascerá, que este seja "pré-formado". O germe já apresenta a estrutura visível da futura criança, semelhante à dos pais. É o projeto do futuro corpo vivo. Não em potência, em alguma parte ativa da semente a partir de que progressivamente se organizará o corpo do pequeno ser como se executa um plano; mas já materializado, como uma miniatura do futuro organismo, como um modelo reduzido com todas as partes, todas as peças, todos os detalhes em seu devido lugar. No germe, o corpo completo do futuro ser, apesar de inerte, já está realizado. A fecundação tem o papel de ativá-lo e desencadear seu crescimento. Somente então o germe pode se desenvolver, expandir-se em todas as direções e adquirir seu tamanho definitivo, como aquelas flores japonesas que são vendidas secas mas que, colocadas na água, abrem-se, desenvolvem-se e assumem sua configuração final. Acontece com os animais o que acontece com as plantas: em muitos grãos, com efeito, percebe-se claramente a miniatura da futura planta com todos os seus detalhes, o esboço dos caules e dos ramos, as folhas dobradas. Não é necessário organizar a matéria no momento da fecundação e do desenvolvimento embrionário. Todo ser vivo começa por alguma coisa que já se parece com ele. Tanto nos animais quanto nas plantas, as alavancas, roldanas e molas são suficientes para assegurar o desenvolvimento do germe, pois trata-se somente de uma questão de crescimento. Cada parte do germe desenvolve-se gradualmente em todas as direções para continuar sendo em tamanho grande o que já era em tamanho pequeno.

A principal questão que se coloca então, a respeito da geração, passa a ser a seguinte: qual das duas sementes, a masculina ou a feminina, contém o germe? Naturalmente existem duas escolas. Pode-se situar o germe no ovo. A fecundidade está portanto na fêmea.

---

100 *Entretiens*, t. II, p. 13.

É nela que jaz, inerte, a miniatura do futuro ser vivo, esperando no ovário a hora da fecundação. O papel do macho é bastante modesto neste caso, pois limita-se à ativação do germe, sob uma ou outra forma, graças ao líquido espermático. De fato, existem muitos argumentos para atribuir ao ovo o primeiro papel na geração. Em primeiro lugar, as experiências com ovos de galinha, em que Malpighi e outros distinguem, fora de qualquer incubação, as formas do futuro pinto. O galo não tem órgão para a penetração; ele contenta-se em regar os ovos para ativá-los. O mesmo acontece nos peixes, em que o macho igualmente se limita a regar os ovos produzidos pela fêmea. Este também é o caso da rã, cujos amores são bem singulares, pois o macho instala-se atrás da fêmea, que enlaça com seus braços. Ficam então abraçados durante semanas inteiras e ninguém pode dizer como o macho desempenha seu papel. Swammerdam pretende que o que acontece com as rãs é o mesmo que ocorre com os peixes e que o macho asperge com sua semente os ovos liberados pela fêmea. Mas parece bastante duvidoso que a fecundação se faça fora do corpo da fêmea e, de qualquer modo, é difícil imaginar outra localização para o germe que não o ovo. Quanto ao homem, todo mundo sabe que o líquido que ele expele com tanto prazer não penetra na matriz da fêmea, mas escorre para fora desta logo após ter sido expelido. Conhecem-se muitas moças que engravidaram sem ao menos terem deixado o líquido do homem penetrar nelas. É unicamente o que há de mais "espirituoso" neste líquido que se infiltra na matriz, sobe até os ovários e penetra no ovo por um dos poros reservados para isto. Ou ainda esta parte "sutil" do líquido masculino insinua-se nos vasos sanguíneos da mulher; mistura-se ao sangue e desencadeia "os danos que atormentam as mulheres" e chegam ao ovário, onde o ovo só é fecundado quando o sangue da mulher tiver sido fecundado em seu conjunto. Existe, certamente, a semelhança dos filhos com o pai, que poderia gerar confusão. Mas é bastante evidente que a força do macho concentrada no espírito do líquido seminal desempenha seu papel na organização do feto. A disposição do embrião depende, com efeito, de diversos fatores: sem dúvida, da forma do germe; da atividade e da vida da mãe durante a gestação; mas também da força com que as partes do embrião foram ativadas quando foram impregnadas do espírito seminal do pai.

Mas também se pode sustentar a tese inversa e situar o germe nos animálculos que nadam no líquido seminal do macho. Toda a fecundidade é assim atribuída ao macho, "o que é mais conforme à dignidade deste último". Por que inventar nos ovos as criaturas necessárias à geração se as vemos agitarem-se no líquido seminal do macho? A geração dos seres vivos é simplesmente o desenvolvimento destes animálculos, sendo que cada um, diz Hartsoeker[101], "contém e esconde em miniatura, sob uma pele suave e delicada, um animal macho ou fêmea da mesma espécie". O papel da fêmea se limita a fornecer o ninho e o alimento necessário ao desenvolvimento dos animálculos. Estes penetram na matriz, vão até o ovário e procuram um lugar conveniente para fixar residência. Só um consegue fazê-lo penetrando no ovo, que "só tem uma abertura para deixar entrar um verme, diz Hartsoeker[102]... e logo após um ter entrado, esta abertura se fecha e impede a passagem de qualquer outro verme". Uma vez instalado em seu ovo, o pequeno ser cresce e se desenvolve imperceptivelmente até atingir o tamanho e a maturidade compatíveis com o nascimento. Examinando-se os animálculos, distinguem-se dois tipos. "Os Animálculos diferem pelo sexo, diz Leeuwenhoek[103]; e distinguem-se os Machos e as Fêmeas". Muitos tentam distinguir em seu microscópio a forma de cada animal instalado em seu animálculo. Mas em vão; apesar de todos os esforços, não se vê a forma oculta atrás da pele que envolve o animálculo. Pode-se apenas imaginá-la sob o aspecto, por exemplo, de um homúnculo, feto raquítico com as pernas dobradas, a cabeça enfiada entre os braços, ocupando o verme[104]. É preciso resignar-se. O germe assemelha-se a um peixe ou a um verme, o que está de acordo com os costumes da natureza. Quem reconheceria o besouro no verme que lhe deu origem? Quem acreditaria que as maravilhosas borboletas de asas luminosas foram primeiro estas horríveis lagartas que se arrastam com dificuldade? Não há dúvida, conclui Geoffroy[105], "o homem começou sendo Verme".

Se, na Época clássica, a pré-formação dos germes é o único meio de assegurar a permanência das estruturas visíveis por filiação, já que não é possível recorrer a uma estrutura secundária oculta, na realidade o que ela faz é deslocar o problema. Isto é, a verdadeira geração passa a dizer respeito à formação do germe na semente. É preciso explicar a sua procedência e como ele se organiza. E a dificuldade continua sendo a mesma, pois se não se quer apelar para

---
101 *Essay de dioptrique,* cap. X, 89, Paris, 1694, p. 229.
102 *Ibid.,* p. 228.
103 Carta a Leibniz, *Epistolae physiologicae,* Delft, 1719, p. 294.
104 Hartsoeker, *Essay de dioptrique,* p. 230.
105 Thèse de médecine, *Matière médicale,* t. I, p. 95.

algum poder misterioso, para alguma virtude formadora, será preciso recorrer às leis do movimento, insuficientes tanto para organizar um germe quanto um embrião. Só existe então uma solução: considerar que os germes de todos os organismos, passados, presentes ou futuros, sempre existiram; que foram formados no momento da Criação; e que esperam somente a hora da ativação por meio da fecundação. É a teoria da preexistência dos germes. Como todos estes germes só podem ser infinitamente pequenos, não se pode vê-los, mesmo com um microscópio. Mas "é preciso, diz Malebranche[106], que o espírito não pare com os olhos, pois a visão do espírito tem mais alcance que a visão do corpo".

Existem duas formas de considerar a preexistência, segundo a localização que se assinala para os germes que esperam ativação. Antes de tudo, pode-se localizar o germe fora dos seres que vivem atualmente e distribuí-lo, como faz Claude Perrault, pela natureza. Os germes são muito pequenos para serem percebidos, mas podem ser encontrados na água, nos alimentos que ingerimos ou no ar que inalamos. Então "a geração não deixará de se fazer, diz Perrault[107], porque os pequenos corpos existem em uma quantidade quase infinita de gêneros e espécies no mundo todo; portanto, é difícil que não seja encontrado na substância homogênea do grão ou que não se mostre". Os germes escolhem os seres da mesma espécie para instalar-se e formar a pequena criatura que espera a fecundação para crescer.

Mas pode-se também situar os germes no interior dos seres vivos. A pequena criatura pré-formada contém então os germes de seus futuros filhos, que por sua vez contêm os germes de seus filhos e assim por diante. Em uma simples semente de maçã, existe assim, para Malebranche[108], "macieiras, maçãs e sementes de macieiras para séculos infinitos ou quase infinitos, na proporção de uma macieira crescida para uma macieira em semente". O mesmo acontece com os animais. Os germes de todos os homens possíveis em todos os tempos datam da Criação, mas podem, segundo a imagem de Swammerdam[109], estar contidos no lombo de Eva ou no de Adão. Isto depende da localização que se determina para os germes, no ovo ou no animálculo. Se o germe reside no ovo, então "as fêmeas dos primeiros

---

106 *Recherche de la Verité,* Paris, 1700, t. I, p. 48.
107 *De la méchanique des Animaux; Œuvres diverses de physique et de mécanique,* Leide, 1721, p. 485.
108 *Recherche de la Verité,* t. I, p. 47-48.
109 *Histoire générale des Insectes,* Utrecht, 1682, p. 48.

animais foram criadas com todos os da mesma espécie que devem engendrar no correr dos tempos"[110]. Mas se, ao contrário, prefere-se ver o germe no animálculo, então "os primeiros machos foram criados com todos os da mesma espécie que engendraram ou engendrarão até o último dos séculos[111]. De todo modo, em um sistema como em outro, os germes masculinos e os germes femininos são diferentes, pois se um contém apenas a pequena criatura que nascerá, o outro contém, além disso, germes de todos os seus descendentes encaixados uns nos outros como bonecas russas. De uma geração à outra, o tamanho das bonecas decresce na mesma proporção da relação do organismo com seu ovo. O feto que deve nascer dentro de mil anos está tão bem-formado quanto o que deve nascer daqui a nove meses. Somente o tamanho difere. Mas seu tamanho reduzido, que nos impossibilita de vê-lo, não o subtrai à ação das leis da natureza. Certamente seria alarmante para a imaginação se não se soubesse que a matéria é divisível ao infinito. Tudo isto não é suficiente para proteger o desenvolvimento do feto contra as fantasias da imaginação materna. "Há menos de um ano, diz Malebranche[112], uma mulher que observou com muita atenção o quadro de São Pio, de quem se celebrava a festa da canonização, deu a luz a uma criança idêntica à representação deste santo. Ele tinha o rosto de um velho, tanto quanto uma criança que não tem barba pode ter. Seus braços estavam cruzados sobre seu peito, seus olhos voltados para o Céu... Trata-se de algo que Paris inteira pôde ver tanto quanto eu, porque ele foi conservado durante muito tempo no álcool".

Reduzido apenas ao conhecimento da estrutura visível dos seres vivos e das leis da mecânica, o século XVII acaba relegando a verdadeira geração, aquela que organiza a matéria em um ser, ao domínio das causas primeiras, que recusa estudar. A ciência só se interessa pelo universo tal como existe hoje, isto é, pelos produtos da criação e pelas leis que exprimem a regularidade de seus movimentos. Mas se a geração de um ser não pode ainda ser uma re-produção, uma re-formação do filho à imagem dos pais, ela mudou de papel e de estatuto. Não é mais uma criação isolada, independente das outras, a realização imediata de uma intenção sem ligação com as intenções semelhantes. A produção de um ser insere-se na realização progressiva de um projeto a longo prazo. Para que o semelhante produza

---
110 Malebranche, *Recherche de la Verité*, t. I, p. 48.
111 Hartsoeker, *Essay de dioptrique*, p. 231.
112 *Recherche de la Verité*, livro II, 7; t. I, p. 200.

sempre o semelhante e para que a espécie se mantenha por filiação, todos os germes dos indivíduos que constituem a espécie devem ser criados juntos, de uma vez por todas, a partir do mesmo modelo. Diante da impossibilidade de imaginar, para cada nascimento, a reconstrução da estrutura visível sob o efeito de uma estrutura de ordem superior, a única solução possível é fazer as gerações sucessivas serem produzidas por uma criação simultânea. É preciso que sejam formados juntos o que se tornará o pai e o que se tornará o filho ou o neto. A idéia da preexistência está naturalmente de acordo com o conceito de espécie. Se o germe pré-formado na semente do genitor foi constituído no tempo da criação juntamente com todos os da sua espécie, não há o menor lugar para qualquer intervenção externa durante a geração, para as irregularidades devidas às fantasias dos pais e às faltas contranatureza. As gerações se sucedem sempre idênticas porque procedem sempre da ativação de produtos idênticos tirados de um mesmo estoque criado no início. A espécie torna-se esta coleção de germes, esta reserva de exemplares fabricados a partir do mesmo modelo.

A pré-formação e a preexistência colocam assim a geração dos seres no mesmo plano que os outros fenômenos da natureza. Os seres, como as coisas, "só podem começar, diz Leibniz[113], pela criação e só podem terminar pela aniquilação". O universo saiu completo das mãos de Deus, inteiramente montado com todas as suas peças. Tudo foi tirado do nada por sua vontade. Cada astro, cada pedra, cada ser que aparecerá no correr dos tempos foi formado por uma criação definitiva e acabada. Depois do impulso inicial, o sistema funciona com a regularidade que as leis da natureza exprimem, sem outra intervenção divina. Os astros giram, as pedras caem, os seres nascem.

Durante todo o século XVIII, e enquanto os seres vivos são considerados como combinações de elementos visíveis, a pré-formação e a preexistência constituem a única solução possível para o problema da geração. São a única resposta ao argumento de Fontenelle[114]: "Dizeis que os Animais são Máquinas, assim como os Relógios? Mas colocai uma Máquina de Cachorro e uma Máquina de Cadela uma perto da outra, e disto poderá resultar uma terceira Maquininha, enquanto que dois Relógios ficarão um ao lado do outro durante toda a vida sem nunca produzirem um terceiro Relógio". A produção de um ser

---

113 *Essais de Théodicée*, Lausanne, 1760, t. I, p. 585.
114 *Lettres galantes; Œuvres*, t. I, p. 322-323.

é, assim, o resultado de um projeto de que nem a concepção nem a realização podem ser separados da criação do mundo. É a ordem visível dos seres que se mantém por filiação. A continuidade das formas vivas na espécie e no tempo exige a continuidade destas formas através dos próprios processos da geração. Como poderia nascer uma galinha de um ovo, a não ser pela presença no ovo do que caracteriza uma galinha, isto é, uma certa estrutura visível? Quanto à ativação do germe e ao seu crescimento, seria igualmente "justo, diz Haller[115], perguntarmo-nos por que mecanismo isto acontece e perguntarmo-nos por que a absorção da semente do macho faz crescer a barba."

Entretanto, no século XVIII foram feitas muitas observações que revelam a minúcia, a paciência e a fidelidade dos naturalistas, muitas experiências que testemunham sua engenhosidade e sua habilidade. Esta experimentação ainda depende, necessariamente, de princípios e de técnicas familiares à mecânica e limita-se unicamente aos aspectos que, na produção dos seres, são accessíveis aos seus métodos. Trata-se por exemplo de amputar um membro ou mesmo de cortar um corpo em pedaços e observar o efeito produzido. O que, no caso da geração, depende com mais evidência da análise mecanicista são as próprias sementes. Pode-se impedir o líquido espermático de chegar ao seu destino natural ou recolher separadamente este líquido e os ovos para misturá-los em seguida. Pode-se diluir este líquido, esquentá-lo e ver se ele conserva sua atividade. Através de alguns destes fenômenos, a geração torna-se assim acessível à experimentação, mesmo se esta ainda se reduz a um tratamento tão simples. Mas a necessidade de uma pré-formação continua sendo tão forte e a possibilidade de outra solução tão inconcebível que todo resultado é interpretado para confirmar o germe pré-formado.

Na disputa para atribuir ao ovo ou ao animálculo o primeiro papel na geração, é o ovo que ganha, graças à descoberta da partenogênese. Seguindo o conselho de Réaumur, Charles Bonnet começa a estudar a multiplicação dos pulgões. E, para espanto de todos, vê-se que um só destes organismos basta para assegurar sua descendência. "Pegue um Pequeno quando nasce, aconselha Bonnet[116], feche-o imediatamente na maior solidão e, para melhor assegurar sua virgindade, leve a precaução ao extremo, torne-se para ele um Argus mais vigilante que o da Fábula; quando o pequeno solitário tiver crescido

---

115 *In* Bonnet, *Considérations sur les Corps organisés; Œuvres*, t. VI, p. 443.
116 *Contemplation de la Nature*, VIII, 8; *Œuvres*, t. VIII, p. 130.

um pouco, ele começará a parir e em alguns dias você o encontrará em meio a uma numerosa Família". Sem dúvida alguma, o pulgão "deveria ser chamado pulgona". Mas se existe um organismo capaz de se multiplicar "sem ter relação com qualquer indivíduo de sua espécie"[117], vê-se mal como o germe poderia estar localizado fora do ovo. Mesmo a anatomia apóia o sistema dos ovos. Para Haller e para Charles Bonnet, a membrana que reveste o interior da gema do ovo é a mesma que recobre o intestino do embrião do pinto. A gema do ovo é portanto uma dependência do embrião. Mas "como a gema existe nos ovos que não foram fecundados, conclui-se que o germe preexiste à fecundação"[118]. Esta conseqüência salta aos olhos: o frango não é originado pelo líquido fornecido pelo galo; ele já estava "delineado em miniatura" no ovo antes de qualquer fecundação.

Quanto ao papel dos vermes espermáticos na geração, ele continua sendo muito incerto. Para Buffon, estes vermes têm uma espécie de vida animal, mas não uma verdadeira; discute-se interminavelmente sobre a animalidade dos animálculos. Mesmo se possuem animalidade, os vermes da semente masculina não se distinguem em nada daqueles que nascem e vivem na água das goteiras. Alguns encontram-se por toda parte; não somente no líquido espermático, mas também nas fêmeas, como por exemplo nas cadelas no cio, e mesmo na carne crua, na gelatina de vitela, nos excrementos. Longe de ser o princípio fecundante do macho, os animálculos poderiam perfeitamente ter como função tornar o líquido espermático homogêneo ou favorecer a atração das sementes. Talvez só sirvam para o "prazer venéreo".

O papel do líquido espermático e dos animálculos que nele se encontram pode ser estudado em função de uma representação mecanicista simples. O problema se analisa em termos de matéria e de força. Por meios físicos pode-se impedir a transferência de matéria, mas não da força. São os organismos ovíparos que melhor convêm a estas experiências, pois é possível obter ovos fecundados ou não fecundados. Em particular as rãs, pois o macho, instalado atrás da fêmea durante a fecundação, a enlaça durante dias inteiros. A fiel colaboradora de Réaumur é encarregada de observar tal casal e de não afastar os olhos durante toda a operação. "Como eu lhe havia pedido, diz Réaumur[119], ela dirigiu seus olhos para a parte posterior

---

117 *Insectologie; Œuvres*, t. I, p. 230.
118 *Contemplation de la Nature; Œuvres*, t. VIII, p. 71.
119 *Mémoire sur les Grenouilles; Morceaux choisis*, Paris, 1939, p. 250.

do macho e ficou observando-o. Logo ela viu sair um jato que não soube comparar a nada, a não ser a um jato de fumaça de cachimbo". Mas nada indica que este jato de fumaça desempenhe algum papel na fecundação dos ovos que, durante este tempo, a fêmea expele. Se realmente há transferência de matéria do macho para os ovos, se este jato corresponde a uma emissão de sêmen, deve ser possível impedir que este atinja os ovos que deveriam então se tornar estéreis. Réaumur[120] imagina colocar "calças de bexiga, calças bem fechadas que tapem a parte posterior da rã macho antes da cópula. Mas a fecundação não é perturbada, pois as rãs se livram de suas calças com as patas e dos ovos continuam saindo girinos. Mais hábil, Spallanzani consegue fabricar calças que ficam no lugar. "Os machos assim vestidos copularam, mas as conseqüências desta cópula foram as que se havia previsto: nenhum dos ovos chegou a romper-se, porque nenhum pôde ser umedecido pelo líquido espermático de que observei pequenas gotas bastante visíveis nas calças"[121].

Este material oferece portanto a possibilidade de obter separadamente cada semente fora do corpo do animal. Daí a idéia de tentar a fecundação misturando as duas sementes em um frasco para "dar artificialmente vida a esta espécie de animais, diz Spallanzani[122], imitando a Natureza nos meios que ela utiliza para multiplicar os Anfíbios". Alguns dias depois de terem sido cobertos com o líquido do do macho, os ovos se abrem e surgem girinos que começam a nadar. Pode-se assim realizar a fecundação artificial nos mais diversos animais, em sapos, salamandras, bichos da seda; e mesmo em uma cadela no cio em quem se injeta no útero, com uma seringa, o líquido espermático retirado de um cão.

A fecundação artificial fornece o instrumento necessário a qualquer análise experimental: uma atividade observável e mensurável. Ela permite investigar se uma das sementes, submetida previamente a diversos tratamentos, pode ainda desempenhar seu papel na fecundação. Spallanzani encontra-se assim em condições de analisar a semente masculina para decidir se sua atividade deve ser atribuída a alguma força própria dela ou aos próprios animálculos. Diluída em um litro d'água, uma gota de líquido espermático de rã conserva sua atividade: nenhuma surpresa, pois o número dos animálculos é enor-

---

120 *Mémoire sur les Grenouilles...*, p. 247.
121 *Expériences pour servir à l'histoire de la génération*, Genebra, 1785, XIII, p. 13.
122 *Ibid.*, CXIX, p. 128-129.

me. Colocados acima do líquido espermático, sem tocá-lo, os ovos não são fecundados: o líquido age por contato, excluindo-se todo "vapor espermático". Se, por exemplo, os animálculos forem mortos pelo calor, a semente continua sendo capaz de fecundar os ovos: o agente ativo da semente masculina não reside portanto nos animálculos, mas em "uma força que estimula o coraçãozinho dos Girinos"[123]. A última experiência de Spallanzani apresenta um erro e o resultado só será retificado meio século depois. Para Spallanzani, ela confirma a presença do germe pré-formado no ovo, uma prova nova "de que as pequenas máquinas dos fetos pertencem originariamente às fêmeas e que os machos só fornecem o líquido que determina seu movimento"[124].

Mesmo a evidência da observação mais direta é rejeitada. O exame do desenvolvimento de um embrião em um ovo escapa, com efeito, aos meios técnicos do século XVIII. O que é possível procurar diz respeito exclusivamente à figura e ao movimento, pois trata-se de distinguir entre o crescimento de um germe pré-formado e a elaboração progressiva do que a estrutura visível, por "epigênesis", se tornará. E observando no microscópio o desenvolvimento de um pinto, Caspar Frederic Wolff distingue membranas superpostas, inicialmente simples e depois dobradas, que formam inchações, ranhuras, tubos de que emergem esboços de órgãos: o sistema nervoso, depois os vasos, um tubo digestivo, etc. A estrutura primária de um ser vivo não é portanto pré-formada no ovo. Ela se organiza pouco a pouco por uma série de dobras, de inchações, de intumescências, através de uma seqüência, no tempo e no espaço, de operações mecânicas. É exatamente a conclusão que von Baer tirará, meio século depois, de observações semelhantes. Mas se para o século XIX o livro de Wolff, *Theoria generationes,* se tornará a origem da embriologia experimental, no século XVIII ele permanece quase que totalmente ignorado. Não há espaço onde inserir a epigênese, nem há solução para a geração dos seres vivos fora da pré-formação.

A hereditariedade

Mesmo não sendo possível abandonar a preexistência e a pré-formação, o século XVIII está em condições de demonstrar sua insufi-

---

[123] *Expériences pour servir à l'histoire de la génération,* CLXIX, p. 201.
[124] *Ibid.,* CLII, p. 184.

ciência. Um simples cálculo basta. Um germe, calcula Buffon[125], é mais de um bilhão de vezes menor que um homem: se o tamanho de um homem serve de unidade, o do germe se exprime pela fração $\frac{1}{1\,000\,000\,000}$, isto é, "por um número de dez cifras, o do germe de segunda geração "por um número de dezenove cifras" e, na sexta geração, "por um número de cinqüenta e nove cifras". Além disso, comparada à dimensão da esfera do universo "do Sol até Saturno", supondo que o Sol é um milhão de vezes maior que a Terra e afastado de Saturno mil vezes o diâmetro solar, o tamanho do menor átomo que é possível perceber no microscópio exprime-se por um número de cinqüenta e quatro cifras. O germe da sexta geração seria assim menor que o menor átomo possível! Absurdo, conclui Buffon.

Existem também os fenômenos da regeneração, o poder que possuem certos animais de reconstituir um corpo inteiro a partir de fragmentos. Assim, o Verme aquático que Bonnet estuda ou a Hidra que Trembley observa. Como em uma árvore crescem galhos, neste "Pólipo da água doce com braços em forma de Chifres" crescem jovens pólipos que se desenvolvem, desprendem-se do tronco paterno e por sua vez dão origem a pólipos jovens. Pode-se cortar um pólipo em todos os sentidos, reduzi-lo a pedaços, picá-lo, por assim dizer: em duas ou três semanas, cada pedaço produz um novo pólipo perfeito que produz pequenos pólipos. Do mesmo modo, quando cortadas, as "pernas" do caranguejo se reconstituem, como os membros da salamandra ou a cabeça do caracol. Mas se se cortar a perna de um caranguejo em cima, perto do corpo, ou embaixo, perto da extremidade, se se retirar toda a perna ou um fragmento, sempre cresce exatamente o que falta. Como conciliar tudo isto com a pré-formação? O organismo amputado deveria recorrer a um de seus descendentes em potência para lhe pedir emprestado o pedaço que lhe falta? Seria preciso então "supor, diz Réaumur[126], que não há lugar algum na perna de um Caranguejo que não contenha um ovo que, por sua vez, não contenha uma outra perna; ou, o que é ainda mais maravilhoso, uma parte de perna semelhante à que existe do lugar em que este ovo está colocado até a extremidade da perna". Mais ainda, quando a perna tiver se reconstituído, pode-se cortá-la novamente: uma outra se formará.

---

[125] *Histoire naturelle des Animaux; Œuvres complètes*, in-16, t. III, p. 231-232.
[126] *Mémoires Acad. Sc.*, Paris, 1712, p. 235.

Seria preciso portanto admitir que, como a primeira, a nova perna está cheia de uma infinidade de ovos destinados a renovar com precisão os pedaços de perna que poderiam eventualmente ser cortados. Existem, finalmente, os fenômenos da hereditariedade. Até então, as semelhanças familiares não haviam contrariado muito os partidários da pré-formação. O fato de um filho ter traços de seus pais sempre podia ser explicado por alguma força ativante ou nutritiva. O que começa a chamar atenção é a regularidade nas semelhanças. Se um homem negro casa-se com uma mulher branca, sempre as duas cores se misturarão: o filho sempre nasce com cor de azeitona. Sempre se encontram traços do pai, traços da mãe, tamanho, rosto e muitas características particulares, tanto físicas quanto morais. O mesmo acontece nos animais: quando a cópula do asno e da égua dá frutos, este nunca é um asno ou um cavalo, mas sempre a mistura dos dois. Como conciliar a preexistência e a pré-formação com os imprevistos da cópula? "O pequeno asno, diz Maupertuis[127], completamente formado no ovo da égua, adquiriria orelhas de asno porque um asno havia colocado as partes do ovo em movimento?" Ridículo, conclui Maupertuis.

Mas se, no século XVIII, os fenômenos da hereditariedade começam a ganhar uma nova importância, ainda não podem mais do que converter-se em objetos de observação, não de experiência, ao menos no caso dos animais. Enquanto os seres vivos se manifestam como combinações de elementos visíveis, só se pode esperar das hibridações entre animais que diferem em uma grande quantidade de caracteres a reconstituição destes elementos. Mesmo se o conceito de espécie eliminou qualquer possibilidade de criança com cabeça de cachorro ou de cordeiro com cauda de peixe, o mundo vivo é contínuo. Ele forma uma trama sem falhas em que tudo é graduado e matizado. O limite que a natureza traça para os amores dos animais continua sendo muito impreciso. O que se pode tentar verificar são os rumores que ainda correm sobre os produtos de uniões ilegítimas entre animais pertencentes a espécies bastante próximas. Por exemplo, a formação de *"jumarts"*, estes animais estranhos que se supõe serem produzidos pela cópula do touro com a égua, da vaca com o asno ou do touro com a asna. Ou ainda a união de um cachorro e de uma gata, ou de uma galinha e de um pato. Charles Bonnet[128] sugere a Spallan-

---

127 *Vénus Physique; Œuvres*, Lyon, 1768, t. II, p. 70.
128 *Lettres; Œuvres*, t. XII, p. 382.

zani que ele coloque "um voluptuoso cão de caça em companhia de coelhas". Réaumur[129] coloca em um guarda-roupa uma galinha e um coelho "que se comportava com a galinha como se estivesse com uma coelha, e a galinha lhe permitia tudo que ela permitiria a um galo". Apesar das carícias do "ardente coelho", apesar "da forte inclinação que estes dois animais tão pouco próximos passaram a ter um pelo outro", os ovos que a galinha pôs permaneceram estéreis, para grande pesar de Réaumur. Mas todos estes insucessos reforçam a idéia de que a noção de espécie deve basear-se na filiação.

Diante destes fracassos, Réaumur[130] limita suas ambições à cópula de animais pertencentes à mesma espécie, mas que diferem por certos traços facilmente distinguíveis. Escolhe dois tipos de galinha: umas "diferem de todas as outras por terem uma parte a mais, um dedo muito grande", outras a quem "falta uma parte muito importante e muito evidente, a rabadilha". Com este material, Réaumur arquiteta um plano de experiência segundo o qual os diferentes tipos seriam cruzados a partir de "combinações" diversas. Pode-se, explica ele, fazer uma galinha de cinco dedos coabitar com um galo de quatro e inversamente, ou ainda animais com ou sem rabadilha. Se nascessem pintos destas uniões e se tivessem ou não rabadilhas, deveriam "nos mostrar se é à fêmea ou ao macho que o germe originalmente pertenceu". A originalidade deste projeto está na idéia da analisar o comportamento de um ou dois caracteres por hibridação e não de uma grande quantidade. É precisamente isto que, mais de um século depois, permitirá a Mendel fundar uma ciência da hereditariedade. Mas se Réaumur concebe o projeto destas hibridações, ele nunca fala de sua realização ou de seus resultados. É nas plantas que, quando se consideram os fenômenos da sexualidade, se chega a produzir alguns híbridos. Estes possuem caracteres dos dois pais. Eles têm uma natureza intermediária, diz Koelreuter[131], "exatamente como na união de um sal ácido e de um sal alcalino se forma um terceiro sal que é neutro". Certos híbridos são férteis. Vê-se então aparecer ou desaparecer certos caracteres dos pais através das gerações. Isto dificilmente será explicável pela pré-formação.

O que o século XVIII ainda não pode conseguir com o animal pela experiência, ele obtém no homem pela observação; no homem,

---

129 *Art de faire éclore les Poulets*, Paris, 2.ª ed., 1751, t. II, p. 340.
130 *Ibid.*, p. 366-367.
131 *In* R. Olby, *Origins of Mendelism*, Londres, 1966, p. 154.

as fantasias quanto aos produtos da cópula com outras espécies ainda não foram banidas, mas certas singularidades de formas podem ser observadas com mais facilidade e segurança. A observação não se limita mais, então, à simples constatação dos traços que na criança lembram o pai, a mãe ou os dois. Torna-se um exame genealógico em que certas particularidades anatômicas são seguidas através das gerações até o mais longe possível. *"Jacob Ruhe,* cirurgião em Berlim, nasceu, diz Maupertuis[132], com seis dedos em cada mão e em cada pé; esta singularidade foi adquirida de sua mãe, *Elisabeth Ruhe,* que a adquiriu de sua mãe, *Elisabeth Horstmann,* de Rostock. Elisabeth Ruhe a transmite a quatro dos oito filhos que teve de Jean-Christian Ruhe. que nada tinha de extraordinário nas mãos ou nos pés. *Jacob Ruhe,* um dos filhos sexdigitários, casou-se em Dantzig, em 1733, com Sophie-Louise de Thüngen, que nada tinha de extraordinário; teve seis filhos; dois meninos eram sexdigitários. Um deles, *Jacob Ernest,* tem seis dedos no pé esquerdo e cinco no direito; na mão direita ele tinha um sexto dedo que lhe foi amputado; na esquerda, no lugar do sexto dedo ele tem uma verruga. Vê-se por esta genealogia, que segui com exatidão, que sexdigitismo se transmite igualmente pelo pai e pela mãe". A mesma anomalia pode ser encontrada em uma família de Malta, que Réaumur[133] e Charles Bonnet[134] descrevem. Os resultados da pesquisa conduzem às mesmas conclusões.. A linguagem e os métodos das matemáticas podem mesmo ser aplicados aos fenômenos da hereditariedade. Para excluir o acaso na repetição desta anomalia anatômica em uma mesma família, Maupertuis apóia-se no cálculo das probabilidades. Em uma cidade de 100.000 habitantes, a pesquisa só revelou a presença do sexdigitismo em dois indivíduos. "Suponhamos, o que é difícil, que três outros me tenham escapado e que em cada 20.000 homens se possa contar um sexdigitário; a probabilidade que seu filho ou sua filha não nasça com o sexdigitismo é de 20.000 para 1; e a de que seu neto não seja sexdigitário é de 20.000 vezes 20.000, ou de 400.000.000 para 1; enfim, a probabilidade de que esta singularidade não continue durante três gerações consecutivas seria de 8.000.000.000.000 para 1; número tão grande que a certeza das coisas mais bem demonstradas em física não se aproxima destas probabilidades"[135]. Para falar dos seres, o físico emprega

---

132 *Lettres; Œuvres,* t. II, p. 307-308.
133 *Art de faire éclore...,* p. 377 sq.
134 *Corps organisés,* CCCLV. *Œuvres,* t. VI, p. 479 sq.
135 *Corps organisés; Œuvres,* t. VI, p. 309-310.

a linguagem do cálculo e o raciocínio que aplica às coisas. Se as leis do acaso se aplicam neste caso, elas não podem ser ignoradas em outros.

*

Durante o século XVIII, o estudo dos seres vivos pouco a pouco passou dos médicos para um novo tipo de profissionais, os naturalistas. Mas ainda não conseguiu adquirir individualidade, encontrar métodos, conceitos e mesmo uma linguagem que lhe sejam próprios. Por um lado, os sucessos da taxonomia instauraram uma ordem no caos das formas visíveis. Por outro, os progressos da fisiologia permitem que se adivinhe uma ordem oculta na profundidade dos seres. Mas a ordem visível e a ordem oculta ainda pertencem a domínios diferentes. Ainda não há pontos de contato entre eles. O que a história natural do século XVIII constrói é um afresco, um conjunto bidimensional, uma rede em que o mundo vivo pode se inserir. É preciso esperar o final do século e sobretudo o século seguinte para que o organismo adquira uma dimensão e uma profundidade novas. Neste momento se estabelecerão novas relações entre a superfície de um ser e a profundidade, entre o órgão e a função, entre o visível e o invisível.

Com o conceito de geração, nem a formação de um ser vivo, nem a persistência das espécies poderiam escapar das causas finais. Mesmo após a mudança de atitude que deixou de atribuir a animação do mundo às forças ocultas para confiá-la às leis da natureza, e mesmo quando estas se encarregavam do desenvolvimento do germe, era preciso recorrer a uma criação individual para cada ser que esteja vivendo, que tenha vivido ou que deva viver. A preexistência dos germes era de algum modo a confissão de uma impossibilidade de dar conta da geração unicamente através das leis do movimento que age sobre uma matéria passiva. Durante toda a Idade clássica, o método da ciência experimental que a física desenvolve pouco se aplica ao mundo vivo. Este continua impregnado de contos, crenças, superstições. Se o conceito de espécie une o semelhante no correr do tempo, sua fronteira continua pouco definida. Muitos monstros desapareceram, mas não todos. Apesar das tentativas de Réaumur, ainda existem os "amores abomináveis" de que fala Voltaire, reconstituições de órgãos, seres fabulosos, genealogias fantásticas. Em matéria de hibridação, o limite entre o que é e o que não é possível continua impreciso. Mas ao mesmo tempo, o exemplo da física e seus sucessos nas tentativas de unificar a mecânica do céu e a da Terra aumentam a importância da observação e da experiência, em detrimento dos sistemas, na decifração da natureza. A atitude cada vez mais se torna aquela que Newton[136] postula na introdução de sua *Ótica*. "Meu objetivo nesta obra não é explicar as propriedades da Luz através de Hipóteses, mas expô-las claramente para prová-las através do raciocínio e das Experiências". A lógica dos sistemas é substituída pela lógica dos fatos. E no estudo do mundo vivo, certos fatos como a regeneração dos vermes e dos pólipos ou a semelhança do filho com seu pai *e* com sua mãe adequam-se mal às teorias vigentes e à existência de um ser pré-formado no germe.

É de todas estas observações que nasce o conceito de reprodução. O termo é inicialmente utilizado para designar os fenômenos da regeneração nos animais amputados. O que se reconstitui depois da amputação é o pedaço que existia antes. Se se corta uma pata de um caranguejo, a pata se regenera. Ela se re-forma, se re-produz. A palavra surge, ao que parece, em uma memória de Réaumur, publicada em 1712 nos trabalhos da Academia das Ciências[137] e intitulado *Sur les diverses reproductions qui se font dans les Écrevisses, les Omars, les Crabes, etc. Et entre autres sur celles de leurs Jambes et de leurs Écailles*. Este sentido será mantido durante todo o século XVIII, especialmente nas memórias de Charles Bonnet. No verbete "Reprodução" da *Encyclopédie* encontra-se: "Por reprodução entende-se comumente a reprodução de uma coisa que existia anteriormente e que foi destruída depois. Exemplo: a reprodução dos membros de um Caranguejo". É Buffon, ao que parece, que dá ao termo reprodução um sentido mais amplo. Na *Histoire Naturelle des Animaux*, de 1748, a reprodução designa não somente a re-formação das partes amputadas mas também a geração dos animais. O capítulo II, intitulado "Da reprodução em geral", começa da seguinte forma: "Examinemos mais de perto esta propriedade comum ao animal e ao vegetal, esta capacidade de produzir seu semelhante, esta cadeia de existências sucessivas de indivíduos que constitui a existência real da espécie"[138]. Ligado assim ao conceito de espécie, o termo reprodução é empregado por todos. Apesar de o artigo "Reprodução" da *Encyclopédie* dar ainda o sentido de re-formação de uma pata ausente, o artigo "Geração" indica: "Entende-se geralmente por este termo a faculdade de se reproduzir que é atribuída aos seres organizados". Mesmo os partidá-

---
136 *Traité d'Optique*, liv. I, trad. franç., Amsterdam, 1720, t. I, p. 1.
137 P. 226.
138 *Histoire naturelle des Animaux; Œuvres complètes*, in-16, t. III, p. 25.

rios convictos da pré-formação falam de reprodução. Charles Bonnet, por exemplo, intitula um capítulo de sua *Palingénésie philosophique*[139]: "Outra característica da excelência das Máquinas orgânicas. Suas reproduções de diferentes gêneros". Se o termo reprodução é geralmente aceito, o mesmo não acontece com o sentido que Buffon lhe dá. Para Haller, para Charles Bonnet, para Spallanzani, para todo o final do século e mesmo para o começo do seguinte, os seres vivos sempre nascem de germes pré-formados.

O que Buffon, como Maupertuis, procura é encontrar uma solução diferente da pré-formação para explicar ao mesmo tempo a formação do semelhante, a regeneração das partes ausentes e os fenômenos de hereditariedade bilateral. Trata-se, para além da diversidade que se manifesta nos modos de geração, de descobrir, diz Maupertuis[140], "os procedimentos gerais da natureza em sua produção e sua conservação". O que importa é descobrir, atrás das singularidades, diz Buffon[141], "a mecânica que a natureza utiliza para realizar a reprodução". E esta mecânica só pode ser oculta. Não há possibilidade de dar conta da reprodução pela persistência da estrutura visível. Para Maupertuis, como para Buffon, é preciso que exista uma estrutura secreta, de nível superior, para ligar os elementos do visível e organizá-los. Só podendo recorrer ao mecanismo newtoniano e sem dispor de uma experimentação ligada a técnicas e conceitos que só aparecerão no século seguinte, estas tentativas estão destinadas ao fracasso. Mas a idéia de reprodução, a pesquisa de um mecanismo comum a todos os seres vivos, a necessidade de ultrapassar a superfície visível e recorrer a uma organização oculta, tudo isto contribuirá para tornar possível uma biologia, isto é, uma ciência da vida.

---

139 *Œuvres*, t. XV, p. 356.
140 *Lettres; Œuvres*, t. II, p. 418.
141 *Histoire naturelle des Animaux; Œuvres complètes*, in-16, t. III, p. 48.

CAPÍTULO 2

A organização

ENQUANTO OS SERES VIVOS eram apreendidos como combinações de estruturas visíveis, a pré-formação continuava sendo o modo mais simples de fazer com que estas estruturas persistissem através das gerações. A continuidade linear do mundo vivo no espaço e no tempo exigia uma continuidade das formas através dos próprios processos da geração. É a ordem visível que esta tinha por função perpetuar. A espécie representava um tipo de entidade rígida, de totalidade permanente, de estrutura imposta em que o indivíduo se inseria. A filiação, portanto, tinha que participar da inércia do sistema.

Na segunda metade do século XVIII e na passagem para o século seguinte, pouco a pouco se transforma a própria natureza do conhecimento empírico. A análise e a comparação tendem a se exercer não mais somente sobre os elementos que compõem os objetos, mas sobre as relações internas que se estabelecem entre estes elementos. Progressivamente, é no interior dos corpos que reside a possibilidade de sua existência. É a interação das partes que dá significado ao todo. Os seres vivos tornam-se então conjuntos tridimensionais em que as estruturas se superpõem de acordo com uma ordem ditada pelo funcionamento do organismo considerado em sua totalidade. A superfície de um ser é comandada pela profundidade e o visível dos órgãos pelo invisível das funções. O que rege a forma, as propriedades e o comportamento de um ser vivo é sua organização. É pela organização que os seres se distinguem das coisas. É em seu nível que os órgãos se articulam com as funções. É ela que reúne em um todo as partes do organismo, que lhe permite enfrentar as exigências da vida, que distribui as formas no interior do mundo vivo. A organização constitui, de certa forma, uma estrutura de ordem superior a que tudo o que se percebe nos seres é referido. Na passagem do século XVIII para o XIX, aparece assim uma nova ciência que tem como objetivo não mais a classificação dos seres, mas o conhecimento da vida, e como objeto a análise não mais da estrutura visível, mas da organização.

A memória da hereditariedade

Em meados do século XVIII, os seres vivos já são, com maior freqüência, designados pela expressão "seres organizados" ou "corpos organizados". Mas a organização, neste momento, ainda representa apenas um grau particularmente elevado de complexidade nas estruturas visíveis, na articulação dos elementos que compõem um corpo. A existência de uma estrutura oculta só é exigida pela representação newtoniana do universo físico. À combinatória visível das superfícies e dos volumes corresponde, na mecânica de Newton, uma combinatória secreta dos corpúsculos que constituem a matéria. O que dá aos corpos suas qualidades e às substâncias suas propriedades é não somente a natureza dos átomos que os compõem, mas também o jogo das relações que se estabelecem entre eles por atração ou por afinidade. Portanto, o que confere aos seres seus atributos devem ser, necessariamente, as partículas que os constituem e as relações que se instauram entre elas. Como a das coisas, a estrutura visível de um ser organizado deve basear-se na articulação das partículas e em sua união sob o efeito de uma força, semelhante à atração, que dá ao conjunto sua coesão.

Na segunda metade do século XVIII, a noção de uma composição elementar dos seres vivos aparece na maior parte dos escritos. Para o fisiologista Haller[142], que procura analisar a textura e o funcionamento dos músculos e dos nervos, um ser "é composto em parte por pequenas fibras e em parte por um número infinito de pequenas lâminas, que por suas direções diferentes cortam pequenos espaços, for-

---

142 *Éléments de physiologie,* 1.ª parte, cap. I, X, trad. franç., Amsterdam, 1769, p. 3.

mam pequenas áreas, unem todas as partes do corpo". A fibra torna-se a unidade elementar com que são construídos os corpos organizados. Ela representa para o fisiologista o que a linha é para o geômetra. A "menor fibra, ou fibra simples, que a razão mais que os sentidos nos faz perceber"[143], representa de certa forma o limite teórico na análise anatômica, o que deve poder ser encontrado na ponta do escalpelo quando se dissociam os músculos, os nervos ou os tendões. Só existe um tipo de fibra para constituir todos os órgãos. As mesmas fibras se entrecruzam em todos os sentidos formando uma trama contínua que liga as partes do corpo entre si. O que dá a um órgão sua dureza ou flexibilidade, sua elasticidade ou sua rigidez, é a maneira como as fibras se entrelaçam, é a disposição de suas malhas mais ou menos fechadas, mais ou menos cheias de líquido. As fibras já possuem uma estrutura complexa e sua reunião confere ao organismo suas propriedades. "A menor fibra, diz Charles Bonnet[144], e mesmo a menor fibrazinha podem ser abordadas como Máquinas infinitamente pequenas que têm uma função específica. A Máquina inteira, a grande Máquina resulta assim do conjunto de um número prodigioso de maquinetas, cujas ações são convergentes ou têm um objetivo comum".

Mas com freqüência a composição dos seres em unidades elementares representa uma exigência não da anatomia, mas da lógica. Um grão de sal marinho, explica Buffon, é um cubo composto de outros cubos e não se pode duvidar muito de que as partes primitivas e constitutivas deste sal sejam também cubos que sempre escapam à nossa imaginação. Do mesmo modo, "os animais e as plantas que podem se multiplicar e se reproduzir por todas as suas partes são corpos organizados compostos de outros corpos orgânicos semelhantes, cujas partes primitivas e constitutivas são também orgânicas e semelhantes, cuja quantidade acumulada discernimos a olho nu mas de cujas partes primitivas só podemos nos aperceber pelo raciocínio e pela analogia"[145]. A redução dos organismos a um conjunto de unidades é assim uma decorrência direta da teoria corpuscular da matéria e de certa forma a completa. As unidades elementares que compõem os seres organizados denominam-se "partículas vivas" em Maupertuis e "moléculas orgânicas" em Buffon. Elas desempenham em relação aos seres um papel idêntico ao dos átomos em relação às

---

143 *Élements de physiologie*, p. 2.
144 *Palingénésie philosophique*, IX, 1; *Œuvres*, t. XV, p. 350.
145 *Histoire naturelle des Animaux; Œuvres complètes*, in-16, t. III, p. 27-28.

coisas. Assim como a articulação dos átomos fixa a forma e as qualidades das coisas, a das partículas vivas determina a figura e as propriedades dos seres. Como os átomos, estas unidades que o olho nu não pode discernir mas que a lógica não pode evitar representam o limite extremo de toda a análise. Como os átomos, as unidades vivas são ligadas pela força que os físicos chamam de atração e os químicos de afinidade e que dá coesão aos seres e às coisas. Assim como os átomos, as unidades não são destrutíveis. Entretanto, estas unidades não são átomos. São partículas de um tipo especial, próprias dos seres vivos. Afinal de contas, a composição dos seres só se distingue da composição das coisas pela natureza de seus constituintes elementares. Quanto um ser organizado morre, as partículas que o constituem não perecem. Simplesmente se dissociam e tornam-se assim disponíveis para entrar em uma nova combinação e participar da constituição de um novo ser. Em toda parte na natureza existem estas partículas vivas. São engolidas ou inaladas pelos organismos que escolhem as moléculas orgânicas e rejeitam as "moléculas brutas". As partículas vivas são utilizadas primeiro para o crescimento do organismo e, quando este se torna adulto, o excedente serve para constituir o material para a reprodução. "O líquido seminal de cada espécie, diz Maupertuis[146], contém uma quantidade inumerável de partes próprias para formar, com sua reunião, animais da mesma espécie".

Pois, para Maupertuis como para Buffon, a reprodução dos seres vivos e sua composição elementar são equivalentes. Para encontrar uma outra solução para a geração diferente da pré-formação, é preciso recorrer a uma ordem oculta atrás da ordem visível e considerar um ser organizado não mais como um objeto de forma indissociável, mas como uma reunião de "partes primitivas e incorruptíveis" que podem se reunir ou se dissociar. "Ao nosso ver, a reunião destas partes, diz Buffon[147], forma seres organizados e, por conseguinte, a reprodução ou a geração é apenas uma mudança de forma que ocorre unicamente pela adição destas partes semelhantes, como a destruição do ser organizado se faz pela divisão destas mesmas partes". A produção de um ser vivo não implica, portanto, gasto de matéria pela natureza, que recombina as unidades que se tornaram disponíveis pela morte dos organismos. O que é reproduzido à imagem dos pais na geração dos

---

146 *Vénus Physique; Œuvres*, t. II, p. 120.
147 *Histoire naturelle des Animaux; Œuvres complètes*, in-16, t. III, p. 34-35.

seres organizados é a articulação das moléculas orgânicas, é a disposição destas unidades própria da espécie, é a organização.

Mas se o século XVIII está em condições de encontrar, na estrutura corpuscular da matéria, uma saída para o impasse da pré-formação, ainda não possui conceitos nem meios técnicos que lhe permitam constituir como objeto de análise a estrutura oculta que postula nos seres vivos. Por exemplo, há necessariamente identidade entre as moléculas que constituem os pais e as sementes que servirão para formar o filho. Cada semente contém uma amostra completa de tipos diferentes de partículas que compõem os diversos órgãos. Todas as partes do corpo devem portanto concorrer para a produção da semente, cada uma contribuindo com moléculas específicas. "A experiência poderia talvez esclarecer este aspecto, diz Maupertuis[148], se se tentasse durante muito tempo mutilar alguns animais de geração em geração: talvez as partes seccionadas diminuíssem pouco a pouco, talvez acabassem por desaparecer". Experiência já realizada, replica o partidário da pré-formação Charles Bonnet[149], pois em certos povos em que é costume amputar um testículo de cada macho, os meninos continuam a nascer com dois.

É a força de atração que reúne as partículas das sementes para constituir a criança. Cada parte desta se forma pela reunião de partículas do mesmo tipo que, originadas do pai e da mãe, se reconhecem e se unem graças à afinidade particularmente elevada que as moléculas de mesma natureza têm entre si. Algumas vezes se tentou ver nesta atração de partículas semelhantes oriundas dos pais uma antecipação do pareamento específico que a genética do século XX observará entre cromossomos homólogos. Mas o século XVIII e o século XX falam de coisas diferentes. Para os geneticistas, a combinação dos traços hereditários e sua recombinação ao longo das gerações exigem o recurso a fatores independentes que governam a expressão dos caracteres, mas que se distinguem totalmente deles pela Natureza e pelo papel. Para Maupertuis, ao contrário, as partículas presentes na semente se confundem com as que constituem o corpo do organismo e lhe conferem seus caracteres. Toda semente contém em grande parte partículas idênticas às que compõem o corpo do genitor. Portanto, o filho assemelha-se naturalmente a seus pais, pois ele é constituído de partículas idênticas. Como as mesmas partículas são en-

---

148 *Vénus Physique; Œuvres*, t. II, p. 121.
149 *Corps organisés; Œuvres*, t. VI, p. 390-391.

contradas na semente, de geração em geração, os traços se perpetuam por filiação. Mas "o acaso ou a escassez de traços familiares produzirão às vezes outros agrupamentos"[150]. É a tais combinações fortuitas que se devem as gerações insólitas, como a produção de monstros ou o aparecimento de um novo traço hereditário, como a formação de uma criança branca por um casal negro. Se o século XVIII está em condições de imaginar uma ordem secreta para governar a forma e as propriedades de um ser vivo, não pode invocar estruturas situadas em níveis diferentes. Não distingue entre o "traço de família", a partícula material que entra na composição do corpo para dar-lhe este traço e a partícula de semente que determina sua reprodução.

Entretanto, o século XVIII percebe claramente uma das exigências decorrentes de todo o sistema, em que a cada geração a forma dos pais é reproduzida no filho pelo agrupamento de unidades elementares. Há necessidade de uma "memória" para guiar o agrupamento das partículas. Enquanto a estrutura visível se mantém por pré-formação através da geração, a memória é exatamente esta estrutura. O problema não se coloca, portanto, se a formação de todos os germes é remetida a uma criação simultânea. Mas a partir do momento em que as partículas devem, a cada geração, articular-se à imagem dos pais, é preciso que esta imagem seja conservada através de gerações sucessivas. Existem então duas maneiras de abordar esta questão. Para o leibniziano Maupertuis, a memória que dirige as partículas vivas para formar o embrião não se distingue da memória psíquica. A própria matéria é dotada de memória, como "de inteligência, de desejo ou de aversão"[151]. As partículas vivas são atraídas entre si por sua afinidade, mas só a memória que possuem explica sua localização no embrião. Cada uma delas "conserva a lembrança de sua antiga situação e a retomará sempre que puder para formar no feto a mesma parte"[152].

Para o materialista Buffon, ao contrário, o que conserva a imagem dos pais na geração e determina a posição das moléculas orgânicas no filho é não uma virtude comum a todo grão de matéria, mas uma estrutura particular. As partículas não podem reencontrar a forma dos pais sem um modelo para dirigi-las, sem um molde para articulá-las. "Do mesmo modo que podemos fazer moldes pelos quais damos ao exterior dos corpos a figura que nos agrada, suponhamos

---

150 *Vénus physique; Œuvres*, t. II, p. 121-122.
151 *Système de la Nature*, XIX; *Œuvres*, t. II, p. 149.
152 *Système de la Nature*, XXXIII; *Œuvres*, t. II, p. 158-159.

que a Natureza possa fazer moldes pelos quais ela dá não somente a figura exterior mas também a forma interior"[153]. Pois o que é preciso reproduzir para formar um ser vivo não é somente este agrupamento de linhas, de superfícies e de volumes que compõem a figura visível, mas também a disposição interior, a estrutura oculta dos órgãos que determina o funcionamento do corpo vivo. A reprodução dos seres vivos exige portanto o que Buffon chama um *molde interior*, único meio para "imitar o interior dos corpos"[154]. Buffon foi muito ridicularizado por isto, tanto por seus contemporâneos quanto depois. Mas Buffon percebeu claramente e analisou uma das principais dificuldades para explicar a reprodução e o crescimento, dificuldade que só foi superada recentemente pela biologia molecular. É possível copiar estruturas de uma ou duas dimensões, mas não de três. Buffon utiliza o modelo do molde, pois o meio mais evidente de reproduzir um corpo tridimensional é o do escultor que utiliza a impressão deixada pelo corpo na cera ou no gesso. Mas a cera só "percebe", por assim dizer, as superfícies do objeto.. Não podendo "apalpar" nada por detrás da superfície, ignora o que se passa no interior do objeto. O molde só reproduz, portanto, a superfície do objeto, atrás de que nenhuma ordem específica é imposta à matéria no momento da reprodução. O molde do escultor, portanto, não é suficiente para a reprodução dos seres, é preciso um molde *interior*. "Poderão nos dizer, explica Buffon[155], que esta expressão, molde interior, parece conter duas idéias contraditórias, que a de molde só pode referir-se à superfície e que a de interior deve se relacionar à massa; é como se se quisesse juntar a idéia de superfície e a idéia de massa e se poderia dizer tanto superfície maciça quanto molde interior". A mesma dificuldade é encontrada quando se considera o desenvolvimento do embrião, pois o crescimento dos órgãos se faz não em duas, mas em três dimensões. Ao contrário do que geralmente se acredita, diz Buffon[156], o desenvolvimento não pode se fazer unicamente pela adição de moléculas às superfícies, mas "por uma recepção íntima e que penetra a massa". É necessário, com efeito, que a matéria utilizada para o crescimento penetre no interior de cada parte e em todas as dimensões segundo "uma certa ordem e uma certa medida, de forma

---

153 *Histoire naturelle des Animaux; Œuvres complètes*, in-16, t. III, p. 48-49.
154 *Ibid.*, p. 51.
155 *Ibid.*, p. 51.
156 *Ibid.*, p. 61.

que não chegue mais substância em certo ponto do interior do que em outro ponto".

O molde interior representa, portanto, uma estrutura oculta, uma "memória" que organiza a matéria de forma a produzir o filho à imagem dos pais. O filho se forma, assim, por epigênese. Mas esta não e mais uma produção totalmente nova, como a consideravam Aristóteles ou o século XVI, uma organização completa do ser a partir do caos da matéria, na medida em que a lembrança da organização já realizada nos pais é conservada pela continuidade do molde interior. "O que há de mais constante, de mais inalterável na natureza, diz Buffon[157], é a impressão ou o molde de cada espécie, tanto nos animais quanto nos vegetais; o que há de mais variável e de mais corruptível é a substância que o compõe". Por sua vez, Maupertuis considera a existência de uma classe privilegiada de partículas vivas que conservaria, através das gerações, os caracteres típicos da espécie. "Este instinto [das partículas], como o espírito de uma República, está presente em todas as partes que devem formar o corpo? Ou, como em um Estado monárquico, pertence somente a uma parte indivisível? Neste caso, esta parte não seria o que constitui propriamente a essência do animal, enquanto as outras seriam apenas invólucros ou espécies de roupa?"[158]

No século XVIII, a idéia de uma composição elementar dos seres vivos ainda permanece fora do alcance da observação e da experimentação. Com os meios de que dispõe, Buffon procura demonstrar a existência das moléculas orgânicas, sua repartição universal na natureza, seu poder de se combinar entre si. Seus resultados não convencem ninguém. Além disso, é preciso atribuir uma origem a estas unidades vivas distintas dos átomos. À exceção de Buffon, que atribui sua formação à ativação da matéria pelo calor, só se vê as causas finais como aquilo que assegura sua criação. Para os partidários da pré-formação, as unidades vivas constituem apenas mais uma teoria. Seu efeito mais imediato é de revitalizar a geração espontânea. Pois se existem por toda parte moléculas orgânicas e se elas podem juntar-se sob o efeito do calor, por que esta matéria orgânica, que se pode, diz Buffon[159], "considerar como uma semente universal", não produziria este mundo invisível e extravagante percebido no microscópio, todos estes pequenos seres que não merecem nem mesmo o nome de

---
157 *Le Cerf; Œuvres complètes*, in-4.°, t. II, p. 521.
158 *Vénus Physique; Œuvres*, t. II, p. 132.
159 *Histoire naturelle des Animaux; Œuvres complètes*, in-16, t. III, p. 450.

animais e que nadam na água da chuva, na infusão da planta ou no líquido seminal? Uma experiência pode ser feita, pois ela diz respeito, uma vez mais, a um mecanismo simples. Como o calor mata os animálculos, basta colocar suco de carne em um frasco fechado, esquentá-lo e constatar se os animálculos ainda são ou não capazes de se multiplicar. O abade Needham observa assim que o calor não impede a multiplicação destes pequenos vermes. Mais meticuloso, o abade Spallanzani, não encontra mais nenhum animálculo vivo, depois de ter esquentado o suco de carne. Mas sempre se pode contestar o efeito do calor, caso se o considere agindo sobre a matéria ou sobre uma força. A matéria é a presença de animálculos no suco da carne ou no ar do frasco; assim, a experiência de Spallanzani elimina qualquer geração espontânea, mesmo no caso dos seres microscópicos. A força é uma propriedade do suco de carne ou do ar, uma "força geradora", uma "fecundância", uma "elasticidade" necessária à multiplicação dos animálculos, a experiência, então, não demonstra nada. Como provar que esta força existe? Ou que ela não existe? Até o século seguinte, o espírito ainda não está pronto para renunciar à possibilidade da geração espontânea.

Com suas teorias, nem Maupertuis nem Buffon querem fazer metafísica. Como bons newtonianos, procuram basear as propriedades dos seres vivos em leis em vigor da física. As unidades elementares, as partículas vivas, as moléculas orgânicas visam apenas a adaptar a interpretação mecanicista do mundo vivo à interpretação newtoniana do universo. Como as coisas, os seres são reduzidos a combinações de unidades, através do que, diz Buffon[160], "a natureza pode variar suas obras infinitamente". O mesmo que ocorre com as substâncias químicas acontece com os corpos vivos: só os elementos possuem uma individualidade; os compostos têm apenas uma personalidade transitória. O estudo dos seres torna-se então a pesquisa das leis que regem as combinações destas unidades. A reprodução, que exige a hereditariedade bilateral observada nos híbridos, é apenas o mecanismo que permite que as unidades se agrupem. A partir daí surge, progressivamente, uma nova atitude durante a segunda metade do século XVIII. Atrás da diversidade das estruturas, dos processos, dos costumes que se observa entre os seres, é preciso procurar uma unidade de composição e de funcionamento no conjunto do mundo vivo. Con-

---

160 *Introduction à l'histoire des minéraux; Œuvres complètes*, in-16, t. VI, p. 24.

siderando os animais que respiram, Buffon vê neles "sempre a mesma base de organização, os mesmos sentimentos, as mesmas vísceras, os mesmos ossos, a mesma carne, o mesmo movimento nos fluidos, o mesmo jogo, a mesma ação nos sólidos"[161]. Na análise dos corpos vivos, não são somente os órgãos accessíveis à observação que importam. É também a maneira como se articulam entre si. É sua organização.

A arquitetura oculta

Durante o século XVIII, a organização ainda descrevia apenas a combinação das estruturas, o mosaico de elementos que caracterizava um ser. Mas, no final do século, a organização adquire um papel e uma função diferentes. Substituindo progressivamente a estrutura visível, ela fornece um fundamento oculto aos dados imediatos da descrição, à totalidade do ser e de seu funcionamento.

Por um lado, manifestam-se as novas exigências da fisiologia. Com a análise de Lavoisier, muda a importância relativa atribuída aos órgãos e a seu funcionamento, impõe-se a idéia de que existem grandes funções que satisfazem as necessidades do organismo, manifesta-se a necessidade de sua coordenação. Se a respiração é sempre uma combustão, todo ser vivo deve poder obter oxigênio, quaisquer que sejam sua forma e seu *habitat*. É preciso que haja um meio de encontrar combustão, eliminar os dejetos, adequar a temperatura, em suma, articular com precisão uma série de operações. Não é mais possível, então, considerar independentemente os pulmões ou o estômago, o coração ou os rins. Um ser vivo não é mais uma simples associação de órgãos que funcionam automaticamente. É um todo em que as partes dependem umas das outras, sendo que cada uma desempenha uma função específica no interesse geral.

Por outro lado, progressivamente se modifica a atitude dos naturalistas. Durante o século XVIII, cada espécie era com freqüência cbjeto de análises anatômicas independentes. Descrevia-se detalhadamente a estrutura e as propriedades do leão, da abelha ou do morcego, como mostra uma literatura rica em monografias. No final do século, ao contrário, a anatomia não se limita mais a descrever cada órgão de um ser considerado isoladamente. Procura ligar o órgão à função,

---

[161] *Nomenclature des Singes; Œuvres complètes,* in-4.º, t. IV, p. 15.

comparar o mesmo órgão em diferentes animais ou os diferentes tipos de órgãos em um mesmo animal. Não basta mais analisar a perna do cavalo. É necessário, como Daubenton, confrontá-la com a perna do homem para estabelecer as analogias quanto ao número de ossos, figura, papel. Ou, como Camper, comparar o cérebro e o aparelho auditivo dos peixes com o do homem para relacionar as semelhanças de estrutura às semelhanças de funcionamento. Ou ainda, como Vicq d'Azyr, estabelecer um paralelo, nas diferentes espécies de carnívoros, entre a estrutura dos dentes e a do estômago, dos dedos e dos músculos, para estabelecer as relações e demonstrar sua constância. O que importa não é mais a diferença na superfície, mas a semelhança na profundidade.

Começa assim a se esboçar entre os seres uma rede de novas relações. Durante o século XVIII, o caráter não era mais que um fragmento do organismo, um elemento independente, escolhido para a comodidade da taxonomia. Com a pesquisa das semelhanças de funcionamento, o caráter sai de seu isolamento para tornar-se parte de um conjunto. O papel do caráter na classificação não desaparece: para Vicq d'Azyr ou para Storr, ele conserva o valor que Tournefort e Lineu lhe haviam dado. Mas o caráter deve ser considerado em função das relações sempre que o unem ao conjunto das estruturas do organismo e não isoladamente. "As relações sempre são incompletas, diz Lamarck[162] quando só levam em consideração um aspecto isolado, isto é, quando são determinadas pela consideração de uma só parte separadamente". De agora em diante, as relações entre os caracteres têm mais importância que os caracteres. É através da análise destas relações que se pode precisar a constituição de um ser e determinar sua classificação. Não é mais suficiente observar o detalhe das semelhanças e diferenças entre os organismos. É preciso comparar as grandes massas. "O espírito, diz Goethe[163], deve englobar o conjunto e daí deduzir, por abstração, um tipo geral". Atrás da combinatória dos órgãos, delineia-se uma lógica do organismo.

Além disso, as diversas partes de um ser vivo já não têm a mesma importância no conjunto do organismo. Para viver, a planta e o animal devem em primeiro lugar se alimentar e se reproduzir. Em consequência disto, todos os elementos do organismo estão articulados. Se os caracteres não têm valor igual, não é mais devido a uma

---
162 *Philosophie zoologique*, Paris, ed. 1873, t. I, p. 62.
163 *Introduction générale à l'Anatomie comparée, Œuvres d'Histoire naturelle*, trad. franç., Paris, p. 26.

gradação arbitrária construída unicamente pelas exigências da classificação, mas devido à importância relativa dos órgãos no conjunto da estrutura. Existem diferentes ordens de caracteres, de importância desigual de acordo com sua constância entre os organismos. Não é suficiente contar os caracteres, é preciso avaliá-los. É assim que um caráter da primeira ordem vale por vários da segunda ordem e assim por diante. "Os caracteres, em sua adição, diz Antoine Laurent de Jussieu[164], não devem ser contados como unidades, mas de acordo com seu valor relativo, de forma que um caráter constante seja equivalente ou mesmo superior a muitos inconstantes juntos". É seu papel na estrutura do organismo que dá ao caráter sua importância e seu lugar na hierarquia. Os órgãos da frutificação são importantes não porque são cômodos para a classificação. São cômodos para a classificação porque asseguram uma função importante, a reprodução, e porque, por isso mesmo, refletem a estrutura da planta em seu conjunto. "Deve-se prestar atenção especial às partes da frutificação, diz Lamarck em *La Flore Française*[165], isto é, ao fruto, à flor e a suas dependências. Este princípio baseia-se em primeiro lugar na preeminência que naturalmente se atribui aos órgãos que garantem a geração futura e aos quais se refere, como a seu centro, o mecanismo subalterno das outras partes, que parecem viver unicamente para eles". A subordinação dos caracteres remete a uma hierarquia das estruturas.

No final do século, portanto, modificam-se as relações entre o exterior de um ser e o interior, entre a superfície e a profundidade, entre órgãos e funções. O que se torna acessível à análise pela comparação dos organismos é um sistema de relações que se articulam na espessura do ser vivo para fazê-lo funcionar. Atrás do visível das formas delineia-se uma arquitetura secreta imposta pela necessidade de viver. Esta estrutura de segunda ordem é a organização, que reúne em um todo coerente o que se vê e o que se oculta. Para Lamarck, "a organização é a consideração mais essencial para orientar uma distribuição metódica e natural dos animais"[166]. Ela dirige a análise, pois "nos animais será sempre a partir da organização interior que as principais relações serão determinadas"[167]. Permite percorrer o mundo vivo e ordenar sua complexidade, na medida em que "toda classe

---

164 *Principes de la Méthode Naturelle des Végétaux*, extraído do *Dictionnaire des sciences naturelles*, Paris, 1824, p. 27.
165 Paris, 1778, disc. prelim., t. I, p. xcvij-xcviij.
166 *Philosophie zoologique*, t. I, p. 102.
167 *Ibid.*, p. 63.

deve conter animais diferenciados por um sistema específico de organização"[168]. A partir daí a diferença das estruturas e a constância das funções podem se desenvolver em um mesmo espaço e se coordenar. É a organização que dá aos seres vivos a lei interna que rege a própria possibilidade de sua existência.

A instauração do conceito de organização no centro do mundo vivo acarreta muitas conseqüências. A primeira diz respeito à totalidade do organismo, que aparece de agora em diante como um conjunto integrado de funções e, portanto, de órgãos. Em um ser, nunca se deve considerar cada uma das partes isoladamente, mas o todo, "a composição de cada organização em seu conjunto, diz Lamarck[169], isto é, em sua generalidade". Só se pode conferir às partes valor e importância desiguais referindo-se à totalidade. Isto se manifesta com mais clareza nas formas mais simples de organização. "Especialmente nos insetos, diz Lamarck[170], começa-se a notar que os órgãos essenciais à manutenção da vida estão distribuídos de forma mais ou menos uniforme, sendo que a maior parte deles espalha-se pelo corpo, em vez de isolar-se em lugares específicos, como acontece nos animais mais perfeitos".

Em seguida, o conceito de organização conduz ao desenvolvimento de uma idéia vislumbrada no século XVIII: o ser vivo não é uma estrutura isolada no vazio; insere-se na natureza, com a qual estabelece diferentes relações. Para que um ser viva, respire e se alimente, é preciso que exista um acordo entre os órgãos encarregados destas funções e as condições exteriores. É preciso que a organização reaja ao que Lamarck chama "as circunstâncias". Por circunstâncias entendem-se os *habitats* da terra ou da água, os solos, os climas, as outras formas vivas que cercam os organismos, em suma, "a diversidade de meios em que habitam".

Finalmente, com o conceito de organização introduz-se um corte radical entre os objetos desse mundo. Até então, os corpos da natureza se repartiam tradicionalmente em três reinos: animal, vegetal, mineral. Esta divisão colocava, por assim dizer, as coisas no mesmo nível que os seres, o que justificava as transições imperceptíveis entre mineral e vegetal, entre vegetal e animal. Com Pallas, Lamarck, Vicq d'Azyr, de Jussieu, Goethe, o final do século XVIII redistribui as

---

168 *Philosophie zoologique*, t. I, p. 119.
169 *Histoire Naturelle des Animaux sans Vertèbres*, introd., 1815-1822, t. I, p. 130-131.
170 *Philosophie zoologique*, t. I, p. 189.

"produções da natureza" não mais em três, mas em dois grupos, diferenciados pelo critério da organização. "Observar-se-á primeiro, diz Lamarck[171] desde 1778, um grande número de corpos compostos de uma matéria bruta, morta, que se expandem pela justaposição das substâncias que concorrem para a sua formação e não pelo efeito de algum princípio interno de desenvolvimento. Estes seres são denominados em geral *"seres inorgânicos* ou *minerais...* Outros seres possuem órgãos próprios para diferentes funções e dispõem de um princípio vital muito acentuado e da faculdade de reproduzir seu semelhante. Eles foram reunidos sob a denominação geral de *seres orgânicos".* De agora em diante, só existem duas classes de corpos. O inorgânico é o não-vivo, o inanimado, o inerte. O orgânico é o que respira, se alimenta, se reproduz; é o que vive e que está "necessariamente sujeito à morte"[172]. O organizado se identifica ao vivo. Os seres separam-se definitivamente das coisas.

Ao se isolar os seres dos outros corpos e reuni-los pela organização, o problema da gênese do mundo vivo não se coloca mais nos mesmos termos que o do mundo inanimado. Como propõe Lamarck, não se pode mais conceber a criação simultânea de todas ou da maior parte das formas vivas em sua complexidade, pois elas derivam umas das outras por uma série de variações sucessivas. Graças à acumulação dos efeitos exercidos sobre a estrutura dos organismos pela tendência da natureza à progressão, a série contínua dos seres no espaço pode então ser o resultado de uma série contínua de transformações no tempo. A emergência dos seres e sua variedade baseiam-se assim em uma característica do próprio ser vivo: seu poder de variação e de adaptação.

Pouco a pouco surge o objeto de uma ciência que estuda não mais os vegetais ou os animais enquanto elementos constituintes de certas classes entre os corpos da natureza, mas o ser vivo a quem uma certa organização confere propriedades singulares. Para designar esta ciência, Lamarck, Treviranus e Oken utilizam quase que simultaneamente o termo Biologia. "Tudo que é geralmente comum aos vegetais e aos animais, diz Lamarck[173], como as faculdades que são próprias a cada um destes seres sem exceção, deve constituir o único vasto objeto da *Biologia*: pois os dois tipos de seres que acabo de citar são essencialmente corpos vivos e são os únicos seres desta

---

171 *Flore française*, t. I, p. 1-2.
172 *Philosophie zoologique*, t. I, p. 106.
173 *Histoire Naturelle des Animaux sans Vertèbres*, t. I, p. 49-50.

natureza que existem em nosso globo. As considerações que pertencem à Biologia são portanto totalmente independentes das diferenças que os vegetais e os animais podem apresentar em sua natureza, em seu estado, nas faculdades que podem ser específicas a alguns deles". Dotada assim de um nome e de um objeto de estudo, durante o século XIX a nova ciência progressivamente produz conceitos e técnicas próprias. Para além das diferenças de formas, de propriedades, de *habitat*, trata-se de descobrir os caracteres comuns ao vivo e de dar um conteúdo ao que, de agora em diante, se chama vida.

A vida

No racionalismo da Idade clássica, o conhecimento baseava-se na concordância entre o objeto e o sujeito, entre as coisas e a representação que o espírito delas fazia. Com o aparecimento do que Kant chama um campo transcendental, o final do século XVIII aumenta o papel do sujeito na pesquisa sobre a natureza. O domínio da faculdade de conhecer sobre os objetos a conhecer substitui a harmonia preestabelecida. Para decifrar a natureza e descobrir suas leis, não basta mais pesquisar e agrupar as identidades e as diferenças entre as coisas e os seres a fim de dispô-los nas séries de uma classificação bidimensional. É preciso que os dados empíricos se articulem em profundidade, que se superponham em função de suas relações com um elemento unificador que é condição de todo conhecimento mas que está no exterior do conhecimento. Como em cada domínio empírico, a análise interna não basta mais para dar conta do mundo vivo. É a vida que serve de referência, de transcendental, permitindo à consciência ligar as representações e estabelecer relações não somente entre os diferentes seres, mas entre os diferentes elementos de um mesmo ser. É a vida que, no estudo do mundo vivo, permite alcançar verdades *a posteriori* e realizar uma síntese.

A própria noção de organização, em que de agora em diante se baseia o ser vivo, não pode ser concebida sem um fim que se identifique com a vida. Um fim que não é imposto do exterior pela necessidade de atribuir a produção dos seres a uma *Psyché*, mas que tem sua origem no próprio interior da organização. É a idéia de organização, de totalidade, que exige uma finalidade, na medida em que não se pode dissociar a estrutura de sua significação. Quando se vê uma figura geométrica desenhada na areia, pode-se assegurar que os

95

elementos desta figura não estão reunidos ali por acaso[174]. Aparentemente, estes elementos estão ligados por uma relação de exterioridade, mas é o conjunto da estrutura que funda a possibilidade de sua coesão, que representa a ordem no meio da desordem. Sujeitos ao acaso dos ventos, das chuvas, de todo tipo de transformação, a areia tende a se nivelar e o desenho a se apagar. A figura só pode se formar e se manter graças a uma força interna que luta contra o acaso e a destruição. Em um produto organizado da natureza, tudo é fim e tudo é meio. "Cada ser, diz Goethe[175], contém em si mesmo a razão de sua existência; todas as partes atuam umas sobre as outras;... cada animal é fisiologicamente perfeito". A finalidade do ser vivo tem assim sua origem na própria idéia do organismo, porque as partes devem se produzir reciprocamente, porque devem se ligar entre si para formar o todo, porque, diz Kant[176], "os seres organizados devem se organizar". E Kant retoma, sob forma um pouco modificada, o argumento do relógio já utilizado por Fontenelle. Em um relógio, uma parte é o instrumento do movimento das outras partes, mas uma engrenagem não é nunca a causa eficiente que produz uma outra engrenagem. Uma parte existe *para* uma outra, não *por* uma outra. Não é na natureza das engrenagens que se encontra a causa de sua produção, mas fora delas, em um ser capaz de pôr suas idéias em prática. O relógio não pode nem produzir as partes que lhe são retiradas, nem corrigir seus defeitos por intervenção das outras partes, nem se retificar quando desregulado. Um ser organizado não é, portanto, simplesmente máquina, pois a máquina só possui uma força de movimento, enquanto que a organização contém em si uma força de formação e de regulação que comunica aos materiais que o constituem.

Na Idade clássica, enquanto se tratava principalmente de demonstrar a unidade do universo, os seres deviam estar submetidos às leis da mecânica que regem as coisas. Para caracterizar as forças que animam os corpos organizados, falava-se do movimento que se produz ininterruptamente nos sólidos e nos fluidos. A inexistência da idéia de vida aparece na definição que lhe dá a *Encyclopédie,* quase um truísmo, na medida em que "a vida é o oposto da morte". No começo do século XIX, ao contrário, trata-se de discernir as propriedades do

---
174 Kant, *Critique de la faculté de juger,* 2.ª parte, 64, Paris, Vrin, 1965, p. 189.
175 *Œuvres d'histoire naturelle,* p. 30.
176 *Critique de la faculté de juger,* 2.ª parte, p. 193.

vivo. O estudo dos seres não pode mais ser tratado como um prolongamento da ciência das coisas. Para analisar o vivo, é preciso métodos, conceitos e uma linguagem própria, pois as palavras introduzem, na ciência dos corpos organizados, idéias que vêm das ciências físicas e que não se adequam aos fenômenos da biologia. "Se os homens tivessem cultivado a fisiologia antes da física, diz Bichat[177], tenho certeza de que teriam feito inúmeras aplicações da primeira à segunda, que teriam visto os rios ocorrendo pela ação tônica de suas margens, os cristais se juntando pela excitação que exercem reciprocamente sobre sua sensibilidade, os planetas se movendo porque se irritam reciprocamente a grandes distâncias". Para o século XIX, torna-se totalmente impróprio descrever o funcionamento dos seres organizados em termos de gravidade, de afinidade e de movimento. Para manter a coesão do ser, para assegurar a ordem do vivo por oposição à desordem da matéria inanimada, é preciso uma força de uma qualidade particular, o que Kant chamava um "princípio interior de ação"; é preciso a vida.

Na idéia de organização, existem ao mesmo tempo o que permite a vida e o que é determinado por ela. Mas, apesar de estar na origem de todo ser, a vida não se sujeita à análise de suas propriedades e de suas funções. É a força obscura que confere seus atributos aos corpos organizados, que mantém as moléculas unidas, apesar das forças exteriores que tendem a separá-las. É ela que, diz Cuvier[178], dá ao corpo de uma mulher jovem "estas formas arredondadas e voluptuosas, esta leveza de movimento, esse doce calor, estas faces rosadas pela voluptuosidade, estes olhos brilhantes pela chama do amor ou pelo fogo da genialidade, esta fisionmia animada pelos ímpetos do espírito ou pelo fogo das paixões. Um instante basta para destruir este encanto". O corpo vivo está sujeito à ação de influências variadas oriundas das coisas e dos seres e que tendem a destruí-lo. Para resistir a esta ação, é preciso um princípio de reação. A vida é exatamente este princípio de luta contra a destruição. Para Bichat[179], é "o conjunto das funções que se opõem à morte"; para Cuvier[180], é a "força que resiste às leis que governam os corpos brutos"; para Goethe[181], é a

---

177 *Recherches physiologique sur la vie et la mort,* ano VIII, p. 97.
178 *Leçons d'anatomie comparée,* Paris, 2.ª ed., 1835, t. I, p. 2.
179 *Recherches physiologiques sur la vie et la mort,* p. 1.
180 *Leçons d'anatomie comparée,* t. I, p. 4.
181 *Œuvres d'histoire naturelle,* p. 19.

"força produtora contra a ação dos elementos exteriores"; para Liebig[182], é a "força motriz que neutraliza as forças químicas, é a coesão e a afinidade que agem entre as moléculas". A morte é a derrota deste princípio de resistência e o cadáver é apenas o corpo vivo submetido novamente ao domínio das forças físicas. As forças da ordem, da unificação e da vida se acham constantemente em luta com as da desordem, da destruição e da morte. O corpo vivo é o teatro desta luta e a saúde e a doença refletem suas peripécias. Se as propriedades vitais ganham, o ser vivo reencontra sua harmonia e se cura. Se, ao contrário, as propriedades físicas são mais fortes, ele morre. Nada disto ocorre nos corpos inanimados: as coisas são imutáveis, como a morte.

Mas se, inicialmente, é a organização do ser, seu funcionamento e a totalidade de sua arquitetura que exigem a intervenção de um princípio de vida, o ser vivo acaba por ser tragado pela vida. Se as propriedades físicas da matéria são eternas, as propriedades vivas de um ser são temporárias. A matéria bruta passa pelos corpos vivos para impregnar-se de propriedades vitais. Os seres tornam-se, diz Cuvier[183], "como que locais para onde as substâncias mortas são levadas sucessivamente para se combinarem entre si... e um dia escapar para voltarem a se submeter às leis da natureza morta". Durante a vida de um ser, as propriedades físicas são, por assim dizer, "aprisionadas" pelas propriedades vitais; por isso são incapazes de produzir os fenômenos que naturalmente teriam tendência a produzir. Mas não se trata de uma aliança durável, pois é da natureza das propriedades vitais esgotar-se rapidamente: "O tempo as gasta", diz Bichat[184]. Pelo fato de ter vida, o organismo está destinado a morrer. O ser vivo de certa forma captura o poder da vida, fixa-o, imobiliza-o, mas somente por um instante, pois é destruído pela mesma coisa que faz brotar a vida. "Se a vida é mãe da morte, diz Cabanis[185], a morte por sua vez dá origem e eterniza a vida". O vivo se reduz a um amontoado de matéria que a vida toca por um instante. Mas se as propriedades vitais se gastam em cada ser, elas se conservam através do mundo vivo. Cada corpo vivo, fruto de um grão ou de um feto, em outro momento fez parte de um corpo semelhante. Antes de adqui-

---

182 *Chimie organique appliquée à la physiologie animale,* trad. franç., Paris, 1842, p. 209.
183 *Leçons d'anatomie comparée,* t. I, p. 4.
184 *Anatomie générale,* Paris, 1818, t. I, p. 17.
185 *Rapport du physique et du moral,* Paris, 1830, t. II, p. 256.

rir autonomia, antes de tornar-se sede de uma vida independente, todo organismo primeiro participou da vida de um outro ser de que depois se separou. A vida se transmite de ser para ser por uma sucessão ininterrupta. A vida é contínua.

Vê-se assim a diferença que separa este vitalismo do animismo do século precedente. O recurso a um princípio vital decorre da própria atitude da biologia, da necessidade de separar os seres das coisas e de fundar esta separação não na matéria, cuja unidade é reconhecida, mas nas forças. O vitalismo funciona como fator de abstração. A vida desempenha um papel preciso no saber. Ela é aquilo que se investiga no animal ou na planta, é o objeto da análise. É esta fração de desconhecido que faz com que o organismo seja diferente da coisa e a biologia da física. O vitalismo é tão essencial nos primórdios da biologia quanto era o mecanicismo na Idade clássica. Não somente para os naturalistas, os fisiologistas ou os médicos. Mas também para os químicos que estudam os compostos orgânicos, isto é, as substâncias que constituem os seres vivos ou são produzidas por eles. "Pode-se dizer, diz Liebig[186], que as reações dos corpos simples e das combinações minerais preparadas em nossos laboratórios não podem encontrar nenhum tipo de aplicação no estudo do organismo vivo".

A química do vivo

No final do século XVIII, já se estudava a composição dos diversos corpos orgânicos. Scheele e Bergman, principalmente, haviam analisado uma série de ácidos orgânicos e isolado o "princípio doce dos óleos", a futura glicerina. No começo do século XIX, os métodos de análise são aperfeiçoados graças principalmente à eletrólise e a teoria atômica ganha precisão. Uma imensa variedade de compostos, que sempre contêm carbono e hidrogênio, que freqüentemente contêm oxigênio e às vezes azoto, enxofre e fósforo, começa a fazer parte da rubrica "química orgânica". Estes compostos representam seja os próprios elementos constituintes dos seres vivos, seja os produtos de seus excrementos ou de sua decomposição. Com Lavoisier aparece na química um método de classificação e uma nomenclatura universal. Com Berzélius, cria-se uma escritura universal. Cada elemento é representado pela primeira letra de seu nome latino, seguida eventual-

---

186 *Chimie organique appliquée à la physiologie animale*, pref., p. IX.

mente por uma outra para evitar qualquer confusão. A fórmula de um corpo é estabelecida pela justaposição dos símbolos que correspondem aos elementos que o compõem, sendo que cada símbolo recebe um coeficiente numérico que exprime o número de átomos presentes na molécula. Graças ao aperfeiçoamento da análise e a este simbolismo, torna-se possível manipular e representar as enormes moléculas que compõem os seres vivos.

Mas para que uma química do orgânico se constitua, não é suficiente que as técnicas da química mineral se aperfeiçoem. Também é necessário que a biologia comece a estabelecer, para além da diversidade dos seres, a unidade do mundo vivo. Enquanto este representava uma infinidade de estruturas, só se podia esperar e encontrar uma infinidade de compostos. Se, ao contrário, o vivo se caracteriza por uma certa organização e um certo funcionamento, se é sempre aquilo que se alimenta, que cresce e se multiplica, então é possível procurar a natureza dos compostos que o distinguem do não-vivo, como a natureza das reações pelas quais ele transforma os alimentos para incorporá-los à sua própria substância. Assim se delimita um domínio que, por um lado, inclui a química, na medida em que as substâncias dos seres são formadas por componentes universais da matéria e que, por outro, diz respeito à biologia, na medida em que estas substâncias se distinguem radicalmente das que se estuda em química mineral.

O que aparece mais diretamente na análise dos seres vivos é o fluxo de matéria que os traspassa, isto é, a "metamorfose" dos alimentos em compostos característicos e a formação dos dejetos que são expelidos. A tarefa da química orgânica consiste portanto em estudar as transformações sofridas pelas substâncias no interior dos organismos, em reconhecer a natureza dos elementos e de suas combinações quando entram e quando saem dos organismos. Mas estas transformações desafiam as leis da química usual: unidos em outras combinações, os elementos que compõem os seres possuem propriedades totalmente diferentes. A química orgânica deve identificar as substâncias que compõem e traspassam o vivo. Deve procurar analisá-las. Mas não tem que fornecer a prova das transformações através da síntese. Pois "todos os atos da economia, diz Liebig[187], estão subordinados a uma atividade imaterial que o químico não pode dispor ao seu bel-prazer". Wöhler realiza no laboratório a preparação arti-

---

187 *Chimie organique...*, p. 171.

ficial da uréia mantendo em ebulição uma solução de cianato de amônia. Mas ele próprio se recusa a considerá-la como a síntese de um composto orgânico a partir de corpos inorgânicos. Pois se o material de origem, o ácido cianídrico, é um composto relativamente simples, ele continua sendo uma substância orgânica. "Um filósofo da natureza, escreve Wöhler[188] a Berzélius, diria que o caráter orgânico não desapareceu do carbono animal e desta combinações ciânicas e que por isso se pode obter com estes corpos outros corpos orgânicos". Será preciso esperar que Berthelot produza o acetileno a partir do carbono e do hidrogênio para que caia a barreira levantada pelos químicos entre o orgânico e o mineral. Mas, através dos meios fornecidos pela análise, a primeira metade do século XIX torna evidente que existe nos seres vivos um número considerável de compostos, alguns contendo azoto, outros não. Segundo sua composição, estas substâncias desempenham papéis diferentes no organismo.

As combinações dos mesmos elementos possuem propriedades diferentes caso se trate de substâncias minerais ou orgânicas. Nos seres vivos existe, portanto, uma força específica para provocar uma mudança de forma e de movimento na matéria, para perturbar e destruir o estado de repouso químico que mantém combinados os elementos das substâncias alimentares oferecidas ao organismo: a força vital. "Ela provoca a decomposição das substâncias alimentares, diz Liebig[189], perturba as atrações que solicitam suas partículas sem cessar, desvia de sua direção as forças químicas de maneira a agrupar à sua volta os elementos das substâncias alimentares e a produzir novos compostos..., destrói a coesão das substâncias alimentares e obriga os novos produtos a se unirem em novas formas diferentes das que assumem quando a força da coesão age livremente". As forças químicas que agrupam os átomos nas moléculas minerais agem, nos corpos vivos, como uma resistência que supera a força vital. Se as duas forças fossem de igual intensidade, não haveria efeito, crescimento, reprodução. Se a força química vencesse, o ser definharia. Para que o organismo viva, é preciso que a intensidade vital vença. Não se pode atribuir a vitalidade a nenhum órgão, a nenhum tecido, a nenhuma molécula em particular. É uma propriedade do ser em seu conjunto, uma característica do todo, que resulta, diz Liebig[190],

---

188 Citado em J. Loeb, *La Dynamique des prénomènes de la vie*, Paris, 1908, p. 14.
189 *Chimie organique appliquée à la physiologie animale*, p. 202-203.
190 *Ibid.*, p. 215.

da "reunião de certas moléculas sob certas formas". Depende da própria organização dos seres vivos.

Se a força vital adquire tal importância no começo do século passado, é porque neste momento ela desempenha um papel que a física mais tarde atribuirá a dois novos conceitos. Os seres vivos aparecem atualmente como a sede de um triplo fluxo de matéria, de energia e de informação. Em seus primórdios, a biologia está em condições de reconhecer um fluxo de matéria mas, no lugar dos outros dois, lhe é necessário recorrer a uma força específica. Até meados do século XIX, com efeito, as relações entre calor e trabalho continuam muito imprecisas. Com Carnot, o calor se associa ao movimento dos corpúsculos que constituem os corpos. Mas se a obra de Carnot mais tarde será vista pela termodinâmica como o ato de nascimento do segundo princípio, ela continua ignorada durante quase vinte anos, até o momento em que o princípio de equivalência e o conceito de energia permitirem integrar o conjunto dos fenômenos em que o calor intervém. Enquanto isso, é preciso encontrar um fator que neutralize as forças de afinidade que agem entre as moléculas dos elementos, que redistribua estes elementos em ligações químicas diferentes, que reagrupe os átomos em novas combinações. É preciso recorrer a uma força que, com o concurso da luz solar, separe nas plantas o oxigênio dos elementos com que tem mais afinidade e que o devolva ao estado gasoso. "Uma certa quantidade de força vital, diz Liebig[119], deve ser gasta, seja para manter os elementos dos princípios azotados em ordem, na forma e na composição que os caracterizam, seja também para resistir à ação incessante do oxigênio secretado pela atividade dos vegetais". É precisamente isto que diz a bioquímica moderna, substituindo força vital por energia. Para Berzélius, para Liebig, para Wöhler, para Dumas, a vitalidade representava não um princípio que age à distância, como a gravidade ou o magnetismo, mas uma força que exerce seus efeitos "no interior de uma agregação material", quando as substâncias da reação estão em contato. Para se manifestar, a vitalidade exige um certo grau de calor, pois todos os fenômenos da vida param a partir do momento em que o organismo está exposto ao frio. É a combustão do oxigênio atmosférico com certas substâncias dos alimentos que fornece o calor. As substâncias que são capazes de se oxidar e de desempenhar um

---

191 *Chimie organique...*, p. 218.

"papel respiratório" são em sua maioria compostos sem azoto, como os açúcares e as gorduras.

As substâncias azotadas, ao contrário, desempenham um "papel plástico" na constituição dos órgãos e dos tecidos. Mas explicar sua composição e sua produção coloca dificuldades e exige que se recorra à força vital. Em todos os seres, em todos os tecidos que se estuda, revela-se a presença de substâncias azotadas ao mesmo tempo complexas e semelhantes. Quando se analisam os compostos azotados do sangue, a fibrina e a albumina, ou do leite, a caseína, encontra-se sempre uma mistura de carbono, de hidrogênio, de oxigênio e de azoto, em proporções rigorosamente constantes, a que se adicionam quantidades variáveis de outros elementos, principalmente enxofre e fósforo. É preciso portanto admitir que todos os tecidos vivos são formados por um mesmo componente básico, capaz de fixar outros elementos em quantidades diferentes. São então estas combinações que dão suas características aos diferentes órgãos e tecidos. Mulder dá o nome de *proteína* a este componente básico, para acentuar sua primazia. É através da produção da proteína, por suas combinações com certos elementos, que se constrói a arquitetura dos seres vivos. "É preciso admitir como lei demonstrada pela experiência, diz Liebig[192], que as plantas elaboram combinações protéicas e que são estas combinações que a força vital modela, sob a influência do oxigênio atmosférico e dos princípios da água, para criar todos estes numerosos tecidos, todos os órgãos da economia animal". Mas se substâncias de composição semelhante possuem propriedades distintas, é necessário invocar um novo princípio. É preciso admitir que, nestas moléculas, os mesmos átomos podem ocupar posições diferentes e que é a posição dos átomos na molécula que determina sua natureza e suas propriedades. A análise de uma série de corpos mais simples conduz à mesma idéia. Para pares de substâncias tão diferentes por suas propriedades quanto os cianatos e os fulminatos ou os ácidos racêmicos ou tartáricos, a análise encontra composições idênticas de elementos. Deve-se ainda levar em consideração a posição dos átomos na molécula. A esta diferença de estrutura com identidade de composição, Berzélius dá o nome de isomeria. Existe portanto um princípio de ordem, de estrutura molecular, segundo o qual a natureza e as propriedades de uma molécula dependem da posição relativa de seus átomos. Para a biologia moderna, esta ordem molecular, esta

---

192 *Chimie organique*, p. 112.

escolha entre estruturas possíveis é expressa pelos conceitos de entropia e de informação. Para a química orgânica do começo do século XIX, é necessário que uma força misteriosa intervenha para mostrar aos átomos seu lugar.

Quanto aos mecanismos das reações que se produzem nos seres vivos, eles se diferenciam nitidamente dos que o químico realiza no laboratório. A respiração é certamente uma combustão, como Lavoisier havia demonstrado, mas é uma combustão de um tipo muito específico. Nos organismos, os alimentos se consomem lentamente a uma temperatura pouco elevada e não repentinamente a uma temperatura alta, como em um forno. No laboratório, pode-se carbonizar açúcar mas não transformá-lo em álcool e gás carbônico, como faz a levedura de cerveja, ou em ácido butírico, como fazem pedaços de queijo. Existem nos seres certos princípios, certas substâncias, às quais se dá o nome de fermentos ou diástases, que dirigem as reações químicas com o objetivo de refazer as ligações entre elementos e assim transformar um corpo em novos produtos. Existem duas formas de considerar o modo de ação destes fermentos. Em primeiro lugar, pode-se, como Liebig, considerar que certos corpos são capazes de transmitir a outros corpos algumas de suas propriedades. Os fermentos são, neste caso, substâncias cujos átomos se acham em um estado de grande agitação e que transformam outros compostos transmitindo-lhes seu próprio movimento. "Os fenômenos de decomposição só poderiam ser explicados admitindo-se que são o efeito do contato com um corpo que se acha em um estado de decomposição ou de combustão... O movimento das moléculas de um dos corpos em reação deve exercer uma certa influência sobre o equilíbrio das moléculas do corpo com que está em contato"[193]. Se a levedura de cerveja pode fazer o açúcar fermentar, é porque já contém uma substância em estado de "metamorfose". Em virtude de uma natureza química própria dos fermentos, a decomposição expande-se para fora da esfera desta substância para alcançar as moléculas de um composto vizinho.

Mas pode-se também, como Berzélius, ligar as propriedades dos fermentos a uma nova força química que se revela na transformação de certos compostos, tanto minerais quanto orgânicos. No estado sólido ou em solução, muitos dos corpos simples ou compostos se mostram capazes de se opor às forças químicas mantendo a coesão

---

[193] *Chimie appliquée à la physiologie végétale*, trad. franç., Paris, 1844, p. 365.

de outros compostos e de provocar a transformação destes últimos. Estes corpos agem de forma bastante peculiar. Modificam as relações existentes entre os átomos de uma substância sem desempenharem um papel químico na reação, pois no final desta estão intactos. É assim que o manganês, a prata ou a fibrina do sangue provocam a decomposição da água oxigenada; que o ácido sulfúrico, como a diástase extraída dos grãos em germinação, transforma o amido em açúcar; ou que a platina dividida em partes minúsculas se mostra capaz, a uma temperatura comum, tanto de inflamar o álcool se este for puro, quanto de transformá-lo por oxidação em ácido acético, se for misturado com água. A este tipo de reação de origem desconhecida, que ocorre em presença de certos corpos, Berzélius[194] dá o nome de *catálise*. "A força catalítica consiste em que certos corpos podem, só por sua presença..., despertar afinidades químicas que de outro modo permaneceriam inativas na temperatura considerada... Assim, ela age de certa forma como o calor". Pode-se, então, aproximar as reações que acontecem nos seres vivos destas reações catalíticas. A diástase, por exemplo, se encontra não no conjunto da batata, mas nos "olhos", onde o amido está transformado em dextrina e em açúcar. Graças a esta reação catalítica, a região que cerca cada olho torna-se um centro para a produção dos sucos que asseguram a alimentação dos jovens caules. "É provável, diz Berzélius, que na planta ou no animal vivo se produzam milhares de processos catalíticos diferentes, graças aos quais os materiais brutos uniformes do suco vegetal ou do sangue se transformam em uma quantidade de combinações químicas diferentes...".

Assim, a partir de idéias e técnicas procedentes da química, constitui-se uma ciência empírica que tem como objeto de estudo a composição dos seres vivos e que progressivamente elabora conceitos e linguagem próprios. Pouco a pouco se define a natureza destes fabulosos compostos que parecem por si só capazes de formar os organismos. Como já foi dito, atrás da complexidade das arquiteturas moleculares surge a simplicidade de uma combinatória. É o caso, por exemplo, das gorduras e dos óleos que sempre foram o objeto predileto dos químicos. Da alquimia ao século XVIII, não se parou de triturar, de amassar, de queimar banha de porco, sebos e manteigas, sem se poder determinar nem sua natureza nem sua composição. Graças ao emprego de métodos de análise menos grosseiros, Chevreul

---

194 Citado em J. Loeb, *La Dynamique des phénomènes de la vie*, p. 18.

conclui que as gorduras são formadas pela combinação de muitos compostos mais simples. Assim como as ligas são obtidas pelo amálgama de certos metais em certas proporções, as gorduras se constituem pela combinação de um "princípio doce", a futura glicerina, com certos ácidos denominados graxos. Existe uma grande variedade destes ácidos graxos. É o tipo de ácido que se combina com a glicerina que determina a natureza e as propriedades de um corpo graxo.

Nas reações de que fazem parte compostos orgânicos, um elemento pode tomar o lugar de um outro, de certa forma desalojando-o, sem que seja destruída a arquitetura da molécula. Estas "substituições" podem concernir não somente a elementos isolados, mas também a grupos de átomos, "radicais" que permanecem associados independentemente das transformações químicas. Os radicais também podem adicionar-se como um bloco a uma molécula, separar-se dela e receber átomos suplementares sem jamais se modificar. Com a obra de Dumas, de Laurent, de Gerhardt, de Liebig, de Wöhler, aparecem famílias de corpos, "tipos", "núcleos", aos quais pode se unir uma variedade de radicais cuja presença confere à molécula certas funções químicas, como o álcool, o aldeído, o ácido, a amina, o éter, etc. No conjunto dos compostos orgânicos, instaura-se assim uma classificação de dupla entrada. De um lado, existem séries homólogas que permitem, de acordo com sua composição, classificar as substâncias em famílias naturais. De outro, existem funções químicas que estabelecem uma relação entre compostos de famílias diferentes mas de propriedades semelhantes.

Em suma, a imensa diversidade dos compostos orgânicos pode se reduzir a uma combinatória de tipos e de funções de número limitado. A variedade das moléculas e de suas propriedades nasce do movimento de certos átomos ou de grupos de átomos que podem deslocar-se sem que o conjunto da arquitetura seja modificado, assemelhando-se à estrutura de um edifício cujas pedras ou telhas pudessem ser substituídas sem deteriorar as bases. Por trás da variedade das formas vivas, dos órgãos, das substâncias, se delineia o jogo das reações químicas que atacam os alimentos e os modificam para acumular as espécies moleculares necessárias à vida dos seres e para eliminar os dejetos. Situada na confluência da biologia e da química, a nova ciência procura delimitar os contornos da vida de que o começo do século XIX afirma a especificidade e a irredutibilidade. A química orgânica torna patente a separação entre as coisas e os seres, entre o que é acessível às leis da física e o que não é. E é precisamente este intervalo que se reduzirá no final do século e no século seguinte, graças a duas novas maneiras de conceber a ordem da matéria: a que a mecânica estatística tirará da desordem das moléculas e a que a química física inserirá na estrutura das moléculas.

O plano de organização

No começo do século XIX, os naturalistas têm como objetivo conhecer a ordem que reina não somente entre os seres vivos, mas no interior do próprio organismo. Os animais, mais que as plantas, passam a ser os principais objetos de análise. Se as plantas mostram mais claramente as combinações de suas estruturas, os animais demonstram mais nitidamente as exigências da organização. Atrás da arquitetura complexa de um animal, surge o mistério das funções. Tudo concorre para produzir esta agitação incessante que caracteriza a vida. É no comportamento dos animais, na passagem da saúde para a doença, nas ameaças que os espreitam de todos os lados que a luta entre as forças da vida e as forças da morte aparece claramente.

Para estudar a organização de um animal, não basta dissecá-lo, distinguir todos os seus elementos e classificá-lo. É preciso analisar os órgãos em função do papel que desempenham na totalidade do organismo. Mas o procedimento da química continua proibido para a fisiologia. Separar as partes do corpo para estudá-las significa desnaturalizá-las. Pois, diz Cuvier[195], "as máquinas que constituem o objeto de nossas pesquisas não podem ser desmontadas sem serem destruídas". Os detalhes da morfologia desaparecem diante da totalidade do ser vivo. A articulação das partes anatômicas remete a uma ligação interna, a uma coordenação das funções que liga as estruturas em profundidade. Se a função responde a uma exigência fundamental da vida, o órgão é apenas um meio de execução. Se a função não se permite fantasias, o órgão conserva alguma liberdade. Examinando o reino animal, é possível distinguir o que é constante e o que muda, determinar o que a função tolera devido às variações no órgão. Os corpos vivos são, assim, diz Cuvier[196], "como experiências preparadas pela natureza, que adiciona ou subtrai a cada um deles diferentes partes, como poderíamos desejar fazer em nossos laboratórios, e que

---

195 Carta a Mertrud, *Leçons d'anatomie comparée*, t. I, p. xvij.
196 *Le Règne animal distribué d'après son organisation*, 1817, t. I, p. 7.

nos mostra o resultado destas adições ou destas subtrações". O que importa assinalar, por trás da diversidade das formas, é a comunidade das funções. Mais que a diferença de estrutura entre uma pata e uma asa, o importante é a semelhança de seus papéis. O pulmão e a brânquia podem se opor pelas suas arquiteturas, mas os dois são aparelhos para respirar, no ar ou na água. As diferenças de morfologia entre testículos e ovário, entre epidídimo e trompa, entre pênis e clitóris não devem encobrir a simetria entre as duas séries, a semelhança dos papéis e das ligações anatômicas. Qualquer que seja o organismo considerado, os fenômenos da vida só podem se efetuar se estiverem protegidos por um invólucro contra os elementos exteriores." Que este invólucro tenha a forma de pele, de cortiça, de concha, pouco importa, diz Goethe[197], tudo que tem vida, tudo que age como algo dotado de vida possui um invólucro".

Estas semelhanças baseadas em um critério de localização e de função e não mais de forma provocam o ressurgimento do velho conceito aristotélico de analogia. Com efeito, os naturalistas admitem que, através das espécies, as estruturas podem variar em sua conformação de acordo com o papel que desempenham. Segundo Geoffroy Saint-Hilaire[198], "pode-se observar o pé dianteiro tanto em seus diversos usos quanto em suas numerosas metamorfoses e vê-lo sucessivamente aplicado ao vôo, à natação, ao salto, à corrida, etc.; ser ele aqui um instrumento para cavar, ali garra para subir, lá armas ofensivas ou defensivas, ou mesmo tornar-se, como em nossa espécie, o principal órgão do tato e, em conseqüência, um dos meios mais eficazes de nossas faculdades intelectuais". De fato, para Geoffroy Saint-Hilaire e para Cuvier, a palavra analogia recobre dois aspectos diferentes que Owen distinguirá mais tarde através dos termos homologia e analogia. A homologia descreve a correspondência das estruturas, analogia das funções. São homólogos os órgãos que ocupam a mesma posição e desempenham um papel próximo em espécies diferentes: por exemplo, a mão do homem e a asa do pássaro. São análogos os órgãos que, apesar das diferenças de estrutura, de posição e de relação anatômicas, desempenham as mesmas funções em espécies distintas: como as vísceras da digestão, o fígado por exemplo, que se encontra sob formas diversas nos crustáceos, nos moluscos e nos vertebrados. Comparando os animais da mesma classe, percebe-se assim

---

197 *Œuvres d'histoire naturelle*, p. 19.
198 *Philosophie anatomique*, Paris, 1818, p. xxij-xxiij.

que em meio a inumeráveis diversidades de tamanho, forma e cor, existem certas relações na estrutura, na posição e nas funções respectivas dos órgãos. As variações de forma não são distribuídas por acaso. Cada elemento encadeia-se com os outros para assegurar a harmonia do conjunto. É "na dependência mútua das funções, diz Cuvier[199], no auxílio que se prestam reciprocamente, que se baseiam as leis que determinam as relações de seus órgãos e que são tão necessárias quanto as leis metafísicas ou matemáticas". Portanto, o que é objeto de análise não é mais um agrupamento qualquer de estruturas entre uma infinidade de combinações, mas um sistema de relações que se articulam na profundidade do organismo. Para analisar os seres vivos e mesmo para classificá-los, é preciso distribuí-los a partir das grandes funções, a circulação, a respiração, a digestão, etc. O verdadeiro objetivo da zoologia torna-se o estudo das diferentes maneiras de realizar estas funções e seu instrumento principal passa a ser a anatomia comparada.

Existem duas maneiras de fazer anatomia comparada. Em primeiro lugar, pode-se utilizar quase que exclusivamente o estudo da morfologia. A referência à fisiologia se dá através da limitação da análise a grandes setores funcionais, o que Geoffroy Saint-Hilaire chama "regiões". Trata-se então de procurar em uma série de espécies, região por região, as correspondências de estrutura, as "analogias". Comparam-se, por exemplo, as formações operculares dos peixes com os ossinhos da orelha dos vertebrados de respiração aérea; ou os elementos da laringe, da traquéia e dos brônquios dos animais terrestres, com os arcos, dentes e lâminas cartilaginosas das brânquias dos animais aquáticos; ou ainda a composição, a forma, a localização e as relações anatômicas do osso hióide dos peixes, dos pássaros e dos mamíferos. Relacionando à espécie em que a região considerada apresenta o desenvolvimento máximo, tenta-se colocar em série os outros tipos morfológicos segundo os deslocamentos e as deformações que se delineiam. Freqüentemente o mesmo órgão aparece, nas diferentes espécies, em uma sucessão de transições entre os tipos extremos. Sob uma ou outra forma, encontram-se sempre os mesmos elementos e em igual número. A homologia se estabelece então por si mesma.

Mas pode acontecer que não haja nenhuma possibilidade de reconstituir uma série, ou porque as formas de transição ainda perma-

---

199 *Leçons d'anatomie comparée*, 1.ª lição, p. 50.

necem desconhecidas, ou porque elas desapareceram. Para identificar um elemento e para reconhecer suas analogias, é preciso recorrer a "conexões", pois a característica mais constante de uma região encontra-se nas relações que se estabelecem entre suas partes. Quaisquer que sejam as mudanças de forma, de volume, de posição que sofre uma parte anatômica, sempre conserva as mesmas relações de vizinhança, sempre fica ligada aos mesmos elementos. "É mais fácil um órgão, diz Geoffroy Saint-Hilaire[200], alterar-se, atrofiar-se ou destruir-se do que ser transposto". O princípio das conexões permite então identificar um elemento que aparece em uma espécie. Quase sempre trata-se do desenvolvimento incomum de uma formação que também existe em outro lugar. No interior de uma dada região, as diferentes estruturas não são independentes. Existe um tal "equilíbrio dos órgãos" que o desenvolvimento excessivo de um elemento repercute em seus vizinhos. Um elemento normal nunca adquire uma nova propriedade sem que um outro de seu sistema ou de suas relações se altere na mesma proporção. "Se um órgão tiver um crescimento extraordinário, diz Geoffroy Saint-Hilaire[201], a influência se tornará sensível sobre as partes vizinhas, que a partir de então não atingirão o seu desenvolvimento habitual; mas nem por isso deixarão de existir". Quando se examina os ossos das espáduas em função de seu uso na respiração dos vertebrados, observam-se variações de forma, de tamanho e de posição a partir de que quatro graus de desenvolvimento podem ser distintos: os dois extremos são a hipertrofia e o estado rudimentar. Nos peixes, os ossos da espádua chegam a passar acima do coração e atrás das brânquias, desempenhando as funções do esterno. Assim, uma mesma formação pode se integrar nos órgãos vizinhos, desempenhando a mesma ou uma outra função. "O total do orçamento da natureza é fixo, diz Goethe[202]; mas ela é livre para gastar as somas parciais na despesa que quiser. Para gastar aqui, ela deverá economizar ali; eis porque a natureza nunca pode endividar-se ou falir".

Mas, caso a pesquisa das conexões não permita a determinação das homologias, deve-se analisar a disposição das regiões no embrião. Com efeito, durante o desenvolvimento embrionário freqüentemente aparecem particularidades anatômicas que no adulto desaparecem. Pode-se assim identificar, por exemplo, as peças ósseas que constituem

---

200 *Philosophie anatomique*, p. XXX.
201 *Ibid.*, p. 19.
202 *Œuvres d'histoire naturelle*, p. 30.

o crânio dos diferentes vertebrados. O crânio dos peixes adultos parece ser composto por um número maior de peças que o dos mamíferos. Mas esta diferença desaparece quando se examina o crânio dos embriões para contar os ossos a partir dos centros de ossificação. Percebe-se então, diz Geoffroy Saint-Hilaire[203], que "o crânio de todos os animais vertebrados tem aproximadamente o mesmo número de peças, e que estas peças sempre conservam a mesma disposição, a mesma conexão e têm a mesma utilização".

Pode-se assim fazer anatomia comparada associando-se mais intimamente a fisiologia à morfologia. Os organismos são então considerados não mais região por região, mas em seu conjunto. As variações das estruturas só são comparadas para revelar a permanência das funções. A anatomia torna-se um instrumento para encontrar, diz Cuvier[204], "as leis da organização dos animais e as modificações que esta organização sofre nas diferentes espécies". A própria existência de um ser depende não somente da execução de certas funções, mas de suas coordenações. O corpo vivo, portanto, não pode ser uma simples aglomeração de órgãos que se combinam de maneiras variadas para satisfazer a estas funções. É preciso também que estejam dispostos de forma a compor um conjunto harmonioso, "porque no estado de vida, diz Cuvier[205], os órgãos não estão simplesmente próximos; atuam uns sobre os outros e concorrem todos para um objetivo comum... Não há nenhuma função que não precise do auxílio e do concurso de quase todas as outras". Qualquer modificação de uma estrutura, portanto, exerce influência sobre as outras. Certas variações que não podem coexistir se excluem reciprocamente. Já outras parecem, por assim dizer, se atrair; e isto acontece não somente entre órgãos vizinhos, mas entre aqueles que, à primeira vista, parecem ser os mais distantes, portanto os mais independentes. Da ligação das funções se deduz a "lei da coexistência", que determina as relações entre órgãos. "Um animal que só digere carne deve ter a faculdade de ver sua presa, persegui-la, vencê-la, despedaçá-la. Portanto, necessita de uma visão penetrante, um olfato perspicaz, uma corrida rápida, habilidade e força nas patas e na mandíbula. Assim, nunca dentes afiados e próprios para cortar carne coexistem na mesma espécie com um pé cercado de casco, que serve para sustentar o

---

203 *Considérations sur les pièces de la tête osseuse, in Ann. Mus. Hist. Nat.*, 1807, 10, p. 342.
204 *Le Règne Animal*, t. I, préf., p. iv.
205 *Leçons d'anatomie comparée*, t. I, p. 49.

animal e não para caçar"[206]. Daí a regra segundo a qual todo animal de cascos é herbívoro. Cascos nos pés indicam dentes molares de coroa achatada, um canal alimentar alongado. E as leis que determinam as relações entre os órgãos que desempenham funções diferentes aplicam-se também às diferentes partes de um mesmo "sistema" funcional para coordenar suas variações. No sistema digestivo, por exemplo, a forma dos dentes, o comprimento, as dobras, as dilatações do tubo alimentar, o número e a abundância dos sucos digestivos têm sempre uma certa relação.

Com a lei da coexistência, com as correlações que assim se estabelecem, muda inteiramente a maneira de observar e de estudar um ser. Não se trata mais, para Cuvier, de determinar os elementos de um organismo para compará-los aos de um outro e deduzir suas variações. As estruturas se superpõem em profundidade, ordenam-se segundo uma regra secreta que é preciso tentar descobrir através das analogias. Um ser constitui um conjunto "único e fechado". Todas as suas partes se correspondem e cooperam para o mesmo fim por ação recíproca. Mas se nenhuma parte pode mudar sem que também mudem as outras, cada uma delas tomada separadamente basta para indicar as outras. Assim, por exemplo, com relação aos órgãos do movimento e os ossos dos vertebrados. "Quase não existe osso, diz Cuvier[207], que varie em suas facetas, curvaturas, proeminências, sem que os outros sofram variações proporcionais; também é possível, a partir de um só osso, até certo ponto tirar uma conclusão sobre todo o esqueleto". É neste princípio que se baseia a paleontologia, que reconstrói organismos desaparecidos a partir de poucos elementos fósseis descobertos. Para a anatomia comparada, um fragmento encontrado não é mais um elemento isolado. É o indício de toda uma organização.

Mas os órgãos não estão unidos somente por uma rede de correlações. Estão submetidos a uma hierarquia imposta pela própria existência do ser vivo. A.-L. de Jussieu já havia revelado a subordinação dos caracteres, mas esta ainda se baseava em um critério de estrutura: se certos caracteres são encontrados com mais freqüência que outros, é porque devem ter mais importância. Com Cuvier, a importância do caráter mede apenas a importância da função que ele desempenha. A subordinação das estruturas remete a uma hierarquia funcional, a

---

206 *Leçons d'anatomie comparée*, t. I, p. 56-7.
207 *Ibid.*, t. I, p. 58.

um sistema coordenado que comanda a distruibuição dos órgãos. A importância relativa de um órgão é avaliada pelas limitações que impõe aos outros. Certos traços de conformação excluem ou, ao contrário, exigem outros traços. Pode-se portanto "calcular" as relações entre órgãos distintos. "As partes, as propriedades ou os traços de conformação, diz Cuvier[208], que têm o maior número destas relações de incompatibilidade ou de coexistência, isto é, que exercem sobre o conjunto do ser a influência mais acentuada, são os caracteres *importantes* ou caracteres *dominantes*. Os outros são os caracteres subordinados". Existe um meio de reconhecer os caracteres importantes: são os mais constantes na série dos seres. Quando se comparam os organismos a partir de suas semelhanças, estes caracteres são os últimos que variam. Isto se aplica tanto às "funções animais", como a sensibilidade e o movimento voluntário específico dos animais, quanto às "funções vegetativas" de nutrição e geração, comuns aos animais e aos vegetais. O coração e os órgãos da circulação constituem um centro para as funções vegetativas, como o cérebro e o tronco do sistema nervoso para as funções animais. Ora, se se observa o conjunto dos animais, vêem-se estes dois sistemas se degradarem pouco a pouco até desaparecerem conjuntamente. "Nos últimos animais, quando não há mais nervos visíveis, não há fibras distintas e os órgãos da digestão são simplesmente encavados na massa homogênea do corpo. Nos insetos, o sistema vascular desaparece antes mesmo do sistema nervoso"[209]. Sendo assim, não se pode mais basear a classificação dos seres em critérios de estrutura. É sua organização funcional que possibilita as classes, que aproxima certos organismos e afasta outros. A correlação das formas que resulta da articulação dos órgãos motores, da distribuição das massas nervosas e da extensão do sistema respiratório, eis o que deve servir de base para os cortes a serem feitos no reino animal.

Para o século XIX, a própria existência de um ser depende portanto de uma harmonia entre seus órgãos, que decorre da interação de suas funções. Modifica-se assim o que é possível em relação aos seres vivos. No século XVIII, todas as diferenças observadas entre as formas podiam se combinar infinitamente para produzir todas as variedades imagináveis de corpos vivos. No século XIX, isto só tem um valor abstrato. Nem tudo é permitido em matéria de variações.

---
208 *Le Règne animal*, t. I, p. 10.
209 *Ibid.*, p. 55-56.

Só podem se realizar as combinações que satisfazem às exigências funcionais da vida. A estrutura de um organismo deve se adequar a um plano de conjunto, um *plano de organização* que coordena as atividades funcionais. Mas se todos os resultados provenientes da anatomia comparada demonstram exaustivamente a existência de tal plano, este não tem a mesma significação para Geoffroy Saint-Hilaire e para Cuvier. De acordo com Geoffroy Saint-Hilaire, em geral não se encontram estruturas anatômicas que sejam particulares de uma espécie. Não há elemento que apareça aqui e desapareça ali. O que existe em um também existe em outro. Mas podem ocorrer modificações de tal amplitude que dificultem a determinação das analogias. Isto acontece, por exemplo, quando determinado elemento de uma região adquiriu uma importância excessiva, influenciando seus vizinhos. A partir de então, estes últimos não alcançam seu desenvolvimento normal. Mas todos são conservados e quase sempre podem ser reconhecidos, mesmo se, reduzidos à sua expressão mais simples, tornaram-se "rudimentos" sem utilidade. "A natureza, diz Geoffroy Saint-Hilaire[210], emprega constantemente os mesmos materiais e limita sua engenhosidade à variação das formas. Como se, com efeito, estivesse submetida aos primeiros dados, tende sempre a fazer reaparecer os mesmos elementos, em número igual, nas mesmas circunstâncias e com as mesmas conexões". Como se a composição dos animais obedecesse a um plano único. Não um plano para os vertebrados, um outro para os moluscos e ainda um outro para os insetos. Mas um "plano geral" para todos os organismos do reino animal. Os vertebrados e os invertebrados, por exemplo, se distinguem por uma modificação das formas e não dos elementos constituintes que conservam sua articulação e suas conexões. Portanto, pode-se dizer, segundo Geoffroy Saint-Hilaire[211], que "cada parte dos insetos tem um lugar semelhante nos animais vertebrados, permanecendo sempre em seu lugar e fiel ao menos a uma das funções". Os insetos habitam no interior de sua coluna vertebral como os moluscos em sua concha.

Não é a primeira vez que se defende a idéia de um plano de composição para o conjunto dos seres vivos. A segunda metade do século XVIII já o havia, com freqüência, evocado. Para Buffon, encontrava-se "sempre o mesmo fundo de organização" no mundo vivo. Para Daubenton, havia um "projeto primitivo e geral". Para Vicq

---

210 *Philosophie anatomique*, p. 18-19.
211 *Mémoire sur l'organization des Insectes, in J. compl. des Sciences médicales*, 1819, 5, p. 347.

d'Azyr, a natureza parecia "operar sempre a partir de um modelo primitivo e geral de que ela sempre se afasta com pesar". Para Goethe, existia uma "forma essencial que a natureza sempre utiliza. O que possibilita a idéia — que existe até Geoffroy Saint-Hilaire, inclusive — de um plano único que rege a composição de todos os organismos é a antiga noção de continuidade do mundo vivo, a cadeia dos seres vista pelo século XVIII. Ainda é preciso referir-se a uma continuidade, não mais visível através das formas, mas oculta no mais profundo do ser vivo, para encontrar um único modelo, um só tipo de organização no conjunto do reino animal.

É precisamente esta continuidade que Cuvier rompe. O plano de organização torna-se de certa forma o lugar em que se articulavam duas séries de variáveis, uma exterior, outra interior aos corpos vivos. "As diferentes partes de cada ser, diz Cuvier[212], devem ser coordenadas de forma a tornar possível o ser total, não somente em si mesmo, mas em suas relações com o que o circunda". Por um lado há o mundo em que vive o organismo e que determina o que Cuvier chama suas "condições de existência". O organismo não é uma estrutura abstrata que vive no vazio. Ele ocupa um certo espaço onde deve desempenhar todas as funções que a vida exige. Prolonga-se no exterior, pela terra que pisa, pelo ar que respira, pelo alimento que absorve. "Sua esfera, diz Cuvier, se estende além dos limites do próprio corpo vivo". Estabelece-se assim um jogo de interações entre o que vive e o que permite viver. Entre todos os possíveis, o ser vivo deve permanecer nos limites prescritos pelas condições de existência.

Por outro lado, há a organização do corpo. A continuidade não reside mais nas formas e nas estruturas, mas nas funções que devem se coordenar para responder às condições de existência. É por meio das funções que se distribuem as analogias pelo mundo vivo. Reunidas nas espécies superiores, desaparecem uma após a outra quando se observam as formas cada vez mais simples. Na medida em que a harmonia do conjunto é preservada, os agentes de execução, isto é, os órgãos, conservam toda liberdade de variação. Em teoria, cada órgão poderia assim se modificar infinitamente e cada variação se combinar com todas as variações dos outros órgãos para formar um conjunto contínuo. Não é isto que acontece na prática, pois os órgãos não são elementos independentes. Agem uns sobre os outros. Observando-se cada órgão separadamente, vê-se que ele progressivamente

---

212 *Le Règne animal*, t. I, p. 6.

se degrada no mundo vivo. Pode ainda ser reconhecido sob forma de vestígio nas espécies em que não tem mais utilidade, como se a natureza não tivesse querido suprimi-lo. Mas, nos animais, nem todos os órgãos seguem uma mesma ordem de degradação. "De maneira que, querendo-se ordenar as espécies a partir de cada órgão considerado em particular, haveria tantas séries a serem formadas quantos fossem os órgãos reguladores"[213].

Em suma, o que se encontra quando se observa o conjunto do reino animal não é uma série linear que progride de uma extremidade a outra por uma sucessão de intermediários, e sim massas descontínuas, totalmente isoladas umas das outras. Se as mesmas funções sempre são encontradas, elas obedecem a hierarquias diferentes e são executadas por organizações diferentes. Sendo assim, não há um plano único para o conjunto do mundo vivo, mas muitos. "Existem quatro formas principais, quatro planos principais, por assim dizer, a partir de que todos os animais parecem ter sido modelados e cujas divisões posteriores não passam de ligeiras modificações, baseadas no desenvolvimento ou na adição de algumas partes que nada mudam na essência do plano"[214]. Portanto, o mundo vivo é formado por ilhotas isoladas, separadas por fossos irredutíveis. Os cefalópodes, por exemplo, não estão "a caminho de nada". Não podem ser o resultado do desenvolvimento de outros animais e seu próprio desenvolvimento "nada produziu de superior a eles". Vê-se portanto "a natureza dar um salto" de um plano a outro. Entre as suas produções, ela deixa um "hiato manifesto"[215]. E para que a impossibilidade de ligar os grandes grupos de animais por uma série contínua fique bem clara, o termo ramificações lhes é atribuído. Não há nuances entre as duas primeiras ramificações. Moluscos e vertebrados nada têm em comum, nenhuma semelhança, nem pelo número de partes, nem pela organização. É somente no interior de cada grupo, percorrendo cada ramificação, que se podem encontrar séries. Assim mesmo, elas não são lineares. "A Siba e os Cefalópodes são tão complicados que é impossível encontrar algum outro animal susceptível de ser colocado, de maneira razoável, entre eles e os Peixes; e, no interior de sua classe, existe uma série de degradações de um plano comum tão contínuo quanto entre os animais vertebrados, de forma

---

213 *Leçons d'anatomie comparée*, t. I, p. 60.
214 *Le Règne animal*, t. I, p. 57.
215 Cuvier, *Mémoires sur les Céphalopodes,* Paris, 1817, p. 43.

que se pode descer da Siba até a Ostra quase como do Homem à Carpa; mas em nenhuma ramificação desce-se por uma única linha".

Rompe-se assim a cadeia que até então unia o conjunto dos seres vivos, como se toda diferença entre dois organismos vizinhos estivesse sempre preenchida por uma infinidade de intermediários. Não é somente entre os seres e as coisas que se cavou um fosso, mas também entre os grupos de seres. Não se dá mais conta do conjunto do reino animal por uma série única de gradações e de nuances. Não se passa mais de uma extremidade à outra adicionando um pouco de estrutura, um pouco de complexidade, um pouco de perfeição. O que se encontra, por todo o mundo vivo, são as mesmas exigências funcionais. Há sempre necessidade de se alimentar, de respirar, de se reproduzir, quer seja no ar ou na água, no calor ou no frio, na luz ou na escuridão. De agora em diante, a continuidade reside nas funções, não nas formas de desempenhá-las. Para desdobrar os seres, para adaptar sua organização às condições de existência, a natureza procede por saltos. Um animal se concentra em torno de "um núcleo de organização", de um centro que comanda a articulação em profundidade de suas estruturas. Ele se dispõe em massas concêntricas em torno de um núcleo. A partir deste centro se superpõem os órgãos: na profundidade os importantes e os acessórios no exterior. O essencial se encontra assim oculto no mais profundo do organismo, enquanto o secundário se manifesta na superfície. O âmago da organização praticamente não pode variar pois, para modificá-lo, é preciso mudar tudo, é preciso substituir o plano por um outro. Os órgãos secundários, ao contrário, podem variar à vontade, tanto mais livremente quanto menos importantes, portanto mais próximos da superfície, forem. "Quando se chega à superfície, onde a natureza das coisas queria que as partes menos essenciais fossem precisamente colocadas e cuja lesão é a menos perigosa, diz Cuvier[216], o número de variedades torna-se tão considerável que os trabalhos de todos os naturalistas ainda não conseguiram dar uma idéia". Idênticos no centro da organização, os seres de um mesmo grupo afastam-se progressivamente uns dos outros à medida que nos encaminhamos para a periferia. Semelhantes pelo oculto, divergem pelo visível. Nas superfícies encontram-se apenas séries contínuas, produto de numerosas variações. Na profundidade só podem haver mudanças radicais, saltos de um plano para outro.

---

216 *Leçons d'anatomie comparée,* t. I, p. 59.

No começo do século XIX, portanto, transforma-se a maneira como os seres vivos se dispõem no espaço. Não somente o espaço em que se manifesta o conjunto dos seres, dividido em ilhotas independentes. Mas também o espaço em que o próprio organismo se instala, enrolado em torno de um núcleo, formado de camadas sucessivas que se prolongam no exterior e ligam-no a tudo que o circunda. As relações estabelecidas entre as partes de um organismo e as que unem todos os corpos vivos são simultânea e inteiramente redistribuídas.

A célula

No século XIX, a biologia está em condições de estender a análise da organização a um outro nível, mais sutil, da estrutura dos seres. Ao lado do que se pode chamar macroorganização, isto é, o que o zoólogo observa quando, atrás da confusão dos órgãos, procura discernir o plano que coordena as funções, revela-se uma microorganização dos seres vivos. É a estrutura interna dos corpos organizados, sua composição elementar que, para além da diversidade das formas, confere à substância de cada ser uma qualidade específica, uma textura, um conjunto de propriedades de que os corpos inorgânicos estão desprovidos.

Freqüentemente se atribui ao século XVII a descoberta da célula. Mas se a utilização dos primeiros microscópios havia permitido a Robert Hooke, a Malpighi, a Grew, a Leeuwenhoek perceber, nas lâminas de cortiça ou em certos parênquimas, filas de alvéolos batizados de "células" por Hooke, não havia então possibilidade de generalização, nem emprego para as estruturas assim entrevistas. Quando Maupertuis e Buffon tentaram introduzir uma descontinuidade na substância dos seres com a idéia de sua composição elementar, comportaram-se como bons discípulos de Newton. Partículas vivas e moléculas orgânicas representavam apenas o meio de encontrar nos corpos vivos a natureza descontínua da matéria e de ordenar o mundo dos seres como o das coisas, de acordo com a visão da mecânica do século XVIII. Mas para adequar as propriedades dos seres à estrutura da matéria, foi necessário recorrer a moléculas de um tipo especial, exclusivas dos corpos vivos. Em suma, a composição dos seres só se distinguia da composição das coisas pela natureza específica de suas moléculas. Mas, para o século XVIII, o componente elementar dos corpos vivos era a última etapa da análise anatômica, aquilo que se encontrava quando se dissociavam os músculos, os nervos ou os tendões: a fibra. Contudo, na maioria dos órgãos a fibra continuava sendo um ser de razão, um conglomerado de moléculas unidas por uma substância viscosa, o "gluten". Com Haller, só existia um tipo de fibra para compor todos os órgãos. As mesmas fibras se entrecruzavam em uma trama contínua que se prolongava do osso ao tendão, do tendão ao músculo, do músculo ao nervo e ao vaso. A maneira como se dispunham as fibras, a textura da rede que formavam, a quantidade de líquido retido nas malhas davam a um órgão sua dureza ou sua flacidez, sua rigidez ou sua flexibilidade.

Com a biologia do século XIX, a situação muda. Apesar da diversidade de suas formas, os mesmos órgãos desempenham sempre as mesmas funções. No que diz respeito à estrutura interna dos órgãos, não existem mais animais de sangue quente ou de sangue frio, mamíferos ou répteis; existem tendões ou vasos, ossos ou membranas que, desempenhando sempre um papel semelhante, devem necessariamente ser de natureza semelhante. Se se observam diferenças entre o músculo de um pombo e o de uma rã, não é somente porque um pertence a um pássaro e outro a um batráquio. É o resultado de circunstâncias exteriores, do papel desempenhado aqui ou ali, de uma vizinhança diferente. À semelhança das funções deve corresponder uma unidade de estrutura.

Inversamente, com Pinel e Bichat, os diversos órgãos que, em um mesmo ser vivo, têm papéis diferentes não podem ter a mesma composição. "A menor reflexão basta, diz Bichat[217], para conceber que estes órgãos devem diferir não somente pela maneira como está disposta e entrecruzada a fibra que os forma, mas também pela própria natureza desta fibra; que há entre eles tanto diferença de composição quanto de tecido". O que confere a um órgão suas propriedades não é mais somente sua forma: é antes de tudo a natureza, a especificidade do tecido que o constitui. À primeira vista, parece existir nos corpos vivos uma grande diversidade de tecidos. Entretanto, isto é apenas aparência, pois o tecido caracteriza não o órgão, mas o "sistema", nervoso, vascular, muscular, ósseo, ligamentoso, etc. O sistema de certa forma representa o ponto de articulação entre a anatomia e a fisiologia, graças à qualidade do seu tecido. Um corpo vivo é assim preenchido por camadas de tecido, lâminas de membrana que se estendem por muitos órgãos e cortam o espaço do corpo em

---

217 *Traité des membranes,* Paris, ed. 1816, p. 29.

grandes domínios funcionais. O órgão só representa uma região particular de um determinado domínio; ele é a conformação que faz do tecido um setor do sistema. Quaisquer que sejam a localização de um órgão e suas relações de vizinhança, é preciso relacioná-lo tanto com seu sistema, para descobrir seu papel, quanto com seu tecido, para compreender suas qualidades.

Quando se considera não o aspecto exterior dos tecidos, mas sua textura, sua espessura, sua atividade, a diversidade aparente dos tecidos se reduz a um pequeno número de tipos, de dez a vinte e um, segundo os anatomistas. Vê-se "a natureza, diz Bichat[218], sempre uniforme em seus procedimentos, variável somente em seus resultados, avara nos meios que utiliza, pródiga nos efeitos que obtém, modificando de mil maneiras alguns princípios gerais que, diversamente aplicados, dirigem nossa economia e constituem seus inúmeros fenômenos". Classificando as membranas a partir de sua estrutura, suas propriedades, seu papel, encontram-se dois grandes grupos: as membranas simples, "cuja existência isolada só estabelece relações indiretas de organização com as partes vizinhas" e as membranas compostas, que resultam "da reunião de duas ou três precedentes e que une seus caracteres freqüentemente muito diferentes"[219]. Afinal de contas, é nos tecidos que se situam as propriedades vitais e, em sua associação, os atributos do organismo. Cada elemento, cada estrutura é cortada em um tecido como uma roupa é cortada em uma fazenda. Mas, assim como um corpo vivo é constituído pela reunião de órgãos que, desempenhando cada um uma função, concorrem para as propriedades do todo, um órgão é freqüentemente composto pelo emaranhado de muitos tecidos que, desempenhando cada um seu papel, dão à estrutura de conjunto uma série de qualidades. Um pequeno número de tecidos é assim suficiente para assegurar a variedade do mundo vivo. "A química, diz Bichat[220], tem seus corpos simples que formam, pelas diversas combinações de que são susceptíveis, os corpos compostos... Da mesma forma, a anatomia tem seus tecidos simples, que por suas combinações... formam os órgãos".

Com Bichat aparece, portanto, um nível suplementar de organização, um intermediário entre o órgão e a molécula. O tecido constitui a última etapa da análise do anatomista, aquilo a que pode se reduzir um corpo vivo com a ajuda do escalpelo e da tesoura. As

---
218 *Traité des membranes*, p. 28.
219 *Ibid.*, p. 31.
220 *Anatomie générale*, p. 35.

propriedades de um organismo ou de suas partes não são inerentes às moléculas da matéria que o forma. Na verdade elas desaparecem a partir do momento em que as moléculas se dispersam e perdem sua organização. É a articulação destas moléculas formando um tecido que dá ao ser vivo suas qualidades específicas. Os tecidos constituem as matérias-primas destinadas, cama uma delas, à execução de uma função específica. Existem tecidos para cartilagens ou para glândulas, como existem fazendas para camisas ou para casacos. O próprio termo tecido indica a continuidade da estrutura. O que compõe o ser vivo são as lâminas ininterruptas, extensões que se enrolam para formar órgãos, que se ligam, se separam, se envolvem umas nas outras, se prolongam de uma estrutura a outra. A complexidade dos sistemas funcionais é substituída pela simplicidade da combinatória anatômica.

A continuidade do tecido de certa forma corresponde à totalidade do ser vivo, tal como exige a biologia do começo do século XIX. O corpo vivo não se divide infinitamente. Ele não pode mais ser concebido como uma simples associação de elementos, tal como o viam Maupertuis e Buffon. Mesmo quando Oken novamente defende uma composição elementar dos seres, trata-se de unidades não mais autônomas e ligadas, mas fundidas na totalidade do organismo. A nova idéia de Oken, de onde pouco a pouco emergirá a teoria celular, é aproximar o corpo dos grandes animais e o dos seres microscópicos, ver nestes os elementos de que aqueles são constituídos, em suma, conceber o ser vivo complexo como formado pela associação do ser vivo simples. Expostos à morte e à destruição, a carne dos animais e os tecidos vegetais se decompõem em uma infinidade de "infusórios". Cada um destes seres minúsculos parece ser constituído por uma gota de muco, desta mesma substância viscosa que se encontra em todos os seres vivos. Para Oken, os pequenos animais, liberados depois da morte, na realidade são os elementos de que o ser vivo é constituído: dispostos em alvéolos ou em células, formam seus tecidos. Mas para que o animal continue sendo uma totalidade, as células não estão simplesmente aglomeradas como os grãos de um monte de areia". Assim como o oxigênio e o hidrogênio desaparecem na água, diz Oken[221], o mercúrio e o enxofre no cinábrio, produz-se aqui uma verdadeira interpretação, um entrelaçamento e uma unificação de todos os animálculos". Não existe

---

221 Citado em M. Klein, *Histoire des origines de la Théorie céllulaire*, Paris, 1936, p. 19.

portanto incompatibilidade entre a concepção de uma composição elementar dos seres vivos e a de sua totalidade, contanto que se considere um ser como uma integração de unidades e sua decomposição após a morte como uma desintegração. As unidades elementares não podem simplesmente se unir e conservar sua individualidade em um ser complexo. Elas devem se fundir em uma nova individualidade que as transcende. As partes se dissolvem no todo.

As possibilidades de organização dos seres vivos em sua estrutura elementar são portanto transformadas pela atitude da biologia. Para o século XVIII, a idéia de partículas vivas reunidas em um ser organizado por afinidade representava apenas um aspecto da combinatória que constitui cada corpo do universo. As moléculas orgânicas formavam apenas uma categoria particular de moléculas, exclusivas dos seres vivos. Sendo indestrutível, cada uma delas, liberada após a morte, podia sempre entrar em uma nova combinação e reaparecer em um corpo vivo. As propriedades de um organismo representavam então simplesmente a soma das propriedades de cada molécula constituinte. No século XIX, trata-se de algo inteiramente diferente. Interessando-se pela organização do ser vivo e não mais pelas formas dos seres, a biologia pode aproximar os organismos mais complexos dos mais simples. Fazendo do pequeno a unidade elementar do grande, ela procura o divisor comum de todos os seres vivos, por assim dizer, a unidade do animal ou do vegetal. Esta unidade não pode mais ser uma simples molécula, um elemento inerte, um pedaço de matéria. Já é um ser vivo, uma formação complexa capaz de se mover, de se alimentar, de se reproduzir, dotada, em suma, dos principais atributos da vida. Mas um animal e uma planta não correspondem à agitação de uma multidão de pequenos seres independentes. Para considerar um organismo, com sua unidade, sua coordenação, suas regulações, como composto por elementos vivos, é preciso admitir que estes não estão simplesmente reunidos mas integrados. As unidades devem amalgamar-se em uma outra unidade de ordem superior. É necessário que se submetam ao organismo, que abdiquem de toda individualidade diante da individualidade do todo. Só assim o ser indivisível pode se compor de unidades elementares. O organismo não é uma coletividade, mas um monolito.

Só quando se admite a possibilidade de tais relações entre um ser vivo e seus componentes é que adquire sentido o aspecto de células, alvéolos, ninho de abelhas vislumbrado em certos tecidos desde o século XVII. Em alguns anos acumula-se então uma série de observações feitas tanto sobre a composição dos vegetais e dos animais quanto sobre sua reprodução. Pois, como haviam mostrado Maupertuis e Buffon, o estudo da reprodução dos seres não pode ser dissociado do estudo de sua constituição. A importância da teoria celular reside no fato de que ela dá uma solução comum a dois problemas aparentemente distintos: decompondo os seres em células, cada uma delas dotada de todas as propriedades do ser vivo, dá à sua reprodução ao mesmo tempo um significado e um mecanismo.

Esta é precisamente a época em que o poder de resolução do microscópio aumenta, devido ao emprego de lentes acromáticas. Por toda parte se examinam tecidos e por toda parte se vêem vesículas, utrículos, células, mais ou menos compactos, mais ou menos grudados, às vezes separados por meatos. Primeiro nas plantas, pois seu tamanho e sua forma permitem que os tecidos sejam melhor percebidos. Em seguida, nos tecidos dos animais. Mesmo certos seres microscópicos têm o aspecto de uma célula. Em uma ameba, por exemplo, não há órgãos distintos, mas, diz Dujardin[222], uma simples gota de substância "viscosa, diáfana, insolúvel na água, que adere às agulhas de dissecção, que se contrai em massas globulosas e que se deixa esticar como muco". Esta substância, que Dujardin batiza de "sarcode", se chamará "protoplasma" com Purkinje e von Mohl. Procura-se dissociar os tecidos das plantas sob o efeito do calor ou dos ácidos: sempre aparecem as mesmas vesículas, os mesmos glóbulos contidos em uma membrana. Tenta-se impregnar os tecidos com diversas soluções para colorir certas regiões da célula. E pouco a pouco a célula aparece, não mais como umas simples gota de muco, mas como um pequeno edifício em que se distinguem zonas de aspectos variados, cavidades, granulações que um movimento interminável agita. Em todas as células, observa-se particularmente a presença de uma massa única, mais densa, mais sombria, a que Brown dá o nome de "núcleo". Seja qual for sua forma e sua função, seja qual for sua localização no organismo, pertença ela a uma planta ou a um animal, uma célula parece sempre apresentar o mesmo aspecto geral, como se sempre se adequasse a um mesmo plano.

Para o olho armado do microscópio, todo ser vivo acaba assim decompondo-se em uma coleção de unidades justapostas. É a conclusão a que chega a maioria dos histologistas e que Schleiden generaliza para os vegetais e Schwann para os animais, em forma de uma

---

[222] *Recherches sur les organismes inférieurs*, in *Ann. Sc. naturelles*, 1835, 2.ª série, IV, p. 367.

"teoria celular". Mas a teoria celular não se limita a este problema de estrutura. Com Schwann, a posição e o papel da célula de certa forma se modificam. A célula não constitui mais somente a última etapa da análise dos seres vivos. Ela torna-se ao mesmo tempo a unidade do ser vivo, isto é, a individualidade que detém todas as propriedades, e o ponto de partida de todo o organismo. "As partes elementares dos tecidos, diz Schwann[223], são formadas por células de modalidades semelhantes, se bem que muito diversificadas; de modo que se pode dizer que existe um princípio universal de desenvolvimento para as partes elementares dos organismos e que este princípio e a formação das células". Já não é tão importante que em todos os tecidos se encontrem células ou mesmo que todos os organismos sejam constituídos por células; o importante é que a célula possui todos os atributos do ser vivo e que é a origem necessária de todo corpo organizado.

Deste modo, a teoria celular faz uma primeira grande objeção ao vitalismo que havia presidido à fundação da biologia e rejeita uma de suas exigências fundamentais. Pois, para distinguir o vivo do inanimado, havia sido necessário ver em cada ser uma totalidade indivisível. Para os zoólogos, para os anatomistas ou para os químicos, a vida devia residir no organismo considerado em sua totalidade, e não em tal órgão, tal parte ou tal molécula. Não podendo se reduzir a elementos de ordem simples, a vida permanecia inacessível à análise e além de qualquer interpretação. Daí a exigência de que, na estrutura íntima dos seres, houvesse uma continuidade, em que se baseava, para Bichat, a textura dos tecidos e, para Oken, a fusão das células em uma "massa infusória" onde submergia a individualidade de cada elemento. São precisamente estas idéias de totalidade e de continuidade que Schwann contesta considerando não mais a composição elementar dos seres vivos, mas as causas que regem duas de suas principais propriedades: a nutrição e o crescimento. Adotando-se o ponto de vista vitalista, é preciso situar as causas destes dois fenômenos no conjunto do organismo. Pela combinação das moléculas em um todo, como se encontra o organismo em cada etapa de seu desenvolvimento, produz-se uma força que dá ao ser a capacidade de extrair dos materiais ao seu redor os componentes necessários para

---

223 *Microcopische Untersuchungen über die Uebereinstimmung in der Struktur und dem Wachsthum der Thiere und Pflanzen*, 1839, trad. ingl., Sydenham Soc., reimp. *in General Biology*, 1966, t. I, p. 161.

o crescimento de todas as suas partes. Nenhuma destas, considerada isoladamente, detém os poderes de se alimentar e de crescer. Mas pode-se também considerar que, em cada célula, as moléculas são articuladas de forma a permitir que a célula atraia outras moléculas e cresça por si mesma. As propriedades do vivo não podem mais ser atribuídas ao todo, mas a cada parte, a cada célula, que de certa forma possui uma "vida independente".

Para Schwann, todas as observações feitas a respeito das plantas ou dos animais justificam este segundo tipo de visão. O que é o ovo dos animais senão uma célula capaz de crescer e de se multiplicar por si mesma? E, mais especificamente, o ovo das fêmeas que se reproduzem por partenogênese, visto que em tal caso não se pode evocar nenhuma força misteriosa que provocaria a fecundação? O que é uma espora que dá origem a certos vegetais inferiores? E, em certas plantas, não se pode retirar fragmentos sem que os pedaços percam por isso o poder de se multiplicar fora do organismo? Não há portanto nenhuma razão para dotar somente a planta considerada em seu conjunto de propriedades particulares. "A causa da nutrição e do crescimento, conclui Schwann[224], reside não na totalidade do organismo, mas em suas partes elementares, as células".

Assim, a decomposição do organismo em suas unidades elementares não elimina o poder de alimentar-se, de crescer e de se multiplicar. A especificidade do vivo não é o apanágio do organismo em sua totalidade. "Cada célula, diz Schleiden[225], leva uma vida dupla: uma autônoma, com seu desenvolvimento próprio; outra dependente, por ter-se tornado parte integrante de uma planta". O organismo não pode mais ser considerado como uma estrutura monolítica, uma espécie de autocracia cujos poderes escapam aos indivíduos que ela administra. Torna-se um "estado celular", uma coletividade em que, diz Schwann, "cada célula é um cidadão". Apesar de construídas segundo um mesmo plano, as diferentes células de um organismo adquirem tipos diferentes e cumprem funções diversas de acordo com os diferentes tecidos; cada tipo executa alguma missão em benefício da comunidade. Na coletividade celular, existe repartição das tarefas e divisão do trabalho. A existência de um ser decorre então da coope-

---
224 *Microscopische Untersuchen,* trad. ingl. reimp. em *Great Experiments in Biology,* Englewood Cliffs, 1955, p. 15.
225 *Beiträge zur Phytogenesis,* Muller's Archiv, 1838, p. 1.

ração de suas partes. Se o organismo determina as condições de sua própria existência, ele não é sua causa.

É portanto à célula que é preciso atribuir as propriedades do ser vivo. Não necessariamente em virtude de alguma força misteriosa a serviço de uma *Psyché*, mas graças a uma articulação específica das moléculas que permite à célula efetuar certas reações químicas. "Estes fenômenos, diz Schwann[226], podem ser classificados em dois grupos naturais: em primeiro lugar, os fenômenos relativos à combinação das moléculas para formar uma célula e que podem ser chamados fenômenos *plásticos* das células; em segundo lugar, os decorrentes das mudanças químicas, que ocorrem tanto nas partículas que compõem a própria célula quanto no citoplasma circundante e que se deve chamar fenômenos *metabólicos*". A célula pode ser considerada como um indivíduo separado do resto do mundo por sua membrana. Mas se é a membrana que isola a célula, também é ela que lhe permite entrar em relação com sua vizinhança, dela extrair seu alimento e eliminar os dejetos. Para explicar a capacidade que tem uma membrana de distinguir entre o conteúdo da célula e o que a circunda, é preciso atribuir-lhe qualidades específicas. É preciso atribuir-lhes, diz Schwann[227], "não somente o poder de modificar quimicamente as substâncias com que entra em contato, mas também de separá-las, de modo que certas substâncias aparecem no interior e outras no exterior da membrana. A secreção de substâncias já presentes no sangue, como a uréia, pelas células existentes no rim, não poderia ser explicada se as células não tivessem essa faculdade'. Para Schwann, não há aí nada que exija a intervenção de uma força misteriosa. Sabe-se que a corrente elétrica provoca a decomposição de certas substâncias e a separação dos componentes. Por que as propriedades das membramas não decorreriam da posição dos átomos que as constituem? Inútil invocar uma intenção ou uma força vital. Para falar dos fenômenos orgânicos, basta utilizar forças que, como as da física, agem segundo "as leis estritas de uma necessidade cega"[228].

O segundo aspecto da teoria celular refere-se à produção das células e dos organismos. Não se trata mais aqui de composição e de estrutura, mas de origem. Cada um pode ver uma célula se dividir e produzir duas, como Siebold vê como se dividem e se multiplicam os

---

[226] *Great Experiments in Biology*, p. 16.
[227] *Ibid.*, p. 16-17.
[228] *Ibid.*, p. 14.

protistas, estes seres constituídos de uma única célula. O organismo compara-se portanto a uma colônia de protistas e é por uma série de divisões celulares que o corpo de um animal se constrói a partir de um ovo. Mas para Schleiden e para Schwann, se uma população de células se multiplica dividindo-se, cada célula não nasce necessariamente de uma outra célula. Em certas condições, as células também podem se formar por uma espécie de geração espontânea, a partir de um "blastema primitivo". É somente com Virchow[229] que desaparece a possibilidade de uma célula nascer de algum magma orgânico. "Onde aparece uma célula deve ter existido anteriormente uma outra célula, assim como um animal só pode se originar de um animal e uma planta de uma planta". A continuidade das formas e das propriedades que se observa pelas gerações não se aplica somente aos animais e aos vegetais, mas também às unidades que os constituem. A teoria celular assume então sua forma definitiva, resumida pela frase de Virchow[230]: "Todo animal aparece como a soma de unidades vitais, cada uma delas trazendo em si todos os caracteres da vida".

Com a teoria celular, a composição dos seres e suas propriedades não mais se baseiam nas exigências de algum sistema, mas em objetos evidenciados pela observação. Finalmente, a análise chegou a dar um conteúdo à necessidade lógica de uma combinatória já buscada por Maupertuis e Buffon. Seja qual for a natureza de um ser, trate-se de um animal, de uma planta ou de um ser microscópico, ele sempre é construído pelas mesmas unidades elementares. É a articulação das células, seu número e suas propriedades que conferem ao organismo sua forma e suas qualidades. Mas se a célula já representa um grau elevado de complexidade, a estrutura dos corpos é sempre constituída a partir de um mesmo princípio, tanto no mundo vivo como no mundo inanimado. Com a célula, a biologia encontrou seu átomo. Não há nenhum aspecto do estudo dos seres vivos que não tenha sido transformado pela teoria. Para determinar as características do ser vivo, é preciso de agora em diante estudar a célula, analisar sua estrutura e procurar, entre os diversos tipos, o que é comum, portanto necessário, à vida celular ou, ao contrário, diferente, portanto próprio para realizar determinadas funções.

O que é mais profundamente alterado pela teoria celular é o estudo da reprodução dos seres vivos. Até então a biologia do século

---

229 *Die Cellularpathologie in ihrer Bergründung auf physiologische und pathologische Gewebelehre,* Berlim, 1858, p. 25.
230 *Ibid.*, p. 12.

XIX havia se limitado a continuar a análise realizada no século precedente. Pouco a pouco, o aperfeiçoamento do microscópio e o rigor crescente das observações acabaram por colocar um ponto final no velho debate sobre a pré-formação e a epigênese. Filtrando o líquido espermático do macho, Prévost e o químico J.-B. Dumas haviam estabelecido de uma vez por todas a necessidade dos animálculos, dos "zoospermas", para a fecundação. O ovo da fêmea fora reconhecido como sendo não o folículo observado no ovário por de Graaf, mas uma massa esbranquiçada descoberta no interior deste folículo por von Baer. Quanto ao desenvolvimento do embrião, após a fecundação, ele é objeto de observações sistemáticas. São encontrados então com mais detalhes os fenômenos já descritos por C. F. Wolff quase um século antes. O que von Baer vê após a fecundação do ovo não é o crescimento de um pequeno ser pré-formado, mas uma sucessão de acontecimentos complexos de onde pouco a pouco emergem as formas e as estruturas do futuro adulto. O ovo de início é apenas um tipo de bola pequena que "se segmenta" em dois, depois em quatro, depois em um grande número de alvéolos reunidos. Progressivamente se formam dobras, "folhas", que escorregam umas sobre as outras, que se enrolam, se deformam, produzem protuberâncias para dar origem aos órgãos. "O desenvolvimento do vertebrado, diz von Baer[231], consiste na formação, no plano médio, de quatro folhas, sendo que duas estão acima do eixo e duas abaixo. Durante esta evolução, o germe se subdivide em camadas, o que tem como efeito a divisão dos tubos primordiais em massas secundárias. Estes últimos, incluídos nos outros, são os órgãos fundamentais que têm a faculdade de formar todos os outros órgãos". Em uma determinada espécie, o desenvolvimento do embrião sempre se produz da mesma forma, segundo uma ordem no tempo e no espaço, como se ele obedecesse a um certo plano. Existe primeiramente um aperfeiçoamento contínuo do corpo animal por uma diferenciação histológica e morfológica crescente. Depois, as formas que pouco a pouco haviam se esboçado se aprimoram, se delineiam como estruturas mais especializadas.

Quando se consideram espécies vizinhas, no interior de uma mesma família, encontram-se semelhanças notáveis no desenvolvimento. É o que von Baer[232] chama lei das semelhanças embrionárias. "Possuo,

---

231 Citado em E. Haeckel, *Anthropogénie*, trad. franç., Paris, 1877, p. 165.
232 Citado em Darwin, *L'Origine des espèces*, trad. franç., Paris, 1873, p. 462.

conservados no álcool, dois pequenos embriões sem o nome anotado e atualmente não me seria possível dizer a que classe pertencem. São talvez lagartos, pequenos pássaros ou mamíferos muito jovens, pois é grande a similitude do modo de formação da cabeça e do tronco nestes animais. As extremidades destes embriões não estão ainda formadas; mas mesmo se o estivessem, no primeiro estágio de seu desenvolvimento, tampouco o saberíamos, pois as patas dos lagartos e dos mamíferos, as asas e as patas dos pássaros, assim como as mãos e os pés do homem derivam todos da mesma forma fundamental". O mesmo ocorre com as larvas em forma de vermes que existem nas borboletas, nas moscas e nos coleópteros: as larvas freqüentemente se assemelham mais entre si que os insetos perfeitos.

A embriologia, analisando o desenvolvimento nas espécies mais variadas, encontra a descontinuidade do mundo vivo que a anatomia comparada já havia observado. Comparando a segmentação do ovo, o movimento das folhas, a ordem de aparição dos diferentes órgãos, von Baer não obtém uma série contínua de mudanças no reino animal, mas grupos, "tipos" de desenvolvimento. Na realidade, observa quatro tipos principais que correspondem às quatro ramificações de Cuvier. De um grupo a outro, o desenvolvimento do embrião difere radicalmente, enquanto que no interior de um mesmo grupo manifestam-se fenômenos semelhantes. Ainda neste caso, as imposições da organização limitam as possibilidades de variação, não somente no espaço mas também no tempo. São as operações mais importantes, mais centrais, mais profundas que se realizam primeiro. "Os traços mais gerais de um grande grupo, diz von Baer, aparecem no embrião antes dos traços mais específicos. As estruturas menos gerais nascem das mais gerais, até que, finalmente, apareçam as mais específicas". Antes do pássaro, reconhece-se no embrião em primeiro lugar o vertebrado. Parece existir uma história dos embriões, como se, para constituir um fundo comum de organização no interior de um mesmo grupo, todos os seus membros percorressem o mesmo caminho, os menos perfeitos parando antes dos mais perfeitos.

Assim, o ovo não representa mais uma estrutura rígida de onde surge uma forma já preparada. É a origem de um sistema onde se realiza uma série de reajustes sucessivos, em que cada etapa traz em si a possibilidade da seguinte. Em seu desenvolvimento embrionário, o ser vivo aparece como tendo sido formado por uma sucessão de acontecimentos que se engendram uns aos outros, como se a organização se expandisse ao mesmo tempo no espaço e no tempo. Não somente o tempo do desenvolvimento individual, que dá ritmo ao deslocamento das folhas e ao aparecimento dos órgãos, mas também um tempo mais longínquo, mais obscuro, mais profundo, que parece delinear o surgimento deu m novo tipo de relação entre certos seres vivos.

O estudo das anomalias do desenvolvimento adquire então uma nova importância. Pois, com Broussais, apareceu um novo modo de análise dos seres vivos. A experimentação em fisiologia consiste, na maioria das vezes, em modificar o estado natural de um organismo com o objetivo de perturbar os fenômenos desta ou daquela função. Ora, o mesmo resultado pode ser alcançado pela observação de certos estados patológicos. O que é uma doença, senão o exagero ou a deficiência de certos processos que ocorrem no animal em boa saúde? Em muitos casos, que experiência poderia realizar o desvio do normal com tal precisão, com tal seletividade? Se o conhecimento do estado fisiológico é, evidentemente, necessário para uma interpretação dos estados patológicos, em compensação o estudo do patológico constitui um instrumento precioso na análise do funcionamento dos seres vivos.

Os monstros mudam então de estatuto. Não se pode mais atribuir a sua formação à cólera divina, à punição de uma falta secreta, a alguma represália contra um ato ou um pensamento não natural. Estes seres à margem da ordem não podem mais ter sido preparados desde sempre e esperado, entre os outros, por sua vez de ver o dia. É durante o desenvolvimento embrionário que surgem as deformidades, em conseqüência de algum traumatismo do embrião. Se os ovos de galinha forem violentamente agitados durante o período de incubação, o resultado será pintos afetados de todo tipo de anomalias. Até então, o monstro, diz Etienne Geoffrey Saint-Hilaire[233], representava "a Organização que, cansada de ter produzido laboriosamente durante muito tempo, procura descansar nos dias saturnais abandonando-se a caprichos". A partir de então, torna-se um "ser ferido durante a vida fetal". A monstruosidade é apenas o resultado de lesões causadas ao embrião, de falhas na sucessão de acontecimentos que formam o animal, de erros na execução do plano. Fala-se de anomalias, de irregularidades, de vícios de conformação que decorrem seja de uma interrupção do desenvolvimento, seja de seu atraso. A idéia de seres bizarros, de produtos de "criações sem Deus", como dizia Chateau-

---

[233] *Philosophie anatomique*, II: *Des monstruosités humaines*, Paris, 1822, p. 539.

briand, é substituída pela de seres entravados em seu desenvolvimento, em que os órgãos se conservam, até o nascimento, em estado embrionário. Pois as próprias deformidades não parecem acontecer por acaso. Atingem certas regiões do corpo com maior freqüência para modificar sua estrutura, como se a evolução das formas tivesse simplesmente sido desviada. Há um rigor na anomalia. "A monstruosidade não é mais uma desordem cega, diz Isidore Geoffroy Saint-Hilaire[234], mas uma outra ordem, igualmente regular, igualmente submetida a leis: é a mistura de uma ordem antiga e de uma ordem nova, a presença simultânea de dois estados que comumente se sucedem". Nem tudo é possível no monstruoso. As deformidades que se observam se adequam a certos tipos. Pode-se classificar o monstruoso, assim como o normal. As anomalias obedecem a certas regras de coordenação, de correlação, de subordinação. Certas anomalias podem se transmitir por hereditariedade, mas a maior parte delas decorre de traumatismos sofridos pelo embrião durante a vida fetal. A teratologia, o estudo dos monstros, fornecerá à biologia um de seus principais instrumentos de análise.

Assim, com o desenvolvimento do embrião, com a sucessão das etapas vislumbradas no ovo, se está longe das velhas teorias que ainda reinavam no começo do século. Mas estas imagens de desenvolvimento, estas figuras vislumbradas no ovo só podem ser interpretadas se forem comparadas às das células percebidas nos tecidos. Pois se as observações feitas sobre a reprodução e o desenvolvimento do embrião dão sua contribuição ao estabelecimento da teoria celular, em contrapartida é esta que dá um conteúdo aos mais diversos aspectos da geração. Afinal de contas, assim como o ovo, o "zoosperma" é apenas uma célula, apesar de singular pela forma e pela função. Portanto, a fecundação é a fusão de duas células, uma proveniente do pai, outra da mãe. A segmentação e a formação das folhas que se distinguem no microscópio é o resultado da divisão celular e da diferenciação progressiva das células que se preparam para realizar funções distintas, que se dispõem de maneira a constituir os órgãos. Chega-se assim à conclusão, diz Remak[235], "de que todas as células ou seus equivalentes no organismo adulto se formaram pela segmentação progressiva da célula-ovo em elementos morfologicamente similares; e que as células que formam o esboço de qualquer parte ou órgão do

---

[234] *Histoire des anomalies de l'organisation*, Paris, 1832, t. I, p. 18.
[235] *Untersuchen über die Entwicklung der Wirbelthiere*, Berlim, 1850, p. 140.

embrião, ainda que pouco numerosas, constituem a única origem de todos os elementos figurados (isto é, as células) que constituem o órgão já desenvolvido".

A formação de um ser vivo é portanto uma re-produção, uma construção que se renova a cada nascimento, geração após geração. Mas se esta produção não se faz pelo crescimento de um pequeno ser pré-formado, ela também não corresponde a uma epigênese total, à organização súbita de uma matéria até então bruta. Os corpos organizados, diz von Baer[236], não são "nem pré-formados nem, como se supõe com freqüência, formados repentinamente em um dado momento a partir de uma massa informe". Na origem de todo ser vivo, há sempre uma destas unidades que compõem o vivo, uma gota de protoplasma fechada em seu invólucro, isto é, uma arquitetura que já possui todos os atributos do vivo. Há muitas maneiras de se reproduzir, conforme os organismos: por cissiparidade, como os protistas; por partenogênese, a partir de um só óvulo materno, como certos pulgões; ou ainda pela fusão de duas células germinais procedentes uma do pai e outra da mãe, como a maioria dos animais e das plantas. Mas seja qual for o modo de reprodução, é sempre a partir de um fragmento de organismo que se forma um organismo. A vida se transmite por uma parcela dos pais que se separa deles para crescer e multiplicar independentemente, reproduzir uma organização semelhante àquela de que fazia parte e adquirir sua autonomia. Não há uma ruptura total entre uma geração e a seguinte, mas a persistência de um elemento, de uma célula que se desenvolve progressivamente para formar um organismo. "Na série das formas vivas, diz Virchow[237], tratem-se de organismos completos, animais ou vegetais, ou de suas partes constituintes, existe uma lei eterna de desenvolvimento contínuo". A vida nasce da vida e somente dela. A formação de um ser por um outro representa sempre uma proliferação de células, um tipo de germinação. O filho é apenas uma excrescência dos pais. É a célula que assegura a continuidade do vivo.

Na origem de todo organismo, há portanto uma unidade extraída da geração precedente. Esta unidade se divide pela segmentação e as células assim formadas se diferenciam para executar funções diferentes, associam-se em tecidos e em órgãos, constituem estruturas de

---

[236] Citado em E. B. Wilson, *The Cell in Development and Heredity*, 1925, p. 1.035.
[237] *Cellularpathologie*, p. 25.

onde pouco a pouco emerge a arquitetura do animal ou da planta. Cada organismo constitui um clone, uma associação de tipos celulares variados mas provenientes da mesma célula inicial, o ovo. É o número das células, a variedade dos tipos e sua articulação que determinam a forma e as propriedades de um organismo. É pela combinatória das células que é assegurada a diversidade do mundo vivo. Mas quando uma célula se separa de um ser para que um outro se forme, este sempre se elabora à imagem do outro. De uma geração a outra, repetem-se sem falhas todos os processos de desenvolvimento, de divisão celular, de diferenciação, pelos quais sempre surge da célula-ovo a mesma estrutura, o mesmo sistema. O plano de organização revelado pela anatomia comparada pressupõe um plano de desenvolvimento que dirige a multiplicação das células no ovo, sua diferenciação, sua articulação. Se o plano é adequado, se ele é executado de acordo com as regras, o filho constitui-se normalmente à imagem dos pais. Se ele é defeituoso ou mal executado, aparecem deformidades. A biologia se defronta assim com o problema já vislumbrado por Maupertuis e Buffon: a reprodução de uma organização constituída pela reunião de unidades elementares exige a transmissão de uma "memória" de uma geração para outra. Para a primeira metade do século XIX, só existe o "movimento vital" para desempenhar o papel de memória e assegurar a fidelidade da reprodução. Mas sejam quais forem o nome e a natureza das forças pelas quais a organização dos pais é encontrada no filho, é na célula que de agora em diante é preciso situá-las.

*

Com a substituição da estrutura visível pela organização como objeto de análise, introduz-se no estudo dos seres vivos um sistema de referência para os dados imediatos da percepção. Se para o século XIX a organização identifica-se com a vida, é porque ela constitui um centro de articulação entre três variáveis intimamente dependentes umas das outras: a estrutura, a função e o que, segundo Auguste Comte, chama-se "o meio". Só existe vivo na medida em que os valores destes três parâmetros estão em harmonia. Qualquer variação de um influencia o conjunto do organismo, que reage modificando os outros. Em um determinado meio, diz Comte[238], "estando dado o

---

238 *Cours de philosophie positive; Œuvres,* Paris, 1838, t. III, p. 237.

órgão, encontrar a função e reciprocamente". De agora em diante, a análise do funcionamento e das propriedades dos sistemas vivos se baseará nesta interação. Fazer biologia consiste em estudar as variações que se produzem em certos parâmetros em resposta à mudança, natural ou provocada, de um outro. A partir de então, todos os esforços, a engenhosidade e o procedimento dos biólogos têm como objetivo encontrar o meio de isolar uma das variáveis, inventar uma técnica para perturbá-la de forma calculada, medir os efeitos sobre as outras. Desde então, todos os problemas em biologia têm ao menos três dimensões.

Com a articulação entre estrutura, função e meio, a maneira como os seres estão dispostos no espaço é inteiramente modificada. Modificação primeiramente no espaço em que se distribui o conjunto do mundo vivo, pois em matéria de organização não são mais possíveis todas as combinações de elementos. Só podem viver as articulações que satisfazem às condições de existência. Só podem se reproduzir os que são adaptados ao meio. Em vez de uma cadeia ininterrupta de uma extremidade à outra do mundo vivo, só se encontram então alguns grandes tipos de organização, algumas massas isoladas umas das outras. A continuidade do vivo não é horizontal no conjunto dos seres, mas vertical na sucessão das gerações que a reprodução une.

Modificação em seguida no espaço em que se manifesta o ser vivo pois, nas raras combinações possíveis, os órgãos não se associam por acaso, mas se dispõem segundo um plano preciso. Os órgãos essenciais estão ocultos na profundidade do organismo. Os acessórios se manifestam na superfície. O importante, aquilo que está na base da vida e não pode mudar sem conseqüências dramáticas para a existência do animal não tem nenhuma relação com o meio ambiente; está protegido contra qualquer influência exterior. O secundário, ao contrário, está em contato direto com o meio; sofre todas as suas ações. Como pode variar — senão com inteira liberdade, ao menos com grande margem — ele é a sede de todas as interações entre o organismo e seu meio. É na superfície, neste invólucro que ao mesmo tempo separa e une o organismo e seu meio, que podem se exercer, mais ou menos diretamente, mais ou menos duravelmente, as influências externas sobre o ser vivo.

Modificação também no espaço que ocupa a própria substância dos seres vivos, pois estes sempre se compõem de células. A natureza discreta das articulações celulares substitui a continuidade da fibra ou do tecido. No lugar de tramas solidamente tecidas, de camadas rigorosamente superpostas, os corpos vivos tornam-se reuniões de elementos, conglomerados de unidades. Com a teoria celular, a biologia repousa sobre um novo solo, pois a unidade do mundo vivo se baseia não mais na essência dos seres mas na comunidade de materiais, de composição, de reprodução. A qualidade específica do vivo remete à sua organização elementar. Mas, ao mesmo tempo, a teoria celular aproxima o mundo vivo do mundo inanimado, pois os dois são construídos a partir do mesmo princípio: a diversidade e a complexidade são o resultado da combinatória do simples. A célula torna-se um "centro de crescimento", assim como o átomo representa um "centro de forças".

Finalmente, modificação no espaço que liga as gerações sucessivas, na medida em que a organização não está mais totalmente acabada nas sementes, mas elabora-se pouco a pouco a partir de uma simples célula separada do corpo dos genitores. Durante o desenvolvimento embrionário, o crescimento do ovo engendra uma seqüência de organizações diferentes, sendo que só a última corresponde à do adulto. A reprodução se baseia então não mais na persistência de estruturas dadas de uma vez por todas, mas em ciclos de organizações sucessivas que ligam o ovo à galinha assim como a galinha ao ovo.

Ao espaço assim modificado articula-se o tempo. No século XIX, quando se trata da organização de certos elementos e não mais de sua simples associação, o problema de sua gênese não se coloca mais nos mesmos termos. O que liga as organizações entre si não é a vizinhança no espaço pela acumulação de elementos idênticos ou semelhantes; é a sucessão no tempo, pela qual se estabelecem relações entre estes elementos. Se dois sistemas organizados apresentam alguma analogia, é porque passaram por uma etapa comum na série das sucessões. À idéia de organização liga-se indissoluvelmente a de sua história. Mas a história de um sistema organizado não é mais simplesmente a série dos acontecimentos com que o sistema esteve associado. Passa a ser a série de transformações através das quais o sistema progressivamente se constituiu. Não é mais necessário assegurar a permanência de uma estrutura primária de geração em geração, pois as mesmas organizações podem derivar umas das outras por uma série de remanejamentos sucessivos, isto é, por uma mesma "evolução". Com efeito, há uma correlação entre o espaço e o tempo durante o desenvolvimento embrionário. Assim como não se distribuem ao acaso no indivíduo, os órgãos não se formam em qualquer ordem. Os mais importantes são ao mesmo tempo aqueles situados mais profundamente no âmago da organização, os que menos podem se modificar e os que primeiro se formam. Os acessórios, ao contrário, estão todos na superfície, variam facilmente e se formam por último. Ao plano de organização no espaço corresponde assim um plano de formação no tempo. A série de transformações que constitui a ontogênese esboça assim uma nova relação entre as espécies de um mesmo grupo, pois em todos os embriões do grupo aparecem primeiro os mesmos órgãos importantes e ocultos, como para constituir um mesmo fundo de organização. Só depois os embriões do grupo diferem, como se, tendo começado a percorrer um mesmo caminho, as diferentes espécies parassem em pontos diferentes, as mais perfeitas continuando por mais tempo para completar os detalhes de superfície. Atrás do tempo da ontogênese distingue-se confusamente um outro tempo, mais recuado, mais poderoso, pelo qual um feixe de relações entre os seres vivos parece se delinear. Torna-se então possível uma teoria da evolução.

CAPÍTULO 3

O tempo

O TEMPO HOJE REPRESENTA para o biólogo muito mais que um simples parâmetro da física. Ele é indissociável da própria gênese do mundo vivo e de sua evolução. Não se encontra na Terra organismo algum, mesmo o mais insignificante, o mais rudimentar, que não seja a extremidade de uma série de seres que viveram durante os dois últimos bilhões de anos ou mais; animal, planta, micróbio algum que não seja um simples elo em uma cadeia de formas mutáveis. Todo ser vivo é inevitavelmente a extremidade de uma história, que não é apenas a sucessão dos acontecimentos a que seus ancestrais estão ligados, mas também a sucessão das transformações pelas quais este organismo progressivamente foi elaborado. À idéia de tempo estão indissoluvelmente ligadas as de origem, continuidade, instabilidade e contingência. Origem, porque se considera o aparecimento da vida como um acontecimento que ocorreu uma vez ou muito raramente desde a formação da Terra: todos os seres que vivem atualmente descendem portanto de um único e mesmo ancestral ou de um número muito pequeno de formas primitivas. Continuidade porque, desde o aparecimento do primeiro organismo, considera-se que o vivo só pode nascer do vivo: portanto, deve-se unicamente às reproduções sucessivas a Terra estar hoje povoada de organismos diversos. Instabilidade porque, se a fidelidade da reprodução conduz quase sempre à formação do idêntico, também pode, rara mas certamente, dar origem ao diferente: esta pequena margem de flexibilidade basta para assegurar a variação necessária à evolução. Contingência, finalmente, porque não se descobre nenhuma espécie de intenção na natureza, nenhuma ação organizada do meio sobre a hereditariedade, capaz de orientar a variação em um sentido premeditado: não há portanto nenhuma necessidade *a priori* para a existência de um mundo vivo tal como é hoje. Todo organismo, qualquer que seja, encontra-se assim indissoluvelmente ligado não somente ao espaço que o circunda, mas também ao tempo que o conduziu ao que é hoje e que lhe confere como que uma quarta dimensão.

O estado atual do mundo vivo justifica-se hoje pela evolução. Mas o papel atribuído ao passado é necessariamente conseqüência da maneira como se considera e interpreta o presente. Na verdade, a importância e a ação que uma época está em condições de atribuir ao tempo dependem da representação das coisas e dos seres que esta época se faz, das relações que descobre entre eles, do espaço onde os situa. Não é exagero dizer que, até o século XVIII, os seres vivos não têm história. A geração de um ser sempre corresponde a uma criação, seja ela um ato isolado que exige a intervenção concomitante de alguma força divina ou tenha sido realizada em série simultaneamente com a de todos os seres que surgirão. Mesmo quando a espécie passa a ser definida com mais rigor, ela é considerada como um quadro fixo em que os indivíduos se sucedem. Através de gerações sucessivas, são sempre as mesmas figuras que se encontram nos mesmos lugares. O quadro permanece imutável, perpetuamente idêntico a si mesmo. Que história pode ter um ser pré-formado esperando nas ilhargas de seus ancestrais sucessivos a hora de aparecer?

Os cataclismos

Durante o século XVIII, o tempo penetra no mundo vivo. Primeiro porque a idéia de reprodução dá aos seres um passado: esta cadeia descendente formada pelos pais, avós e por toda a monótona filiação pela qual a espécie se perpetua. Mas também e principalmente porque, com os textos de Burnet, de Woodward, de Benoît de Maillet e sobretudo de Buffon, revela-se a existência de uma série de cataclismos que modificaram profundamente o mundo onde vivem os seres. A Terra não é mais imutável desde a criação: subitamente ela passa a ter história, idade, épocas. No século XVIII, a sucessão das gerações ainda representa apenas uma fastidiosa série de produções idênticas, uma linha sem mudanças bruscas e sem choques. A história da Terra, ao contrário, aparece como uma sucessão de catástrofes, uma enxurrada de transformações distribuídas por longos períodos. Não se adequa mais às narrativas da Bíblia onde, desde a Gênese, a calma só foi perturbada pelo Dilúvio. A cronologia das gerações assinala o tempo próprio dos seres vivos; constitui, por assim dizer, seu tempo intrínseco. Em compensação, o tempo que os cataclismos da Terra impõem ao mundo vivo permanece exterior aos próprios seres. Estes só são atingidos secundariamente, na medida em que as vicissitudes da Terra perturbam seu *habitat*, seu clima, sua alimentação. O principal efeito dos cataclismos foi o resfriamento progressivo da superfície terrestre, inicialmente incandescente; coberta por uma espécie de oceano universal, a crosta terrestre se enrugou, inchou, continentes emergiram, montanhas se elevaram; depois, certas terras sucumbiram e novos mares surgiram. Foi assim que os climas mudaram: de início uniformemente quentes, resfriaram-se aqui, temperaram-se ali. Todos estes acontecimentos repercutiram no mundo vivo, modificando não os próprios seres vivos, mas sua distribuição na superfície do globo. Os vestígios deixados pelos fósseis dão testemunho de sua identidade com os organismos que vivem atualmente. "No interior das terras, diz Buffon[239], no cume dos montes e nos locais mais profundos do mar, encontram-se conchas, esqueletos de peixes do mar, plantas marinhas, etc., que são totalmente idênticos às conchas, aos peixes e às plantas que vivem atualmente no mar e que, na verdade, são absolutamente os mesmos... Não se pode duvidar de sua perfeita semelhança nem da identidade de suas espécies". Dispersas pelo resfriamento da Terra, estas espécies que se desenvolveram no calor tiveram que fugir e reagrupar-se na única zona ainda hoje temperada. As regiões que se tornaram frias pouco a pouco se cobriram de organismos desconhecidos em outros lugares. E assim muitas espécies desapareceram. Afinal de contas, é graças às desigualdades da crosta terrestre, à variedade dos climas, à distribuição dos oceanos e dos continentes que se conservam as formas vivas que se encontram hoje sobre a Terra. Sem esta diversidade geográfica, a vegetação que vemos, a riqueza que encontramos nos campos e nas florestas não existiriam. "Um triste mar cobriria o globo inteiro, diz Buffon[240], e de todos os atributos da Terra só lhe restaria o de ser um

---

239 *Théorie de la terre; Œuvres complètes*, in-16, t. I, p. 109-111.
240 *Ibid.*, t. II, p. 2.

pianeta escuro, abandonado e destinado no máximo a servir de moradia aos peixes".

Até então, a imobilidade e a rigidez do mundo vivo não eram questionadas. Não era concebível que o quadro constituído pela série das formas vivas pudesse algum dia ter sido diferente do que é hoje. Quando se atribui à Terra uma história bastante movimentada, ocorre uma espécie de oscilação, de estremecimento sob o mundo vivo. O solo sobre que este repousa começa a se mexer. Mas, em relação os seres organizados, talvez nem tudo seja imutável, talvez as espécies possam mudar e os seres se transformar ao longo do tempo. Freqüentemente se atribui ao século XVIII a criação do pensamento transformista. Ao fixismo personificado por Lineu, opõe-se uma corrente evolucionista que englobaria tanto Benoît de Maillet, Robinet, Charles Bonnet e Diderot quanto Buffon e Maupertuis. Durante toda a segunda metade do século XVIII, esta tendência evolucionista teria se desenvolvido, tendência que o século seguinte teria apenas precisado e explorado. Mas é importante então saber a significação que se quer dar às palavras transformismo e evolução. Certamente, na maior parte dos textos de meados do século XVIII manifesta-se uma nova atitude: é possível passar de uma forma viva para uma outra; muitas espécies que viviam anteriormente não existem mais na atualidade, só tendo deixado muitas vezes vestígios difíceis de serem reconhecidos e decifrados; ninguém pode afirmar que os animais e vegetais que existem atualmente se estabilizaram para sempre e permanecerão eternamente os mesmos. Sem dúvida alguma, surge uma incerteza quanto ao passado dos seres e ao seu devir, como mostra a frase de Diderot[241]: "O verme imperceptível que se agita na lama talvez esteja se encaminhando para o estado de animal grande; o animal enorme que nos assusta por seu tamanho talvez esteja se encaminhando para o estado de verme, talvez seja uma produção específica momentânea deste planeta". Mesmo Lineu acaba entusiasmando-se diante do aparecimento de certas plantas com flores até então desconhecidas e entrevendo a possibilidade de uma "transmutação" das espécies graças a um tipo de hibridação contranatureza.

Mas a idéia de transformação não basta por si mesma para definir o transformismo. O que o caracteriza é um impulso proveniente dos próprios seres e que pouco a pouco os conduz do simples ao complexo através das vicissitudes da Terra; é o produto de um equi-

---

241 *Entretien entre d'Alembert et Diderot*, la Pléiade, p. 907.

líbrio sempre instável entre as formas vivas; é um jogo de interações entre os organismos e seu meio; é a dialética do semelhante e do diferente em uma história unificada da natureza. Em suma, o transformismo constitui uma teoria causal do aparecimento das espécies, de sua variedade, de seu parentesco. Ora, este conjunto nunca é reunido no século XVIII. O tempo próprio dos seres e o da Terra ignoram-se mutuamente. Só excepcionalmente se encontram e interferem um no outro. O que neste momento podem ser encontrados — disseminados, isolados, independentes — são alguns dos elementos que o século XIX agrupará para produzir um encadeamento causal das formas vivas.

Numerosos textos evocam a possibilidade de uma modificação profunda dos seres vivos, através do que uma espécie se converteria em uma outra. A transformação de "peixes em pássaros", por exemplo, é longamente discutida por Benoît de Maillet e sabe-se a importância que tem, para uma teoria evolutiva, a passagem da vida marinha para a vida terrestre. Os peixes abandonados pelas águas que se retiraram, diz de Maillet[242], teriam sido "forçados a se acostumar a viver sobre a Terra". As pequenas barbatanas que, situadas sob o ventre, lhes servem para nadar no mar, se transformarão em pés necessários para andar sobre a terra. O bico e o pescoço se alongaram. Sobre a pele cresceram pêlos que pouco a pouco se transformaram em penugem e depois em penas. Nada impede, igualmente, que se imagine a transformação de um peixe alado, voando mais freqüentemente na água e às vezes no ar, em um pássaro que sempre voa no ar e que conserva a aparência, a cor e a inclinação do peixe. "A semente destes mesmos peixes, levada para os pântanos, pode também ter proporcionado esta primeira transmutação da espécie, do mar para a terra. Ainda que cem milhões tenham morrido sem ter conseguido adquirir o hábito, basta que dois tenham conseguido para dar origem à espécie"[243]. Eis algo que soa familiar a ouvidos do século XX, moldados por mais de um século de pensamento evolucionista. Mas, para de Maillet, o que importa antes de tudo é, admitindo que outrora existiu um oceano universal, estabelecer uma correlação entre a série contínua dos organismos que vivem atualmente na água e aqueles que vivem sobre a terra. Todos os animais da terra têm então seu correspondente na água. Não existem paralelismos apenas

---

242 *Telliamed,* La Haye, 1755, t. II, p. 166.
243 *Ibid.,* p. 169.

entre os peixes voadores e os pássaros. "O leão, o cavalo, o boi, o porco, o lobo, o camelo, o gato, o cão, a cabra, o cordeiro também têm seus respectivos semelhantes no mar"[244]. Cada animal que já existe sob a água pode, a qualquer momento, chegar à terra para nela se instalar. É o único tipo de transformação considerada no *Telliamed*. Não há sucessão de variações, encadeamento no tempo, crescimento algum na complexidade e na perfeição dos organismos com a idade da Terra.

Em outros textos, ao contrário, como os de Charles Bonnet ou de Robinet, reconhece-se no mundo vivo uma tendência ao crescimento da complexidade, uma "progressão" de um estado simplificado para um mais elaborado. Para Robinet[245], por exemplo, há "apenas um Ser protótipo de todos os Seres". A nosso ver, esta frase pode parecer transformista. Mas, na verdade, o protótipo é uma espécie de unidade viva, de molécula orgânica que serve para formar seres vivos. Para Robinet, um só plano de organização ou de "animalidade" era possível na origem: é o que está realizado no protótipo. Este tem uma tendência natural a se desenvolver, a se combinar para pouco a pouco formar os seres mais variados. É pelas combinações e variações do protótipo que aparecem as diversas formas vivas, que se constitui a trama contínua dos seres. Afinal de contas, todos os possíveis se realizam e acabam por constituir todos os elos da cadeia que vai do mais simples, o protótipo, ao mais complexo, o homem. Sendo assim, a cadeia se forma não pelo impulso progressivo e pela transformação das formas umas nas outras, mas por uma espécie de combinatória que produz um dia um organismo e no dia seguinte um outro, totalmente diferente. Para Charles Bonnet[246], ao contrário, os seres vivos se dirigem em conjunto e com regularidade para um futuro no qual "eles serão tão diferentes do que são hoje quanto o Estado de nosso Globo diferirá de seu Estado atual". Mas não se trata aí de transformações sucessivas que conduzem, através dos tempos, do simples ao complexo; o que ocorre é um deslocamento geral dos seres, uma translação do mundo vivo em torno do eixo do tempo. Mantendo seu lugar na cadeia, cada espécie atingirá assim uma nova posição de acordo com seu grau de perfectibilidade. "O homem, transportado então para um lugar mais adequado à eminência de suas Faculdades,

---

244 *Telliamed*, p. 171.
245 *De la Nature*, t. IV, p. 17.
246 *Palingénesie philosophique; Œuvres*, t. XV, p. 192.

deixará para o Macaco ou para o Elefante este primeiro lugar que ocupa entre os Animais de nosso Planeta... As Espécies mais inferiores, como as Ostras, os Pólipos, etc., estarão para as Espécies mais elevadas desta nova Hierarquia como os Peixes e os Quadrúpedes estão para o Homem na Hierarquia atual"[247]. Se a isso se acrescenta que Charles Bonnet era um pré-formacionista convicto, fica claro que esta ascensão em massa dos seres estava projetada desde a Criação, realizando-se através do melhoramento deliberado dos germes encaixados uns nos outros.

Vê-se como é arbitrário colocar estas obras no mesmo plano das de Buffon ou de Maupertuis. Mas, mesmo nestes, só aparecem elementos de variação e nunca uma teoria completa que proponha a formação progressiva das espécies. É em Buffon que se manifesta com mais nitidez a importância das condições de vida, de clima, de alimentação, através de que os seres vivos se inserem nos tempos geológicos. Para ele, os organismos não podem ser independentes do que os cerca. Os fatores externos agem de duas maneiras. Em primeiro lugar, limitando a fertilidade dos organismos. Há uma estabilidade do mundo vivo, resultante de duas forças que funcionam em sentido contrário. "O curso habitual da natureza viva, diz Buffon[248], em geral é sempre constante, sempre o mesmo; seu movimento, sempre regular, gira em torno de dois pontos inabaláveis: um, a fecundidade ilimitada de todas as espécies; outro, os inúmeros obstáculos que reduzem esta fecundidade a uma quantidade determinada e constante de indivíduos de cada espécie". Afirmação que se aproxima do darwinismo. Delineia-se o tema dos limites impostos à expansão dos seres vivos, tema que Malthus e mais tarde Darwin e Wallace retomarão. Mas em Buffon, trata-se mais de uma compensação que de uma concorrência. O equilíbrio é pensado em função da harmonia que necessariamente reina na natureza, não em termos de populações, de suas lutas, de seus descaminhos. Se a fecundidade é uma qualidade inerente aos seres vivos, ela funciona não para provocar a variação das populações, mas para perpetuar tipos. O que importa é manter cada espécie em um nível constante. Além disso, para Buffon os fatores externos também desempenharam um outro papel na estrutura do mundo vivo tal como ele é hoje. Pois se houve mudanças, elas não procederam dos próprios seres, mas de efeitos

---

247 *Palingénesie philosophique; Œuvres*, t. XV, p. 219-220.
248 *Du Lièvre; Œuvres complètes*, in-4.º, t. II, p. 540.

exercidos sobre eles pelas condições de vida, pelos tremores de terra, pelos cataclismos que eliminaram certas formas vivas. Os fatores externos não agem diretamente sobre os seres para transformá-los. Não agem sobre equilíbrios da população para empurrá-los em determinadas direções. Simplesmente permitem que certas formas vivam e outras não. A estrutura do mundo vivo não se coloca em termos de populações, mas de tipos. Muitas espécies, tendo se modificado "pelas grandes vicissitudes da terra e das águas, pelo abandono ou incentivo da natureza, pela longa influência de um clima que se tornou contrário ou favorável, não são mais as mesmas que eram anteriormente". Em compensação, em todos os lugares em que a temperatura é a mesma, descobre-se não somente as mesmas espécies de plantas, insetos ou répteis "sem que nada as tenha levado para lá", mas também as mesmas espécies de peixes, de quadrúpedes ou de pássaros "sem que para lá tenham ido"[249]. Desde que as mesmas causas produzem, em condições semelhantes, os mesmos efeitos, as moléculas orgânicas se organizam segundo disposições semelhantes para produzir formas semelhantes. Mas quando as moléculas orgânicas se combinam para formar animais ou vegetais, é para produzir não seres rudimentares, mas, ao contrário, organismos complexos, que já se parecem com os que se encontram hoje. Todas as combinações possíveis pouco a pouco se realizam. A maioria é bem-sucedida e progressivamente ocupa todos os espaços possíveis, todos os recantos da Terra, todas as extensões de água: estas combinações vão pouco a pouco constituindo a trama contínua dos seres que vivem sobre o globo. Outras organizações, ao contrário, fracassaram. Produziram, "por falhas, estes monstros, estes esboços imperfeitos mil vezes projetados e executados pela natureza, que mal tendo a faculdade de existir, subsistiram apenas por um certo tempo"[250]. Sendo assim, estas contradições viciosas desapareceram sem deixar descendência, varridas, como os monstros de Diderot[251], pela "depuração geral do universo". Se a natureza procura realizar todas as possibilidades da combinatória das formas e dos órgãos, certas articulações não são viáveis. "Tudo que pode ser, é", diz Buffon, mas nem tudo pode ser. Os fósseis dão testemunho do passado da Terra; os monstros, dos limites da natureza. O tempo passa a ser o grande operário a serviço da natureza. Mas o próprio tempo

---

249 *Supplément à la théorie de la terre,* partie hypothétique, 1er mém.; *Œuvres complètes,* in-4.º, t. IX, p. 424.
250 *L'Unau e L'Ai; Œuvres complètes,* in-4.º t. III, p. 443.
251 *Lettres sur les aveugles,* la Pléiade, p. 871.

"só diz respeito ao indivíduo"[252]. Podem perfeitamente existir variações que modifiquem um pouco a espécie. Podem surgir espécies, como o cavalo, a zebra e o asno, que pertencem claramente a uma "mesma família", com um "tronco principal" de onde parecem sair "ramos colaterais"[253]. Pode mesmo haver um certo parentesco entre todas as formas que respiram, um "fundo de organização" comum, por exemplo, ao homem e ao cavalo. Mas estas variações são sempre limitadas; certos tipos são tão imutáveis quanto o universo, e é isto que torna a ciência possível. Este fundo de estabilidade é assegurado pela permanência dos moldes interiores. "A marca de cada espécie é um tipo cujos traços principais estão gravados em caracteres indeléveis e permanentes"[254]. Recordando as mudanças que ocorreram na superfície do globo, fazendo remontar a origem dos animais a uma época em que os dois continentes ainda não estavam separados, admitindo que, no novo mundo, certos animais se transformaram em novas espécies, em suma, fazendo os cálculos corretamente, pode-se reduzir as duzentas espécies de quadrúpedes a trinta e oito famílias inicialmente criadas[255]. É portanto a um compromisso entre a criação e a variação que se pode atribuir a origem do atual mundo vivo.

Vê-se que a atitude de Buffon, tão inovadora quanto possa parecer, está longe de representar uma verdadeira teoria transformista. Não evoca a formação do complexo a partir do simples. Nunca há progressão das formas no tempo. Quando uma espécie se transforma, ela não ganha nada. A variação corresponde a uma "degeneração", a uma "desnaturalização" através de que os organismos acabam por afastar-se de seu tipo de origem perdendo sua pureza. Mas o efeito da geografia sobre os seres ainda está longe do que se tornará a interação entre o organismo e seu meio. Na verdade, ainda não existe meio no sentido em que o século seguinte o entenderá, não há esta porção de espaço que se delimita em torno do organismo, que de certa forma o prolonga, que age sobre o organismo como este age sobre o meio. Continuam existindo apenas as regiões da Terra que se prestam à vida de determinadas formas, condições de existência que não podem ser suportadas por todos os organismos, "circunstâncias" que modelam os seres um pouco como, no pensamento de Montesquieu, elas delineiam as instituições.

---

252 *Vue de la nature*, 2ᵉ vue; *Œuvres complètes*, in-4.º, t. III, p. 414.
253 *Degénération des animaux*; *Œuvres complètes*, in-4.º, t. IV, p. 123.
254 *Vue de la nature*, 2ᵉ vue; *Œuvres complètes*, t. III, p. 418.
255 *Dégéneration des animaux*; *Œuvres complètes*, t. IV, p. 144.

Já Maupertuis se interessa sobretudo pela mecânica da variação. Em sua obra encontra-se antes de tudo a idéia de mudanças internas que se transmitem por hereditariedade, acarretando assim as variações no mundo vivo. Trata-se de modificações que acontecem no conjunto dos elementos que asseguram a continuidade das espécies pela reprodução. A origem destas modificações hereditárias pode ser encontrada nas partículas que se unem a cada geração para formar o filho à imagem dos pais. No interior deste sistema, podem ocorrer modificações segundo duas modalidades bem distintas. Em primeiro lugar, o excesso ou, ao contrário, a escassez das partículas encarregadas de formar um determinado elemento do embrião podem ocasionar a modificação deste elemento. É o caso dos dedos supranumerários ou dos albinos, estes negros-brancos cujos cabelos assemelham-se à lã mais branca, cujos olhos, muito fracos para a luz do dia, só se abrem na escuridão da noite e que "são para os homens o que os morcegos e os mochos são para os pássaros". Tendo aparecido, tais novidades freqüentemente se mantêm dentro das famílias, às vezes pulando gerações. As espécies mais "díspares" deveriam sua origem a algumas produções fortuitas em que as partes elementares não teriam conservado a ordem que tinham nos animais pais e mães; cada grau de erro teria produzido uma nova espécie; e aos desvios repetidos se poderia atribuir a diversidade infinita dos animais que vemos atualmente"[256].

Mas há uma outra maneira de suscitar o aparecimento de variações: através do cruzamento de indivíduos de variedades diferentes, pois os traços dos produtos são provenientes então dos dois pais. Aqueles cuja obra serve para satisfazer o gosto dos curiosos são, por assim dizer, criadores de novas espécies. Vê-se aparecerem raças de cães, de pombos e de canários que antes não existiam na natureza. "Foram de início indivíduos fortuitos; a arte e as repetidas gerações fizeram deles espécies"[257]. Para satisfazer à moda, a cada ano inventam-se novas espécies de plantas ou de animais, corrigem-se as formas, variam-se as cores. Assim, para Maupertuis como para Darwin, um século depois, o que a arte dos criadores realiza serve como modelo para imaginar o que se produz espontaneamente na natureza em relação a novas espécies. No homem, por exemplo, através dos acasos da cópula, aparecem raças de doentes ou de indivíduos de aparência portentosa, colossos ou coxos, beldades ou deformidades. Mas a atra-

---

256 *Système de la nature; Œuvres*, t. III, p. 164.
257 *Vénus physique; Œuvres*, t. II, p. 110.

ção que uns inspiram e a aversão que outros provocam decidem a respeito de sua descendência, isto é, da manutenção destes traços excepcionais ou de seu desaparecimento. O caráter tísico é rapidamente eliminado. A finura da perna, ao contrário, freqüentemente melhora de geração em geração. Com seu gosto pelos granadeiros de estatura elevada, Frederico Guilherme conseguiu aumentar o tamanho de seu povo. Imitando os criadores, deve-se portanto chegar a criar no homem tipos novos. "Por que estes sultões, entendiados em seus haréns que encerram mulheres de todas as espécies conhecidas, não produzem novas espécies?"[258]

Com estes dois mecanismos, a combinatória de formas visíveis nos seres vivos corresponde à das partículas que, nas sementes, participam da reprodução. Anomalias no abastecimento de partículas ou vícios de composição no momento da formação do embrião originam todos os possíveis em relação aos seres vivos. Mas, para Maupertuis, como para Buffon e Diderot, nem todas as realizações são viáveis. Entre todas as combinações fortuitas que a natureza forma, só podem subsistir as que possuem "certas relações de conveniência"[259]. O acaso originou uma multidão de indivíduos. Só em um pequeno número a organização dos órgãos satisfaz às necessidades do organismo: eles sobreviveram. Na maior parte, ao contrário, alguma desordem de constituição impediu seu desenvolvimento: eles morreram. "Animais sem boca não podiam viver, outros a quem faltavam órgãos para a geração não podiam se perpetuar: os únicos que vingaram foram aqueles em que se encontravam a ordem e a conveniência"[260]. Dentre esta exuberância de seres possíveis que acarretam variações infinitamente diversificadas, é a natureza que escolhe.

O que caracteriza Maupertuis é o fato de explorar ao máximo um sistema em que a estrutura visível é comandada por uma estrutura de ordem superior. Ele procura fundar tanto a estabilidade quanto a variabilidade dos seres na reconstrução das formas que ocorre em cada geração através de uma composição de partículas. Trata-se então de suscitar a variação destas partículas, de articulá-las de acordo com um número infinito de combinações de modo a engendrar todas as articulações, todos os tipos, todas as variedades concebíveis. Tanto o não-viável quanto o viável se formam, mas só este último é conservado depois de ter passado pelo crivo da natureza. Mesmo assim o

---

258 *Vénus physique; Œuvres*, t. II, p. 110-111.
259 *Essai de cosmologie; Œuvres*, t. I, p. 11.
260 *Ibid.*, t. I, p. 11.

número das variedades que se perpetua é suficientemente elevado para dar ao mundo vivo sua continuidade: mas, neste processo, o tempo desempenha apenas um pequeno papel. Não há passagem progressiva do simples ao complexo. Nenhum aperfeiçoamento por pequenas etapas. Nada que sugira uma série de transformações sucessivas pelas quais progressivamente o mundo vivo que hoje existe sobre a terra teria se elaborado. O que interessa a Maupertuis é construir um sistema intrínseco aos seres vivos capaz, somente pelo poder atribuído a suas unidades constituintes, de dar origem a todas as variedades imagináveis, de passar por todos os possíveis.

Portanto, não se pode realmente falar de transformismo a propósito da segunda metade do século XVIII. O que importa então é conciliar a representação de um mundo vivo, até então imutável, com a revelação dos abalos que transtornaram a Terra. Apesar das ausências demonstradas pelos fósseis, apesar das grandes migrações, apesar dos cataclismos que redistribuíram as espécies como cartas na superfície do globo, os seres vivos sempre formam uma extensão contínua. Contínua pela distribuição das identidades e das diferenças no espaço, não pela distribuição de uma filiação no tempo. Com o conceito de reprodução apareceu uma nova relação entre os seres, ligando verticalmente os indivíduos através das gerações. Mas esta relação ainda se aplica apenas aos organismos pertencentes a uma mesma espécie ou espécies tão próximas que a evidência das semelhanças impõe seu agrupamento em "famílias". Se a rigidez das formas ao longo das gerações é colocada em questão, a flexibilidade atribuída aos corpos vivos ainda diz respeito apenas a elementos de interesse secundário. Ela certamente atinge caracteres importantes para a classificação dos seres, mas não para sua configuração: o tamanho, o comprimento das orelhas ou das pernas, o número de dedos, a cor dos olhos ou do pêlo. Nas grandes linhas de suas arquiteturas, as espécies conservam sua permanência. Mas não é concebível que o quadro que representa o mundo vivo possa ter sido radicalmente diferente do que efetivamente é hoje em dia, que possa ter mudado no tempo, senão por retoques, ao menos por algumas adições que apenas cobrem os pontos brancos que restaram sobre a tela, pela repartição das figuras no espaço, em suma, por detalhes. Se o mundo vivo atualmente não pode mais se identificar totalmente com o instituído na criação, sua gênese não pode dispensar uma ampla criação. Para que a diversidade das formas atuais se produza, é preciso que na origem do mundo tenham sido estabelecidos os tipos principais, os grandes temas sobre os quais a natureza em seguida efetuou algumas variações. No ponto de partida, no tempo zero, já havia espécies suficientes para formar uma escala contínua. Tudo que o tempo pôde fazer foi aumentar o número de variações e aproximá-las. Não se trata de dispor as transformações sofridas pelos seres vivos em uma série cronológica. Aquilo que a sucessão das gerações ritma e aquilo que os testemunhos dos cataclismos ocorridos sobre o globo demarcam não se integram para pouco a pouco suscitarem o aparecimento da diversidade dos organismos e de sua complexidade. Se os seres começam a ter histórias, não há ainda uma história do mundo vivo.

As transformações

Com a passagem do século XVIII para o XIX e o advento da biologia, torna-se possível atribuir ao tempo um papel na gênese de todos os seres que vivem atualmente. Primeiro porque, sendo o orgânico radicalmente separado do inorgânico, há entre todos os seres um parentesco que o pertencimento ao conjunto do que vive lhes confere. Em segundo lugar, porque a continuidade do vivo, que só nasce do vivo, acaba ultrapassando o quadro rígido da espécie. Em terceiro, porque as relações entre os seres se estabelecem não mais a partir de suas partes constituintes, entre seus órgãos considerados um a um, mas a partir de um conjunto, tendo por referência o sistema de ordem superior que a organização representa. O grau de complexidade dos seres e seu nível de perfeição se medem então pelo que Lamarck chama "massas principais" do mundo vivo. Cada uma destas massas possui sua organização, seu "sistema de relações" entre estruturas que se degradam pouco a pouco desde os seres mais complexos até os mais simples. São os órgãos que variam, mas sem paralelismo uns com os outros, sem relação direta com a complexidade do organismo. "Tal órgão em tal espécie, diz Lamarck[261], goza de seu mais alto grau de aperfeiçoamento; enquanto que outro órgão que, nesta mesma espécie, está bastante empobrecido ou imperfeito, se encontra muito aperfeiçoado em outra espécie". Qualquer comparação entre os seres, qualquer classificação que não se baseie na organização está portanto destinada ao erro e ao arbitrário. Em compensação, quando se consideram as massas, apreende-se imediatamente esta cadeia contínua, esta escala de gradações que atravessa o mundo vivo

---

261 *Philosophie zoologique*, t. I, p. 122.

da extremidade mais simples à mais complexa. "Existe para cada reino dos corpos vivos, diz Lamarck[262], uma série única e graduada na disposição das massas, em conformidade com a composição crescente da organização".

A organização torna-se então, em seu conjunto, objeto de transformação. Um sistema de relações entre os elementos constituintes de um ser vivo não é necessariamente imutável. Ele pode se transformar em outro sistema, de complexidade imediatamente superior, por um processo de sentido único. Torna-se então possível fazer com que *todos* os seres vivos derivem uns dos outros, ligá-los por um mesmo movimento através do tempo, por uma espécie de impulso que, vindo do interior, tende a complicar os corpos vivos. Atribuindo à organização o poder de se transformar, Lamarck está em condições de realizar o que o século XVIII não podia fazer: ligar o conjunto dos seres por uma mesma história que conta sua gênese sucessiva. Para Buffon, a transformação ainda se aplicava apenas a domínios muito limitados e só se dava no interior de "famílias" de espécies. Na origem do mundo vivo, havia uns quarenta tipos distintos a partir de que apareceram formas novas para constituir o mundo vivo de hoje. Mas nada unia estas famílias entre si, nenhuma relação de filiação, nenhuma ordem de parentesco. A palavra "desnaturalização" empregada por Buffon para descrever a variação das espécies evocava uma degradação, uma alteração da pureza das espécies. Para Lamarck, ao contrário, a transformação só pode se fazer no sentido de uma adaptação, portanto, de um ganho nas "faculdades". Os diferentes tipos de organização não apareceram então simultaneamente, mas segundo uma certa ordem do tempo; "pois, remontando a escala animal, a partir dos animais mais imperfeitos, a organização se compõe, e mesmo se complica em sua composição, de uma maneira extremamente notável"[263]. O tempo torna-se um dos principais operadores do mundo vivo. É ele que, pouco a pouco, faz aparecer, umas das outras, todas as formas. Para além de sua diversidade, os seres de um mesmo reino passam a se ligar pela unidade de uma história. Mas esta ainda só pode ser representada por uma simples linha reta, sem rupturas nem meandros.

Com Lamarck, três fatores cooperam para conferir ao tempo seu papel criador: a sucessão, a duração e o aperfeiçoamento da organização. Em primeiro lugar, tudo mostra que o conjunto das formas

---

262 *Philosophie zoologique,* t. I, p. 124.
263 *Ibid.,* p. 2-3.

vivas não pôde se constituir ao mesmo tempo. Cada corpo vivo passou por modificações maiores ou menores no estado de seus órgãos e das relações que se estabelecem entre eles. Portanto, a espécie não pode constituir um quadro rígido, formado de uma vez por todas, onde os indivíduos das sucessivas gerações vêm se instalar. "O que se denomina espécie... só tem uma constância relativa em seu estado e não pode ser tão antigo quanto a natureza"[264]. Isto não se aplica mais somente a certos ramos oriundos de alguns troncos que foram instituídos no momento da criação, mas ao conjunto dos seres. Não se tem mais necessidade de criação. "Todos os corpos organizados são verdadeiras produções que a natureza executou sucessivamente"[265]. Pouco a pouco apareceram, por um mesmo movimento contínuo no tempo, por uma série única de transformações sucessivas, todas as formas vivas. Existe uma relação biunívoca entre uma etapa de transformação e o intervalo visível que separa dois níveis vizinhos de organização. Se se pode estabelecer uma relação no espaço entre os tipos de organização, pode-se deduzir desta a relação no tempo entre as transformações: a primeira resulta da segunda.

Para esta série de transformações poder se realizar, ela teve que passar por períodos de longa duração. Tudo que está na superfície do globo muda progressivamente de estado e de forma. Todos os corpos da Terra sofrem "mutações"[266] mais ou menos rápidas de acordo com sua natureza e com as forças que se exercem sobre eles. A estabilidade que o homem vê na natureza não passa de aparência e deve-se ao fato de ele remeter todos os acontecimentos à sua própria duração. Vários milhares de anos lhe parecem um imenso período. Na realidade, eles só permitem considerar estados estacionários, intervalos entre as mudanças que afetam o mundo vivo. Entretanto, mesmo se as modificações que atingem os seres são imperceptíveis a olho nu, mesmo se as formas encontradas hoje no Egito não se distinguem em nada das que viviam há 3.000 anos, a lentidão do processo de transformação é compensada pela duração. Para que, a partir de acontecimentos tão lentos, possa aparecer toda a diversidade do mundo vivo, é necessário e suficiente acrescentar o tempo. "Comparativamente às durações que consideramos grandes em nossos cálculos habituais, foi sem dúvida necessário um tempo enorme e uma variação considerável nas circunstâncias que se sucederam para que a natureza tenha podido levar a

---

264 *Philosophie zoologique*, t. I, p. 83.
265 *Ibid.*, p. 81-82.
266 *Ibid.*, t. I, p. 231.

organização dos animais ao grau de complexidade e desenvolvimento em que a vemos"[267].

Pois, para Lamarck, a transformação é um processo em sentido único. A variação vai sempre na mesma direção, do simples para o complexo, do rudimentar para o elaborado, do menos perfeito para o mais perfeito. Qualquer mudança que apareça em um ser, provocando outra, ocasiona necessariamente um crescimento da organização, uma maior aptidão para satisfazer uma necessidade, uma maior capacidade para responder às exigências da vida. As transformações representam sempre êxitos e não fracassos, que se traduzem por "espécies perdidas". Muitos fósseis encontrados assemelham-se às formas atuais. Se existem formas que não se assemelham a nada, é porque o homem as destruiu; ou que se modificaram a ponto de e tornarem irreconhecíveis. Mas nada desaparece no mundo vivo. As espécies mais antigas persistem ao lado das mais novas. Encontram-se lado a lado o mais simples e o mais complexo, que é sua derivação. Três dos parâmetros que se pode distinguir no mundo vivo — o momento em que um ser apareceu, seu grau de complexidade, seu nível de perfeição — possuem uma base comum. O conhecimento de um permite deduzir os outros dois, pois representam três expressões da ordem que a natureza segue na produção de cada um dos reinos, animal ou vegetal. "Se é verdade que todos os corpos vivos são produtos da natureza, não se pode deixar de acreditar que ela os produziu sucessivamente e não todos juntos em um tempo sem duração; ora, se ela os formou sucessivamente, caberia pensar que foi unicamente pelo mais simples que ela começou, só tendo produzido as organizações mais complexas por último"[268]. Portanto, menos aperfeiçoado significa também menos complexo e anterior. Eis a relação que permite converter a série das organizações no espaço em uma série isomorfa de transformações no tempo. Percorrer a cadeia contínua dos seres, do mais simples ao mais complexo, equivale exatamente a refazer a marcha da natureza no tempo, a reconstituir a sucessão das transformações pelas quais os seres vivos se formaram. Na escala dos seres, as formas mais rudimentares passam a ocupar um lugar privilegiado, pois são o começo da organização. É portanto nos organismos mais simples, nos "animais sem vértebras", que se pode discernir

---

267 *Philosophie zoologique*, t. I, p. 103.
268 *Ibid.*, t. I, p. 268.

mais claramente as variações e analisar mais facilmente as exigências da organização[269].

No momento em que apareceu, a *Philosophie zoologique* foi bastante mal recebida. A influência de Lamarck sobre seus contemporâneos deve-se menos ao fato de ele ter proposto uma gênese do mundo vivo por transformações sucessivas dos seres uns nos outros do que ao fato de ele ter descoberto no vivo uma unidade que transcende a diversidade, de ter traçado uma fronteira entre o orgânico e o inorgânico, de ter centrado a análise dos corpos vivos em sua organização; em suma e sobretudo, de ter contribuído para o estabelecimento da biologia. Os textos de Lamarck, no segundo período de sua atividade, representam uma transição entre duas formas de saber. Alguns já exprimem a atitude do século XIX; outros, ainda a do século XVIII. É assim que o conjunto dos seres vivos continua formando uma trama contínua, a velha cadeia que se estende de uma extremidade a outra do mundo vivo. Como para Buffon, nem a espécie nem o gênero existem realmente na natureza. Nela só se encontram indivíduos, formas "que se avizinham, pouco se diferenciam e se confundem umas com as outras". Se se encontram certos hiatos na gradação, é porque circunstâncias exteriores, anomalias na maneira de viver, mudanças de hábito desordenaram a regularidade da progressão. Ou ainda que nosso saber é incompleto e não reconheceu todos os elos da cadeia. A distância que parece separar os pássaros dos mamíferos já começa a ser preenchida, pois se reconheceu a existência de animais intermediários, como os ornitorrincos e as équidnas. De fato, é porque Lamarck ainda encontra uma série linear no mundo vivo que pode ver nele o resultado de uma série cronológica de acontecimentos. É porque a natureza não dá saltos que as relações de vizinhança podem ser remetidas a relações de descendência. "Ela segue uma ordem fácil de ser reconhecida, pois é exatamente o inverso do que observamos quando passamos em revista os seres, do mais perfeito ao mais simples".

Atitude do século XVIII também quanto ao inevitável do mundo vivo sob sua forma atual. O quadro que os seres formam certamente não permaneceu idêntico a si mesmo durante as eras. A cadeia não está completa desde a origem do mundo. O tempo traz novidades. Acrescenta elos, um a um, de ponta a ponta. Mas, afinal de contas, o quadro que se vê hoje não podia ser muito diferente do que ele é.

---

269 *Philosophie zoologique,* p. 29.

Recusando ver no mundo vivo o resultado de uma intenção, a realização de um objetivo por uma força suprema, Lamarck atribui à vida animal uma "causa primeira e predominante" que lhe dá o poder de complicar e de aperfeiçoar gradualmente a organização. Graças a esta causa, as operações da natureza se desenrolam de acordo com um "plano" que harmoniza a formação de novos seres com o estado do mundo em que devem viver. Antes de produzir um ser, a natureza já sabe o que deve produzir. Nos vertebrados, por exemplo, vê-se bem que "a natureza começou a execução de seu plano referente a eles nos peixes; que o levou mais adiante nos répteis; que o levou mais perto de seu aperfeiçoamento nos pássaros e que finalmente chegou a terminá-lo completamente nos mamíferos mais perfeitos"[270]. Passo a passo, etapa por etapa, sem erros nem fracassos, a natureza cria, progride, modifica as formas dos corpos vivos para atingir seu objetivo, o mais alto grau de perfeição. O melhoramento de um sistema freqüentemente exige uma série de intermediários. Para dar ao problema da respiração a melhor solução, a natureza deve primeiro pôr em funcionamento um sistema de traquéia, depois um outro de brânquias, antes de realizar o sistema mais elaborado: o pulmão. Nunca há indecisões, hesitações, incursões em caminhos sem saída. Somente atrasos, complicações, quando a progressão é "contrariada" por mudanças exteriores, pelas circunstâncias.

Para operar estas transformações, a natureza dispõe da combinação de dois fatores: um inerente ao vivo, outro que lhe é exterior. Existe em cada ser uma espécie de força que "tende sem cessar a compor a organização". Não é o próprio mecanismo da reprodução, como postulava Maupertuis, nem o impulso irresistível que provoca a multiplicação exponencial dos seres, como Benjamin Franklin e Malthus invocam. É uma força de origem mais ou menos misteriosa, um "poder" que, apesar das profissões de fé materialistas de Lamarck, assemelha-se um pouco à força vital: é o apanágio unicamente dos seres organizados; é a verdadeira fonte da harmonia e da regularidade na progressão dos seres. Mas se esta força tem como efeito o crescimento incessante da organização, ela não basta por si mesma para provocar a diversidade encontrada entre os seres. É evidente, por exemplo, que se "todos os peixes tivessem sempre vivido no mesmo clima, no mesmo tipo de água, na mesma profundidade, etc., sem dúvida então se encontraria na organização destes animais uma

---

[270] *Philosophie zoologique*, t. I, p. 168.

gradação regular e mesmo matizada"²⁷¹. Mas talvez também eles jamais tivessem saído da água para povoar os continentes! Para que as formas vivas se diversifiquem, as condições de vida, as "circunstâncias", os "meios ambiente" devem intervir. Não como concebiam Maupertuis, Buffon e Diderot, para quem as condições exteriores só favoreciam ou contrariavam a perpetuação dos seres já existentes; mas através de uma ação direta das circunstâncias sobre as propriedades dos seres, sobre sua estrutura, sobre sua hereditariedade. Para fazer os animais saírem da água, é preciso "levá-los pouco a pouco a viverem fora da água, primeiro na beira das águas, depois nas partes secas do Globo". Sentindo então novas necessidades, adquirem novos hábitos e uma organização melhor adaptada à situação. Já para Cabanis, as necessidades sentidas, ou seja, os desejos, desencadeiam a ação e o desenvolvimento dos instrumentos próprios para satisfazê-los, isto é, os órgãos. Com Lamarck, estabelece-se uma rede de interações entre "o produto das circunstâncias enquanto causa que produz novas necessidades, o das ações repetidas que cria os hábitos e as inclinações, os resultados do maior ou menor uso de tal órgão, os meios que a natureza utiliza para conservar e aperfeiçoar tudo que foi adquirido na organização"²⁷². Se a faculdade de aumentar a complexidade das estruturas, faculdade inerente a todo ser vivo, basta para assegurar a transformação e a progressão dos seres, são as circunstâncias exteriores que perturbam sua regularidade e as colocam em novos caminhos.

Esta interferência, que se produz incessantemente entre as próprias faculdades do vivo e as circunstâncias exteriores, decorre do que Lamarck considera como uma das propriedades mais incontestáveis dos seres: a adaptação às condições de vida, a adequação entre o organismo e o que o circunda. A atitude de Lamarck, como a do século XVIII, baseia-se em uma necessária harmonia do universo. O mundo vivo não é somente o melhor, mas o único possível. Não há crise entre os seres e a natureza, nenhum combate para a conquista de um território entre os seres ou luta para a existência que se assemelhe ao que Malthus já invoca e que mais tarde Darwin e Wallace postularão. Para Lamarck, quando um novo ser, que não se adequa exatamente à regularidade da progressão, é produzido, é para ser adaptado a circunstâncias particulares. Só há variações úteis. Mas a propriedade que tem o vivo de aperfeiçoar a organização nem sempre

---

271 *Philosophie zoologique,* t. I, p. 144.
272 *Ibid.,* p. 28.

é suficiente para produzir o útil. Se a hereditariedade cria, ela não adapta. Suas novas produções, seus aperfeiçoamentos são regulares, sem fantasia, sem desvio. Elas não estão em condições de enfrentar o imprevisto das circunstâncias específicas. Daí a necessidade de fazer com que o meio aja sobre a hereditariedade através de desejos, necessidades, hábitos e atos. Modificada assim a organização de certos indivíduos, "a geração entre os indivíduos em questão conserva as modificações adquiridas"[273]. A plasticidade das estruturas do vivo, a flexibilidade de seus mecanismos permitem então não que o organismo se insira no mundo que o cerca, mas inserir pouco a pouco este mundo em sua hereditariedade.

Não é a primeira vez que é considerada a eventualidade de uma ação direta do meio sobre a hereditariedade. Desde a Antiguidade, só a transmissão aos descendentes da experiência adquirida pelos indivíduos parecia justificar a adequação dos organismos à natureza. Entretanto, esta idéia nunca fora explorada tão sistematicamente, com tantos detalhes e também com tanta segurança, pois para Lamarck é evidente que um órgão desaparece porque ele não serve. A baleia e os pássaros não têm dentes porque estes não têm utilidade alguma. A utilidade da visão foi perdida pela toupeira porque ela vive no mundo da noite. Os moluscos acéfalos não têm cabeça porque não precisam. Também é evidente que um órgão se desenvolve porque é usado com freqüência. O cisne tem o pescoço longo porque ele se alimenta de animais aquáticos. O pato tem os pés espalmados porque ele bate na água para nadar. Os carnívoros têm garras aceradas porque precisam subir nas árvores, cavar a terra, despedaçar sua presa. A finalidade em Lamarck não leva em consideração uma intenção primeira, uma decisão de produzir um mundo vivo e de guiar passo a passo seu desenvolvimento. Ela se constitui, por assim dizer, de finalidades a curto prazo, cada uma delas centrada no bem-estar do novo organismo que vai se formar, na medida em que a intenção adaptativa *precede* sempre a realização. Afinal de contas, o plano seguido pela natureza em suas produções tem como objetivo guarnecer o mundo de organismos cada vez mais complexos, cada vez mais aperfeiçoados, cada vez mais adaptados. Se a progressão natural dos seres não basta, ela é corrigida *de antemão*. A execução do plano resulta portanto de uma série de pequenas finalidades acumuladas. Mas se Lamarck é pródigo em porquês, é avaro em comos. Nunca se encontra análise ou observação

---

[273] *Philosophie zoologique*, t. I, p. 226.

para apoiar sua hipótese e investigar o processo que permite às circunstâncias agir sobre a hereditariedade. Nenhuma referência aos textos de Haller ou de Charles Bonnet indicando a estabilidade das formas, apesar das mutilações repetidas a cada geração. Nenhuma sugestão de experiências semelhantes às que Maupertuis já propunha para verificar se a hereditariedade tira lições da experiência. Trata-se somente de "fluidos internos" que agem sobre "as partes flexíveis do animal" para cavar canais, deslocar massas, edificar órgãos, em suma, para pouco a pouco modelar a forma do corpo. Existe ainda em Lamarck um resto de velho mecanicismo, presente na regularidade e na continuidade que caracterizam o movimento perpétuo ou uniformemente acelerado.

Afinal de contas, o transformismo de Lamarck progride por dois tipos de movimento. Com efeito, é "evidente que o estado em que vemos todos os animais é, por um lado, o produto da composição crescente da organização, que tende a formar uma gradação regular e, por outro, o das influências de uma multiplicidade de circunstâncias muito diferentes, que tendem continuamente a destruir a regularidade na gradação da composição crescente da organização"[274]. Existe, portanto, em primeiro lugar, o fluxo contínuo que progride sem cessar, a ascensão que conduz as grandes massas pela escala da natureza, com lentidão, regularidade, segurança. Existem em seguida movimentos locais, perturbações que, sem dar origem a uma massa, nela introduz "desvios", "afastamentos", "anomalias", "digressões". Finalmente, para alimentar a corrente geral, existe um afluxo incessante de organismos muito simples que se formam constantemente a partir de matérias inorgânicas. Na base da escala, a natureza procede por "gerações espontâneas ou diretas que ela renova sem cessar, sempre que as circunstâncias são favoráveis"[275]. Assim, ela produz a todo momento "os animálculos mais simples da organização", os "que se supõe que são apenas dotados de animalidade". Desde sua formação, estes organismos unem-se ao fluxo principal e começam a subir na escala. Assim, os seres mais simples são também os menos recentes. Na outra extremidade da hierarquia está o homem, que vem portanto dos organismos mais antigos. A transformação não vai mais longe; mas a massa do vivo não se acumula no ápice. Pois, longe de crescer indefinidamente, a população humana é objeto de uma regulação. À medida

---

274 *Philosophie zoologique*, t. I, 222-223.
275 *Ibid.*, t. I, p. 214; t. II, p. 81.

que o fluxo do orgânico sobe na escala, o que se encontra no ápice volta ao estado inorgânico. Pouco a pouco degradado, o vivo se reintegra ao mineral e espera o momento de alguma geração espontânea para alcançar de novo a base da escala, animal ou vegetal, e recomeçar sua ascensão. Além disso, nada impede que a geração espontânea aconteça em pontos mais elevados da escala. Ao nível, por exemplo, dos "vermes intestinais", de "certos animais que causam doenças de pele", ou "dos bolores, cogumelos diversos e mesmo liquens"[276]. Graças a este tipo de ciclo, o mundo vivo encontra-se no que hoje se chama estado estável dinâmico. Nada muda, pois o que desaparece é exatamente compensado pelo que aparece. Nenhuma etapa da escala pode ser escamoteada, nenhum grupo de animais extinguir-se. Se um cataclismo cria um vazio, este logo é preenchido pelo fluxo ascendente, como um buraco na água. À medida que os organismos ascendem e deixam seu lugar vazio, outros vêm ocupá-lo. Em conseqüência, o mundo vivo não pode se modificar. Ele se mantém de acordo com o equilíbrio que os seres impõem. Sempre diz respeito a uma harmonia preestabelecida. Produzido por uma série de transformações, conserva o imutável de uma criação.

Vê-se que Lamarck situa-se no limite exato entre os séculos XVIII e XIX. Mais que qualquer outro, talvez, ele participa desta mudança de atitude que faz com que o vivo se isole do inanimado e que se constitua uma biologia. Mais que qualquer outro, ele contribui para fazer da organização o centro do corpo vivo, o ponto onde se articulam os elementos de um ser para assegurar seu funcionamento. Ao mostrar que o tempo age sobre a organização, está em condições de considerar, com mais nitidez que seus contemporâneos, como Goethe ou Erasmo Darwin, o conjunto do mundo vivo como o produto de transformações sucessivas, como uma progressão das estruturas e das funções. Mas, apesar da descrição de um transformismo generalizado parecer nova, nem por isso deixa de estar fundada em uma representação do mundo vivo que ainda é a do século XVIII. O transformismo de Lamarck é a cadeia linear dos seres disposta na sucessão linear do tempo. A série das transformações só é pensada através do contínuo do espaço. Por isso mesmo é afastado todo caráter de contingência na configuração do mundo vivo. Não tendo encontrado na *Philosophie zoologique* suficiente rigor na argumentação e crítica nas observações, os contemporâneos, mesmo os que queriam discernir

---

276 *Philosophie zoologique*, t. I, p. 214; t. II, p. 81-82.

um mesmo fundo de organização em todos os seres, rejeitaram sua teoria. Quase sempre viram nela apenas o desenvolvimento das idéias de Buffon, levadas ao extremo, ou mesmo ao absurdo.

Os fósseis

No transformismo de Lamarck, o que está ligado ao pensamento do século XIX é o movimento do tempo, que faz com que organizações cada vez mais complexas derivem umas das outras; é o poder de criação que a variedade dos órgãos, considerada individualmente, confere ao sistema de suas relações. No século XIX, com efeito, o problema da gênese se coloca de forma nova em relação aos objetos em que os elementos constituintes não estão simplesmente justapostos, mas ligados por um feixe de relações. Estas organizações, estas estruturas de ordem superior que comandam a disposição dos elementos nos seres e nas coisas e que dão significado ao mesmo tempo às partes e ao todo, não podem mais ter sido instaladas na origem do mundo, de acordo com uma ordem instituída desde o início. Não preexistem mais a uma história que teria se apoderado delas no princípio da criação para abandoná-las a um tempo capaz apenas de destruir a ordem inicial e contrariar sua classificação. Os sistemas existentes hoje não foram produzidos de uma vez por todas. Foram se constituindo em níveis diferentes, através de etapas consecutivas, graças a uma sucessão de acontecimentos que pouco a pouco articularam seus elementos, dispondo-os segundo certas figuras, remanejando sem cessar as relações para complicá-las. Se certos tipos de organização se assemelham, não é mais em virtude de alguma harmonia preestabelecida e incognoscível. É porque passaram por alguma etapa comum na série das transformações. Para agrupar os corpos deste mundo, não basta portanto reconhecer as semelhanças no espaço; é preciso também determinar a sucessão no tempo. O conteúdo de um domínio empírico não pode ser desenvolvido de uma só vez, nem mesmo previsto em função de alguma intenção preconcebida. Ele se realiza por um movimento contínuo, segundo uma dialética que faz com que os contrários se interpenetrem e que a quantidade engendre a qualidade. A finalidade dos objetos que constituem o mundo reside em sua necessidade, que não pode mais se dissociar de sua contingência. Em vez de uma cronologia de acontecimentos independentes, a história torna-se então o movimento do tempo pelo qual o universo tornou-se o que ele é, um processo de desenvolvimento, uma transformação do mais simples no mais complexo; em suma, uma "evolução" que nasce do encadeamento interno das transformações. Muitas relações entre as coisas ou os seres se invertem então. É a evolução no tempo que determina as relações no espaço. Trate-se do espírito ou da natureza, não se considera mais a origem como um nascimento a partir de que se sucedem histórias movidas por impulsos externos. A origem se torna o ponto de fuga da história, a necessária convergência em que se fundem todos os esboços de organização, se anulam todos os desvios, todas as desigualdades, todas as diferenças.

O que distingue radicalmente o evolucionismo de Darwin e Wallace do pensamento anterior é a noção de contingência aplicada aos seres vivos. Até o século XIX, a grande cadeia dos seres participava da harmonia do universo. Havia, no mundo dos seres, a mesma necessidade que no mundo das estrelas. Não era concebível que os corpos vivos pudessem ser diferentes do que são hoje. Mas, para esta necessidade ser questionada, foi necessário que primeiro a anatomia comparada, a embriologia e a histologia alterassem o espaço ocupado pelo vivo. E isto por muitas razões. Em primeiro lugar, uma síntese no tempo só pode se fundar na representação oriunda da análise espacial. Enquanto o mundo vivo se organizava como uma cadeia contínua, a sucessão das transformações só podia ser considerada como uma série de gradações, do modo como fazia Lamarck, que progride por um movimento linear do mais simples ao mais complexo. Rompida a continuidade da relação horizontal entre os corpos vivos, redistribuídos os seres em "ramificações", a relação vertical não pode mais ser considerada como uma seqüência única. E estes grupos de seres isolados uns dos outros não apresentam mais nenhum caráter de necessidade.

Em segundo lugar, através da teoria celular, os laços que se estabelecem entre os seres passam a formar uma nova rede, tanto no sentido horizontal quanto no sentido vertical. A célula é ao mesmo tempo o componente universal de todos os corpos vivos e aquilo que une uma geração à seguinte. Qualquer organismo sempre se desenvolve através de uma série de transformações em que as células se multiplicam, se diferenciam, se organizam em uma série de figuras. Há freqüentemente analogias entre as ontogêneses, às vezes trechos comuns de caminho. Mas mesmo aí não se encontra nenhum caráter de necessidade, nem no caminho tomado pelo desenvolvimento, nem na maneira como as células se articulam e as estruturas se estabelecem.

Em terceiro lugar, a repartição dos órgãos em que um corpo vivo também leva a considerar de forma totalmente nova a possibilidade da variação. O organismo se enrola ao redor de um núcleo através de camadas superpostas que se prolongam no exterior e se ligam indissoluvelmente ao que o circunda. À medida que se dá um afastamento do centro, diminui a importância dos órgãos e aumenta sua liberdade de variação. As partes situadas na superfície acabam por tornar-se tão secundárias que praticamente não há mais qualquer pressão exercendo-se sobre elas e limitando suas mudanças. Para que apareça alguma modificação, não é preciso "que uma forma, que uma condição sejam necessárias, diz Cuvier[277]; parece mesmo, freqüentemente, que ela não precisa ser útil para ser realizada: basta que seja possível, isto é, que não destrua a harmonia do conjunto". Trata-se de uma inversão total da atitude que predominava em Lamark. A variação dos seres não está necessariamente ligada à idéia de utilidade, de necessidade, de progressão. Ela pode ser gratuita.

Finalmente, modifica-se também a natureza das relações que unem o organismo ao que o circunda. Para Lamarck, "os meios ambientes" representam apenas um dos parâmetros das "circunstâncias". Definem a qualidade do elemento em que este ou aquele organismo está imerso: ar ou água, seja ela doce ou salgada. O animal estava situado em um meio ambiente, como qualquer corpo da terra. Mas ainda não havia relação íntima entre o organismo e seu meio, não havia uma verdadeira interação. Se o meio freqüentemente exercia um efeito sobre a estrutura de um ser, era pelo intermédio de uma necessidade, de um desejo; pelo fato de ele precisar respirar, comer, se deslocar, seja no ar ou na água. Mas com Auguste Comte, os meios ambientes e as circunstâncias tornam-se *o* meio e este muda de estatuto. Ele representa o conjunto das variáveis externas a que o ser vivo está submetido. Não somente o ar ou a água que envolvem o organismo, mas também a gravidade, a pressão, o movimento, o calor, a luz, a eletricidade; em suma, tudo que pode exercer uma ação sobre um corpo vivo. Mas não se trata mais de um efeito que se dá em sentido único. O organismo e seu meio exercem efeito um sobre o outro. "Pois, de acordo com a lei universal da equivalência necessária entre a reação e a ação, diz Comte, o sistema ambiente não poderia modificar o organismo sem que este, por sua vez, exercesse uma influência correspondente"[278]. O organismo não pode se dissociar de seu meio. É o conjunto que se modifica e se transforma.

---

277 *Leçons d'anatomie comparée*, t. I, p. 59.
278 *Cours de philosophie positive; Œuvres*, t. III, p. 235.

Não é mais possível, então, existir um tempo próprio para os seres, o de suas gerações sucessivas, e um tempo externo, o das alterações sofridas pela crosta terrestre. Para o século XVIII, era o tempo da Terra, com seus cataclismos, suas variações de calor, suas perturbações de todos os tipos, que destruía a ordem dos seres submetidos à monotonia de uma reprodução sem história. Para Lamarck, ao contrário, era o tempo próprio dos seres que criava a progressão do vivo, o tempo das circunstâncias só ocasionalmente interferindo com o primeiro para permitir que os seres se adaptassem, que se modelassem pelos seus meios. No século XIX, só pode haver um único tempo para o conjunto do universo. A história dos seres liga-se indissoluvelmente à da Terra. Os fósseis passam então a desempenhar um novo papel. No século XVIII, eles se assemelhavam às formas do presente e davam assim testemunho da permanência dos corpos vivos. Para Lamarck, ajudavam a demonstrar a instabilidade do vivo e assinalavam algumas das transformações. Para Cuvier, eles demarcam o tempo geológico; são os "monumentos das revoluções passadas", que é preciso aprender a restaurar e a decifrar. Só há uma história, a história da natureza, contada ora pelas pedras, ora pelos fósseis, cujos indícios é preciso saber recolher e articular. São os fósseis que nos dão a certeza de que o globo não teve sempre o mesmo invólucro, pois temos certeza de que eles viveram na superfície antes de se embrenharem nas profundezas. Mas são as rochas que revelam na crosta terrestre a existência de camadas descontínuas onde estão depositados os vestígios dos seres vivos. Só a aplicação aos fósseis da lei das correlações e a reconstrução de um corpo organizado em seu conjunto a partir de um fragmento encontrado permitem especificar a sucessão das formações geológicas e de revelar os cataclismos que as produziram. Mas, por outro lado, o exame das camadas geológicas descreve os *habitats* das espécies desaparecidas. Se a geologia estabelece um parentesco entre certos continentes, os fósseis descrevem sua separação.

Para Cuvier, estas espessuras de rochas distintas, estes agrupamentos de fósseis diferentes de uma camada para outra representam os vestígios das "revoluções" que subitamente, em várias ocasiões, alteraram o globo. Passando por estes cataclismos, os animais não podiam permanecer os mesmos. As rupturas observadas na continuidade do espaço ocupado pelos seres vivos só refletem, portanto, rupturas no tempo da Terra. Vê-se, com efeito, diz Cuvier[279], que "as con-

---

279 *Discours sur les révolutions de la surface du globe,* ed. 1830, p. 14.

chas das camadas antigas têm formas que lhes são próprias e que desaparecem gradualmente até não mais aparecerem nas camadas recentes e ainda menos nas mais atuais; nestas jamais se descobrem espécies análogas e muitos de seus gêneros não são mais encontrados; ao contrário, o gênero das conchas das camadas recentes se parecem ao gênero das que vivem em nossos mares". Portanto, não há nada de comum entre o que viveu no início dos tempos e o que vive hoje. Alterando a crosta terrestre, os cataclismos exterminaram o que a habitava. Inúmeros seres desapareceram. "Os habitantes da terra seca foram engolidos pelos dilúvios; os outros, que povoavam o interior das águas, foram colocados no seco quando o fundo dos mares subitamente elevou-se; suas raças terminaram para sempre e deixaram no mundo apenas fragmentos dificilmente reconhecíveis pelo naturalista"[280]. É em vão que se procuram os vestígios de uma filiação única no mundo vivo, de uma série de modificações pela qual cada espécie teria nascido de uma outra por uma gradação sem falhas. Impossível ligar o mais simples ao mais complexo por uma sucessão de variações que pouco a pouco conduziram o reino animal a seu estado atual. A natureza tomou o maior cuidado para impedir a alteração das espécies, para manter fixas as grandes linhas das organizações. As raças atuais "não podem ser as modificações das raças perdidas". As condições que outrora reinaram na Terra não podem ser as mesmas que as que prevalecem hoje. E se o próprio Curvier não fala explicitamente, seus alunos não hesitarão em invocar, não uma criação única, mas diversas, uma após cada catástrofe.

As revoluções do globo fizeram com que Cuvier recebesse muitas críticas. Considerou-se com freqüência, e ainda às vezes se considera, retrógrada, conservadora e mesmo teológica uma atitude que teria retardado o aparecimento do pensamento evolucionista. Entretanto, parece claro que o caráter principal do evolucionismo, a contingência do vivo, não podia ser invocado enquanto os seres continuassem a se instalar ordenadamente em um quadro prescrito, enquanto progredissem em fila indiana para a perfeição. A dispersão das formas vivas, a ruptura temporal que as criou e a gratuidade da variação são premissas de qualquer teoria da evolução. Todas as três são obra de Cuvier.

Coube aos geólogos exorcizar o demônio dos cataclismos. Pois a dispersão em províncias distintas, a retração em ilhas isoladas não são encontradas apenas no mundo dos seres, mas também no das

---

[280] *Discours sur les révolutions...*, p. 18.

pedras, das formações geológicas. Mas neste caso não é necessário invocar o excepcional das catástrofes. Basta recorrer ao que Lyell chama "princípio das causas atuais". Todos os testemunhos dados pela Terra a respeito de seu passado atestam que a superfície sofreu uma série de remanejamentos. Mas as antigas modificações produzidas na superfície do globo se devem a causas análogas, quanto à natureza e à intensidade, às que agem atualmente. "Para explicar os fenômenos observados, diz Lyell[281], podemos nos dispensar de recorrer a catástrofes súbitas, violentas e gerais, e olhar as modificações atuais... como pertencentes a uma série uniforme e contínua de acontecimentos". Sabendo-se extrair das camadas geológicas os indícios que elas encerram, encontra-se nos tempos antigos o vestígio das condições de clima, erosão, erupções vulcânicas que ainda existem hoje. Pode-se ver troncos de árvore em pé, raízes ainda encravadas no solo. Sobre o barro e a areia endurecidas de outrora, observam-se ondulações semelhantes às de nossas praias. Comparando, como faz Lyell, os vestígios que as gotas de chuva deixaram nas rochas de todas as idades, tem-se a impressão de contemplar as impressões deixadas na areia por aguaceiros acontecidos com alguns dias de diferença. As formas e as dimensões das gotas são quase idênticas e dão testemunho de uma analogia nas condições da atmosfera. Nem as chuvas, nem as poeiras, nem os desertos, nem os gelos, nem os ventos parecem ter sido antigamente diferentes do que se vê hoje. Como todos os vestígios atestam, houve sem dúvida acontecimentos violentos para esculpir a superfície da Terra. Cadeias de montanhas saíram inteiras de seu interior ou mergulharam em suas profundezas; vales abriram-se bruscamente, depois foram preenchidos, para novamente serem escavados; os mares recuaram as terras e depois também se retiraram. Mas todas estas modificações representam uma série de acontecimentos sem verdadeira ruptura, uma sucessão de épocas que fez com que a crosta terrestre progressivamente adquirisse sua configuração atual. Estudando a disposição das massas de minerais escondidas na Terra, chega-se a reconstituir a ordem geológica. As rochas compõem uma grande série cronológica de movimentos que atestam uma sucessão de fatos na história primitiva do globo e dos seres que o habitavam. Através de todos os remanejamentos, apesar das modificações de condições, de circunstâncias, de climas, gerais ou locais, as mesmas causas acumularam os mesmos materiais, deram origem às mesmas camadas

---

281 *Principes de géologie*, trad. franç., Paris, 1843, t. I, pref., p. xv-xvi.

de terreno. Tudo aconteceu sem violação das leis que regem ainda hoje a formação dos solos, dos sedimentos, das rochas. Assim, diz Lyell[282], a geologia "consiste na pesquisa séria e paciente das relações que existem entre os fenômenos geológicos antigos e o resultado das modificações atualmente em vias de se produzirem, seja sob nossos olhos, seja em regiões inacessíveis à observação e cuja realidade é atestada pelos vulcões e pelos movimentos subterrâneos". Se o passado produziu o presente, só o presente deve explicar o passado.

Para classificar as rochas, não basta mais examinar sua estrutura e sua textura. É preciso também referir-se à sua origem e à sua idade para deduzir sua ordem de formação. Existem três critérios para atribuir uma idade a uma massa mineral: a superposição, isto é, o lugar relativo ao das outras rochas dos arredores, as mais profundas sendo as mais antigas; o caráter mineralógico, freqüentemente idêntico em extensos estratos horizontais mas que varia rapidamente no sentido vertical; enfim, o conteúdo em termos de detritos orgânicos. Sua própria natureza, diz Lyell[283], "dá aos fósseis o mais alto valor como caráter cronológico, conferindo a cada um deles a autoridade que na história pertence às medalhas contemporâneas dos acontecimentos". Portanto, é entre as formações que encerram os fósseis que é mais fácil determinar uma idade relativa. Começa-se então por estabelecer uma cronologia destas formações, procura-se depois remeter o mais possível às mesmas divisões os diferentes grupos de rochas. De acordo com sua origem e com as causas de sua produção, pode-se repartir as rochas em quatro grandes classes: hidrógenas, plutônicas, vulcânicas e metamórficas. Mas estas quatro classes de rochas não formam uma série única de produção. Cada uma não corresponde a uma época precisa. De forma que não se pode reconstituir a sucessão das épocas geológicas a partir de um simples exame da ordem vertical das camadas superpostas em uma certa região. Há um tipo de "transmutação" das rochas, as massas fossilíferas convertendo-se pouco a pouco em massas cristalinas. E este processo que hoje continua acontecendo sempre se realizou. Atualmente se vê formar, em certos lagos, camadas hidrógenas e fossilíferas, enquanto aparecem em outros locais formações vulcânicas. Do mesmo modo, em cada época do passado, depósitos fossilíferos e rochas ígneas se formaram na superfície, enquanto que certas camadas sedimentares, submetidas à ação do calor e da pres-

---

282 *Principes de géologie*, t. I, p. 516.
283 *Manuel de géologie élémentaire*, trad. franç., Paris, ed. 1856, p. 160.

são, adquiriram uma estrutura cristalina. A posição relativa das rochas, portanto, só pode ser comparada em zonas limitadas, devido às defasagens que se encontram entre as regiões. As quatro grandes classes de rochas devem então ser consideradas, diz Lyell[284], "como quatro ordens de monumentos que se relacionam com quatro séries de acontecimentos contemporâneos ou quase contemporâneos".

A análise geológica acaba assim decompondo a crosta terrestre em duas séries no espaço, uma vertical e outra horizontal, que podem ser transcritas em uma espécie de quadro cronológico. Horizontalmente, cada linha do quadro corresponde às camadas de minerais e de fósseis correspondentes a uma mesma época; Lyell distingue quatro, às quais dá os nomes de Ecoceno, Mioceno, velho e novo Plioceno. Verticalmente, quatro grandes classes de rochas "formam quatro colunas paralelas ou quase paralelas"[285]. Cada corpo contido na crosta terrestre pode portanto se definir por duas coordenadas: uma que descreve sua época e seus contemporâneos; outra que especifica a natureza e mesmo, em certos casos, o modo de formação. O presente corresponde à linha inferior do quadro: é a camada que aparece na superfície do globo. No outro extremo do quadro, na parte que corresponde aos tempos mais recuados, isto é, nas profundezas da Terra, não se encontram mais sinais para ligar a história das idades anteriores à presença dos seres organizados. Pouco importa se os detritos encontrados pertencem ao que viveu ou não eles sempre descrevem os mesmos desvios de uma mesma história. O mundo vivo representa apenas um aspecto da Terra e de seu passado.

A evolução

Se, em uma história da natureza, os fósseis dizem a idade das rochas, por sua vez as camadas de minerais falam sobre a repartição, no espaço e no tempo, das espécies que viveram outrora. "O geólogo, diz Lyell[286], chega a conhecer quais são as espécies terrestres, de água doce e marinha, que coexistiram em uma determinada época do passado; e, depois de ele ter identificado as camadas formadas no mar com outras camadas formadas no mesmo momento nos lagos do interior, ele pode ir mais longe e provar que certos quadrúpedes ou certas

---
284 *Manuel de géologie élémentaire*, p. 153.
285 *Ibid.*, p. 153.
286 *Ibid.*, p. 185.

plantas aquáticas, encontradas no estado de fósseis nas formações lacustres, habitaram o globo na mesma época em que répteis, peixes e zóofitos viviam no Oceano". Considerando-se os remanejamentos ocorridos em série na superfície da Terra, as mesmas espécies não puderam se multiplicar e persistir durante toda a história do globo. Em um plano horizontal de estratificação da crosta terrestre, os mesmos tipos de detritos orgânicos não são encontrados sobre extensões infinitas mas em zonas localizadas. Examinando a repartição dos seres atuais ao redor do globo, vê-se as superfícies habitáveis da Terra e do mar divididas em um grande número de regiões distintas, de "províncias", habitadas cada uma por uma certa mistura específica de animais e de vegetais. Do mesmo modo, a geologia distribui os seres de outrora em numerosas províncias, cada uma delas povoada por um conjunto particular de animais e de plantas, províncias que estão atualmente enterradas em zonas e em profundidades diferentes. A sucessão dos seres que vivem sobre a Terra parece portanto ter-se realizado não por uma cadeia única de transformações, mas "pela introdução na Terra, de vez em quando, de grupos de plantas e de animais novos"[287]. Para estar em condições de crescer e de se multiplicar durante algum tempo, estes novos organismos deviam harmonizar-se com as condições de existência predominantes ali e então.

A descida em profundidade na crosta terrestre equivale a uma subida no tempo. Segundo a imagem de Lyell, os arquivos geológicos descrevem uma história do globo incompletamente conservada, escrita em um dialeto mutável e de que só se teria encontrado o último volume. Todas as páginas deste estariam em tal estado que só se poderia decifrar alguns fragmentos de capítulos, ou algumas páginas aqui, outras ali. As palavras desta linguagem, mudando progressivamente com os capítulos, podem de certa forma representar as formas que viveram, que se enterraram nas formações consecutivas da Terra e que parecem ter sido bruscamente introduzidas. Comparando os últimos capítulos, procurando ler, na ordem de superposição dos terrenos, a idade relativa dos fósseis que eles contêm, aparecem relações novas entre as famílias, ou espécies, desaparecidas e as que vivem atualmente. "Todas as observações, diz Humboldt[288], concordam em que quanto mais inferiores, isto é, mais antigas forem as formações em que vivem, mais as formas e as flores fósseis diferem

---

287 *Manuel de géologie élémentaire*, p. 497.
288 *Cosmos*, trad. franç., Paris, 1855, p. 316-317.

das formas animais ou vegetais atuais". No mundo dos seres como no das pedras, o presente corresponde portanto à camada mais superficial da crosta terrestre. Ou seja, pode-se estabelecer relações numéricas entre o que vive e o que viveu. Um grande número de espécies atuais assemelha-se então a um pequeno número de espécies desaparecidas, como se os laços de parentesco entre o passado e o presente pudessem se representar por um cone com a ponta cravada na profundidade da crosta terrestre. Como se, a partir de um mesmo plano de organização, a partir de um tipo único, os corpos vivos tivessem tendência a divergir com o tempo.

É o mesmo tipo de relação que a comparação de espécies semelhantes, ou mesmo de variedades pertencentes à mesma espécie, mas vivendo em regiões geológicas diferentes, revela. Pois se a formação do mundo vivo se produziu sob o efeito de causas que ainda atuam hoje, deve ser possível vê-las em ação em certas condições. A obra que conduziu diretamente à formação de uma teoria da evolução possui dois aspectos: uma investigação sobre a distribuição das espécies através do mundo e uma síntese dos fatores em jogo na formação das espécies. É um tipo novo de naturalista que aparece com Darwin e Wallace. Mais que homens de museu ou de parque zoológico, são sobretudo, como no caso dos geólogos, viajantes que se lançam em campo para examinar o material. Vão de ilha em ilha, de continente em continente, para estudar, em seu próprio ambiente, os seres vivos, para comparar suas formas, seus *habitats* e seus costumes. Acumulam observações, comparações, medidas. Não hesitam em fazer experiências no próprio local, em submergir, por exemplo, caramujos no mar durante quinze dias, para medir sua capacidade de sobrevivência e assim determinar sua aptidão em serem transportados de uma terra para outra. Graças à enorme massa de material assim coletada, torna-se possível analisar o parentesco entre os seres, suas variações em função das condições geográficas, suas tendências a se expandir ou, ao contrário, a desaparecer. Entre as diferenças impostas a uma espécie por suas condições geográficas, seu isolamento, suas possibilidades de transferência de um lugar para outro por ar ou por mar, pode-se perceber a existência de uma série de interações. É assim que, nas ilhas oceânicas, não se encontram batráquios ou mamíferos; que nelas freqüentemente se encontram espécies que não existem em nenhum outro lugar; que há uma notável afinidade entre as espécies das ilhas e as do continente mais próximo, sem que as espécies sejam idênticas. No arquipélago dos Galápagos, por exemplo, todos os "produtos terrestres e aquáticos, diz Darwin[289], trazem a marca incontestável do continente americano: em vinte e seis pássaros terrestres, vinte e um ou talvez vinte e três são considerados como especificamente distintos e como tendo sido criados lá; entretanto, a grande afinidade que apresentam com os pássaros americanos em todos os seus caracteres, costumes, gestos e entonações de voz é manifesta...; é evidente... que as ilhas Galápagos receberam, seja através de meios de transporte eventuais, seja devido a uma antiga continuidade com a terra firme, seus colonos da América". Cada ilha tem, de certa forma, seus pássaros. Mas todos estes pássaros têm entre si e com os do continente americano um certo ar de família. Como se as diferenças emergissem sobre um fundo de semelhança. Como se todas estas diversas espécies de pássaros derivassem de um ancestral comum, sua individualização sendo a conseqüência de seu isolamento em seus territórios geográficos.

É portanto à mesma conclusão que chegam a investigação geográfica e a análise dos "arquivos paleontológicos": com o tempo, um pequeno número de organismos semelhantes produz um grande número de descendentes diferentes. Ora, quanto mais estes descendentes se afastam do tipo original, mais têm tendência a se isolarem para se reproduzirem entre si; portanto, mais estas diferenças têm a chance de se perpetuar. Para Darwin, as variedades que se tornaram muito distintas umas das outras acabam por ser promovidas "na série das espécies". Afinal de contas, o que rege o aparecimento das novas espécies são duas variáveis: o tamanho das populações e a freqüência com que aparecem as diferenças entre indivíduos. Tamanho das populações, pois são os grupos já mais numerosos que melhor se multiplicam: cada grande grupo tende assim a aumentar cada vez mais e, por isso mesmo, a apresentar caracteres cada vez mais distintos. Diferenças entre indivíduos, pois quanto mais os membros de um grupo se diversificam por sua conformação, suas propriedades, seus costumes, mais têm condições de ocupar *habitats* variados, de adaptar-se neles. São os grupos mais numerosos que têm mais possibilidades de dar origem a variedades. São as variedades mais distintas que têm mais chances de encontrar novos *habitats,* de neles se instalar e, pelo seu crescimento numérico, de suplantar as variedades menos distintas. As novidades oriundas de uma espécie permitem a esta explorar com mais eficácia os recursos de seu meio, graças a uma espécie de divisão

---

289 *L'Origine des espèces,* trad. franç., Paris, 1873, p. 424.

do trabalho na zona que ocupa. "Esta tendência que têm os grupos já grandes de sempre aumentarem e de se diferenciarem em seus caracteres, diz Darwin[290], juntamente com a circunstância quase invariável de uma extinção considerável, explica a disposição de todas as formas vivas em grupos subordinados entre si e compreendidos em um pequeno número de grandes classes que sempre foram preponderantes".

Tudo isto se traduz pelas palavras *divergência, diversificação, dispersão*. Não se pode mais representar a sucessão das formas vivas através dos tempos por um quadro de uma só coluna ou mesmo de muitas colunas paralelas correspondendo a séries independentes; a única figura que convém para descrever a diversificação de um grupo é a árvore genealógica. "Assim como, durante seu crescimento, os gomos produzem novos que, por sua vez, quando estão fortes, crescem em todas as direções formando ramos que ultrapassam e sufocam os ramos mais fracos, creio que a geração agiu da mesma forma em relação à grande árvore da vida, cujos ramos mortos e quebrados estão enterrados nas camadas da crosta terrestre, enquanto que suas magníficas ramificações vivas e sempre renovadas cobrem a superfície"[291]. A divergência dos caracteres, juntamente com a conservação dos traços comuns por hereditariedade, permite compreender as afinidades que ligam entre si todos os membros de uma mesma família ou mesmo de um grupo mais elevado. No interior de uma família, proveniente de um mesmo ancestral mas fraccionada em grupos distintos, transmitem-se certos caracteres modificados progressivamente. Todas as espécies desta família são assim ligadas entre si por "linhas de afinidade indiretas, de comprimento variável, que remontam ao passado através de um grande número de predecessores". Procedendo-se assim pouco a pouco, distribui-se o conjunto do mundo vivo pelos ramos de uma mesma árvore genealógica. Todos os seres, tanto os que viveram outrora quanto os que vivem atualmente passam assim a derivar de um número muito pequeno de ancestrais, ou mesmo de um só. A origem dos seres, a "aurora da vida", se oculta no início dos tempos. É configurada como o pé da árvore, a ponta do cone enterrada no mais profundo da crosta terrestre. Reduz-se a alguns seres organizados, "dotados da mais simples das configurações", sem diferenças e particularidades.

---

290 *L'Origine des espèces,* p. 494.
291 *Ibid.,* p. 148.

A nitidez dos cortes que se descobre no mundo vivo deve-se à extinção das formas intermediárias. "A extinção apenas separou os grupos, diz Darwin[292], de maneira alguma os criou". Se os pássaros estão tão profundamente separados dos outros vertebrados, é porque perdeu-se um grande número de formas que ligavam os ancestrais de uns aos de outros. Já entre as formas que ligavam os peixes aos batráquios, o desaparecimento foi menos completo; o corte é, portanto, menos brutal. Afinal de contas, só um pequeno número das espécies mais antigas pôde produzir descendentes. Como todos queles que provêm de uma mesma espécie inicial são considerados como pertencentes a uma mesma classe, cada uma das divisões dos dois grandes reinos animal e vegetal encerra um pequeno número de classes. Através da árvore genealógica, uma rede de parentesco é tecida entre todos os seres. A ligação de dois organismos se mede pelo grau de parentesco: "Toda verdadeira classificação, diz Darwin[293], é genealógica: a comunidade de descendência é o elo oculto que os naturalistas sempre procuraram, sem disto ter consciência, e não algum plano de criação desconhecido ou uma enunciação de proposições gerais, ou ainda o simples fato de reunir e de separar os objetos mais ou menos semelhantes".

O segundo aspecto da teoria da evolução diz respeito aos mecanismos que atuam na variação dos seres, na progressão de sua organização e em sua adaptação. Ele se baseia em três princípios. Em primeiro lugar, e de acordo com o que Lyell havia enfatizado, as causas que no passado regeram a evolução dos seres vivos não se distinguem das que agem atualmente. Não há necessidade de invocar fenômenos excepcionais como responsáveis pelo aparecimento das diversas formas vivas. Inútil considerar as transformações que teriam acarretado a substituição simultânea de *todos* os seres. Há, para Darwin[294], "um surpreendente paralelismo entre as leis da vida no tempo e no espaço; e as leis que regularam a sucessão das formas nos tempos passados são as mesmas que atualmente governam as diferenças nas diversas zonas". Todas as formas que vivem atualmente são descendentes das que viviam outrora. Pode-se ter certeza de que a sucessão habitual das gerações não foi interrompida e, portanto, de que nenhum cataclismo universal jamais subverteu o mundo inteiro. Todas as modificações foram feitas gradualmente e sem saltos

---

292 *L'Origine des espèces*, p. 455.
293 *Ibid.*, p. 443.
294 *Ibid.*, p. 433.

bruscos. Nunca aparecem novidades; sempre surgem variedades que se diferenciam por divergência e isolamento. A transformação de uma espécie em outra é apenas a soma das pequenas mudanças sofridas por uma série de gerações sucessivas em vias de adaptação. A evolução progride "passo a passo" e "nunca dá saltos bruscos". O que substitui a continuidade dos seres é a continuidade do crescimento, lento, tenaz, irresistível, da árvore genealógica.

Em segundo lugar, é definitivamente rejeitada a idéia de necessidade no mundo vivo, de uma harmonia que impõe um sistema de relações entre os seres. Os documentos paleontológicos, a distribuição geográfica das espécies, o desenvolvimento dos embriões, os fenômenos de divergência dos caracteres a partir de um ancestral comum, o aumento de certos grupos e o desaparecimento de outros, tudo concorre para mostrar a contingência dos seres vivos e de sua formação. Nenhum plano preconcebido, tenha ele sido realizado de uma só vez através de criação ou executado pouco a pouco através de transformações sucessivas, não pode dar conta nem das formas que habitaram ou que hoje habitam a Terra, nem de sua distribuição. Nunca se vê, diz Darwin, "aparecerem subitamente novos órgãos parecendo ter sido especialmente criados com um determinado objetivo". O aparecimento de uma forma nova não tem caráter inevitável. É a resultante de numerosas forças que em determinada época e em determinado lugar se conjugaram. Tivessem as condições sido diferentes, o mundo vivo hoje seria diferente ou mesmo poderia não haver mundo vivo. Exorcizando o demônio da necessidade, a teoria da evolução liberta o mundo vivo de toda transcendência, de todo fator que escape, no que diz respeito à sua causa, ao conhecimento. Não há mais nada que, por essência, se oponha à análise e à experimentação.

Finalmente, aquilo que, para Darwin, transforma radicalmente a atitude em relação ao mundo vivo é a maneira de considerar não mais os indivíduos, mas grandes populações. Até então, examinavam-se as variações a que um determinado ser estava sujeito com o objetivo de considerar os tipos de transformações que eventualmente poderia sofrer. Com Darwin, as desventuras e as metamorfoses que podem acontecer com este ou aquele indivíduo não despertam mais interesse. Não há, é claro, possibilidade alguma de poder reencontrar o vestígio de cada animal que viveu na Terra. Mas mesmo se fosse possível reconstruir o destino individual de cada ser do passado, não se conseguiria deduzir as leis da variação e da evolução. O objeto da transformação não é o organismo, mas o conjunto dos organismos semelhantes que vivem ao longo dos tempos. Em seus textos, Darwin está sempre insistindo na abundância da produção dos seres organizados, na extensão das destruições, na ineficácia dos mecanismos que presidem à fecundação e à reprodução. Pois entre bilhões de células germinais ativadas, uma excepcionalmente consegue desempenhar seu papel. Em suma, acentua-se sempre este imenso desperdício da natureza, que faz com que, afinal de contas, os acontecimentos menos freqüentes acabem tendo as conseqüências mais importantes. Antes de Boltzmann e de Gibbs, Darwin já adota a atitude que a mecânica estatística estabelecerá na segunda metade do século XIX para estudar o comportamento das unidades que constituem os corpos. Toda a teoria da evolução baseia-se na lei dos grandes números. Não que Darwin tenha recorrido a tratamentos matemáticos complexos para analisar a variação das populações; ele se limita à intuição e ao bom senso. Para abordar as transformações, ele considera somente as flutuações que ocorrem sempre nas grandes populações, o que se chama em estatística distribuição de freqüência. Sua atitude já é a da análise estatística, que transformará a pequena vantagem conferida a alguns, por um pequeno aumento nas possibilidades de sobrevivência e de reprodução, em um mecanismo rígido de conseqüências inevitáveis. Portanto, a necessidade não desapareceu inteiramente do mundo vivo. Ela apenas mudou de natureza.

Assim, o principal impulso que intervém para transformar as formas vivas só pode se encontrar no próprio processo que dá origem a grandes populações, isto é, no poder de multiplicação próprio dos seres vivos. Não há mais, então, um impulso simples, único, contínuo, que com o tempo suscita o aparecimento de formas novas. O surgimento dos seres é o efeito de uma longa luta entre ações opostas, a resultante de forças que se combatem, o resultado de um conflito entre o organismo e seu meio. Mas, neste processo, é sempre o organismo que tem a primeira palavra. O meio limita-se a responder. Para Darwin, é "insensato" acreditar que as patas do ganso se tornaram espalmadas simplesmente de tanto golpear a água; "absurdo" pensar que os répteis perderam suas patas unicamente procurando arrastar-se melhor. A capacidade que têm os seres de modificar suas formas, suas propriedades e seus costumes é inerente ao próprio vivo. É uma das qualidades que distinguem os seres das coisas. Está indissoluvelmente ligada à capacidade mais característica dos seres vivos: a de se reproduzir. É simplesmente a expressão do antigo "crescei e multiplicai-vos". Por sua própria natureza, cada organismo ou cada par de organismos é dotado do poder de produzir filhos em número sempre crescente de geração em geração. Se só existisse uma espécie sobre a

Terra, se nada limitasse sua expansão, se não houvesse causa alguma para destruí-la, esta espécie se multiplicaria indefinidamente em progressão geométrica. "Sem nada para detê-lo, diz Wallace[295], mesmo o menos prolífico dos animais se expandiria rapidamente". Lineu já havia calculado que se uma única planta, assim como cada um de seus descendentes, produzisse somente dois grãos por ano, e não se conhece nenhuma tão pouco fértil, haveria mais de um milhão de indivíduos ao fim de vinte anos. Darwin realiza o mesmo cálculo em relação ao elefante, conhecido por ser, de todos os animais, o que se reproduz mais lentamente: admitindo-se que precisa atingir a idade de trinta anos para procriar, que vive até cem anos e que produz seus filhos durante este intervalo, a descendência de um só par se elevaria a quase dezenove milhões de elefantes depois de setecentos e cinqüenta anos. Quanto ao homem, cujo número se duplica em vinte e cinco anos, simplesmente não haveria lugar na Terra, depois de mil anos deste regime, para que os descendentes de um casal pudessem ficar de pé lado a lado. Mas uma espécie não está sozinha na Terra. O mundo vivo é constituído por populações de organismos diferentes, em competição uns com os outros por território, por comida, por luz, em suma, pela sua existência. O efeito do meio se limita então a favorecer a multiplicação de uns a expensas dos outros. Estes estão destinados ao desaparecimento, aqueles à expansão. Ora, se todas as espécies têm o poder de se multiplicar de maneira exponencial, se se todas possuem a faculdade de engendrar outros seres em proporção sempre crescente, seus descendentes são em geral quase, mas não inteiramente, idênticos ao tipo inicial. Logo depois de aparecerem, as variedades já participam da competição. Ganham ou perdem, dependendo de se a diferença em relação ao seu ancestral favorece ou não sua própria multiplicação. Daí a substituição progressiva de certas espécies por outras, melhor adaptadas para se reproduzirem em certas condições. Afinal de contas, a única força específica da evolução do mundo vivo é a capacidade de multiplicação própria dos seres.

Vê-se assim a profundidade do fosso que separa esta teoria de tudo que a precedeu, com exceção da obra de Malthus que, segundo Darwin e Wallace, foi quem começou a recorrer aos equilíbrios das populações, à oposição entre forças contrárias, uma inerente aos pró-

---

[295] *On the tendency of Varieties to depart indefinitely from the original type,* in *J. of the Linnean Society,* 1859, vol. 3, p. 45.

prios seres e outra exterior a eles, para explicar a regulação da evolução. Para construir uma teoria da evolução, a biologia importa um modelo da sociologia. Mas esta por sua vez se baseava na estabilidade, já observada por Buffon, do número de indivíduos de uma espécie. "A causa a que me refiro, dizia Malthus[296], é a tendência constante que se manifesta em todos os seres vivos de aumentar sua espécie, mais do que permite a quantidade de alimentação que está ao seu alcance... A natureza distribuiu liberalmente os germes da vida nos dois reinos, mas foi econômica em relação ao espaço e aos alimentos". Para Malthus, o desenvolvimento das populações humanas estava submetido à ação de dois fatores agindo em sentido oposto: de um lado, a "multiplicação em progressão geométrica"; de outro, os obstáculos externos como as destruições, as guerras, as epidemias, as limitações de comida, em suma, todas as restrições à expansão, especialmente o próprio fato de que os "meios de subsistência" não podem crescer na mesma proporção, mas, na melhor das hipóteses, em progressão aritmética. Daí um conflito que, nas sociedades humanas, traduz-se por uma "luta pela existência", em que Malthus via ao mesmo tempo a causa e as conseqüências das mudanças sociais ocorridas com o início da era industrial. Mas se a teoria da evolução retomou a idéia de uma luta pela existência, o fez em um sentido um pouco diferente. Realizando uma curiosa distorção, freqüentemente utilizou-se a evolução biológica como o exemplo por excelência da concorrência vital, da vitória dos fortes sobre os fracos, dos senhores sobre os escravos, para fundar em uma exigência da natureza as desigualdades sociais ou raciais e para justificar os piores excessos. Mas, da doutrina de Malthus, Wallace e mais ainda Darwin mantiveram sobretudo a idéia de uma oposição entre a capacidade de reprodução dos seres e as forças externas que a limitam.

Como Maupertuis já tentara, Darwin procura encontrar na seleção artificial realizada entre animais domésticos e plantas cultivadas um modelo aplicável à natureza. Pois a produção de novas espécies pelos criadores e horticultores resulta de uma interação entre dois tipos de acontecimento. Por um lado, os esforços do criador para desenvolver, entre as variedades que surgem em seus rebanhos ou em suas plantações, as que o interessam particularmente. Não é o homem que age diretamente sobre a variabilidade. As modificações só apa-

---

[296] *Essai sur le principe de population*, trad. franç., Genebra, ed. 1823, p. 2-3.

recem "ocasionalmente", sem que se saiba provocá-las. Elas se produzem, por assim dizer, gratuitamente, sem ligação com qualquer necessidade, qualquer exigência do organismo. De forma que, diz Darwin[297], "a possibilidade de vê-la surgir será tanto maior quanto mais considerável for o número de indivíduos produzidos; e a circunstância de uma criação em grande escala se tornará uma condição importante de sucesso". Mas se é a natureza e não o criador que produz a variabilidade, em compensação o criador pode *escolher* entre as variações fornecidas pela natureza e adaptar os animais ao objetivo perseguido. Depois de ter aparecido em um indivíduo, uma variação se mantém por hereditariedade em sua descendência. Simples diferenças individuais bastam, portanto, para permitir uma acumulação de modificações na direção desejada. O homem pode realizar uma seleção, seja metodicamente, seja mesmo de maneira inconsciente, conservando em cada geração os indivíduos que lhe são mais úteis ou ou que mais lhe agradam. Colocando os organismos em condições escolhidas, filtrando regularmente as diferenças individuais, às vezes pouco perceptíveis para um olho inexperiente, e limitando a reprodução destes organismos, chega-se a modificar qualquer caráter de um animal ou de uma planta.

Para Darwin, este modelo da seleção artificial é inteiramente transponível, em forma de "seleção natural", aos fenômenos de variação e de evolução. É à "conservação das variações favoráveis, diz Darwin[298], e à destruição das que são nocivas que apliquei o nome de "seleção natural" ou de "sobrevivência do mais apto". As variações indiferentes, nem úteis nem nocivas, não sendo afetadas pela seleção", podem subsistir ou não. A variabilidade é espontaneamente produzida durante as gerações, tanto na natureza quanto em uma criação. Como em uma criação, o tamanho das populações desempenha um papel importante: dá às variações a possibilidade de aparecer. É aí que intervém o tempo. A duração em si não tem nenhuma influência sobre a seleção natural. "O tempo só é importante, diz Darwin[299], e deste ponto de vista sua importância é grande, na medida em que oferece mais oportunidades para o aparecimento de variações vantajosas, para sua seleção, seu aumento e sua fixação em relação com as lentas modificações que ocorrem gradualmente nas condições exteriores". Pela primeira vez, o tempo se mede em gerações. A geração repre-

---

297 *L'Origine des espèces,* p. 39.
298 *Ibid.,* p. 85.
299 *Ibid.,* p. 110.

senta, com efeito, a unidade mais conveniente para estimar as durações exigidas para o aparecimento de formas novas durante os períodos geológicos. Na árvore genealógica traçada por Darwin para representar o mundo vivo, um novo ramo aparece quando a extensão da variação acumulada é suficiente para determinar uma variedade bem delimitada, aquela, por exemplo, assinalada por uma obra de zoologia sistemática. Assim, cada intervalo entre dois ramos "pode representar mil ou mesmo uma dezena de milhares de gerações"[300].

Quanto aos processos de seleção que ocorrem na natureza, se por um lado tem a mesma natureza dos que funcionam na seleção artificial, por outro seus efeitos são muito mais extensos. Enquanto o criador só pode escolher os caracteres visíveis, em função de seus gostos ou de suas necessidades, a natureza também age sobre os órgãos internos, sobre a própria constituição dos seres, sobre o conjunto da organização. "Pode-se, por metáfora, dizer que a seleção natural está escrutando, a cada instante e no universo inteiro, as variações mais ínfimas; desdenhando as que são ruins, conservando e adicionando todas as que são boas, trabalhando imperceptivelmente e sem barulho, em toda parte e sempre que a ocasião se apresenta, para a melhoria de cada ser organizado, em suas relações tanto com o mundo orgânico quanto com as condições inorgânicas"[301]. Portanto, a luta pela existência é, antes de tudo, uma luta pela reprodução. É em sua capacidade de multiplicação em determinadas condições de existência, é em seu poder de produzir uma descendência capaz de ocupar certos territórios que os indivíduos são constante e automaticamente testados. A seleção ocorre até nos fenômenos de sexualidade: a luta entre os machos pela posse das fêmeas tem como resultado dar ao mais forte e ao mais astucioso a descendência mais numerosa. "Quando os machos e as fêmeas de um animal têm os mesmos hábitos, mas diferem pela conformação, pela cor e pela ornamentação, suas diferenças se devem principalmente à seleção sexual: isto é, resultam do fato de que, durante algumas gerações sucessivas, certos indivíduos machos e portadores de algumas vantagens sobre os outros, em relação aos meios de ataque e de defesa ou ao poder de atração, os transmitiram a seus descendentes machos"[302]. A menor vantagem que um organismo possui sobre seus concorrentes de espécie faz pender a balança para o seu lado. Por mais fraco que seja, qualquer irregularidade na eficácia da reprodução bas-

---

300 *L'Origine des espèces*, p. 122.
301 *Ibid.*, p. 89.
302 *Ibid.*, p. 94.

ta para alterar o equilíbrio de uma população. Certas modificações permitem que alguns indivíduos se multipliquem um pouco melhor, um pouco mais rápido que os outros. Os primeiros têm então tendência a aumentar, os segundos a desaparecer. Como as variações são, em sua maioria, transmitidas hereditariamente, as modificações benéficas acumulam-se naturalmente de geração em geração, enquanto que as outras são eliminadas. "Qualquer desvio do tipo normal, diz Wallace[303], exerce algum efeito, por menor que seja, sobre a constituição ou as propriedades dos indivíduos... Se uma espécie produz uma variedade que aumenta ligeiramente o poder de preservar a existência, esta variedade deve inevitavelmente, com o tempo, adquirir uma superioridade numérica". Hoje, como ontem, a evolução age para manter, para corrigir, para melhorar a adaptação dos animais e das plantas a seu meio. A seleção natural funciona por meio de reprodução diferencial.

*

Até meados do século XIX, o mundo vivo representava um sistema de regulação externa. Tenham os seres organizados permanecido imutáveis desde a criação ou tenham eles progredido por uma sucessão de acontecimentos, de todo modo constituíam uma série contínua de formas. Se se descobriam falhas na hierarquia, era por omissão, por ignorância, por insuficiência de inventário. A estrutura do mundo vivo, tal como ele é visto atualmente, expressava então uma necessidade transcendente. Não era concebível que os seres pudessem ser diferentes do que são, que outras formas pudessem ter habitado a terra. Com a teoria da evolução, desaparece a idéia de uma harmonia preconcebida através de que se imporia aos seres organizados um sistema de relações. Substitui-se a necessidade de um mundo vivo tal como ele é pela contingência, que já reinava no céu e nas coisas. Não somente o mundo vivo poderia ser totalmente diferente do que é hoje, como também poderia nunca ter existido. Os organismos tornam-se elementos de um vasto sistema de ordem superior, que compreende a Terra e todos os objetos que ela abriga. A forma dos seres, suas propriedades, seus caracteres são então submetidos à regulação interna deste sistema, ao jogo das interações que coordenam a atividade dos elementos.

---

[303] *J. Linnean Soc.*, vol. 3, p. 45.

Esta reviravolta não é simplesmente o prolongamento de um pensamento transformista que teria começado a se exprimir com Buffon e Lamarck. É o efeito de uma mudança no próprio modo de considerar os objetos, o resultado de uma atitude radicalmente nova que aparece no meio do século XIX. A prova de que esta transformação não é um simples acidente reside no fato de que ela vai se manifestar de forma independente e quase que simultânea em domínios bastante afastados uns dos outros: na análise da matéria, com Boltzmann e Gibbs; na análise dos seres vivos, com Darwin, Wallace, assim como Mendel. Existem, na realidade, duas maneiras de considerar uma coleção de objetos pertencentes a uma mesma classe, como as moléculas de um gás ou os organismos de uma mesma espécie. Pode-se ver neles um conjunto de corpos idênticos. Todos os membros do grupo são cópias de um mesmo modelo. No mundo vivo, a classificação das formas baseia-se assim na perpetuação da estrutura através das gerações, na permanência do tipo. Sendo assim, o que importa conhecer não são os próprios objetos, mas o tipo a que se referem. Só o tipo tem uma realidade. Os objetos apenas a refletem. Importa pouco que as cópias às vezes se afastem do modelo. Os desvios em relação ao tipo representam quantidades desprezíveis, pequenos erros sem conseqüência. De acordo com o outro ponto de vista, pode-se ver, na mesma coleção de objetos, uma população de indivíduos que nunca são exatamente idênticos. Cada membro do grupo assume assim um caráter único. Não há mais um modelo ao qual se referem todos os indivíduos, mas um esboço que se limita a resumir a média das propriedades de cada indivíduo. Trata-se, então, de conhecer a população em seu conjunto através de sua distribuição. Mas o tipo médio não passa de abstração. Apenas os indivíduos, com suas particularidades, diferenças e variações são reais.

Portanto, estas duas maneiras de considerar a natureza e os objetos que a compõem opõem-se em todos os aspectos. É a passagem da primeira para a segunda que marca o início do pensamento científico moderno. No mundo inanimado, a nova atitude se traduzirá pelo aparecimento de uma mecânica estatística. No mundo vivo, é uma condição necessária para o surgimento de uma teoria da evolução. A variação não é mais um problema de indivíduos mas de população. Mesmo se Darwin não utiliza a análise estatística, tem uma concepção estatística da população. Primeiro porque as variações limitam-se a traduzir as flutuações de distribuições inerentes a qualquer sistema. Além disto, porque a seleção limita-se a alterar lentamente os equilíbrios de população, através do acaso das interações dos organismos e de seus meios. Desaparece assim a dificuldade encontrada até então para justificar as transformações dos seres. Inútil invocar algum mecanismo complicado, algum desígnio da natureza, alguma influência do meio para explicar as modificações de forma. Os indivíduos de uma espécie não são mais idênticos aos outros. A cada geração, cada caráter percorre a série contínua das variações em torno de uma média. A adaptação só aparece posteriormente, e unicamente pelo fato de que todo organismo que surge sobre a Terra é logo submetido à prova da vida e da reprodução.

Portanto, o que caracteriza a teoria da evolução é a maneira de considerar a emergência dos seres vivos e sua aptidão para viver ou se adaptar ao mundo que os circunda. Para Lamarck, quando se formava um novo ser, seu lugar *já* estava determinado na cadeia ascendente dos seres. *De antemão* ele devia representar uma melhoria, um progresso em relação a tudo que até então existira. A direção, senão a intenção, precedia a realização. Com Darwin, a ordem relativa entre o aparecimento de um ser e sua adaptação é invertida. A natureza apenas favorece o que já existia. A realização precede qualquer julgamento de valor sobre a qualidade do que é realizado. Qualquer modificação pode nascer da reprodução. Qualquer variação pode aparecer, represente ela uma melhoria ou uma degradação em relação ao que já existia. Não há maniqueísmo algum na maneira utilizada pela natureza para inventar novidades, idéia alguma de progresso ou de regressão, de bem ou de mal, de melhor ou de pior. A variação se faz por acaso, isto é, na ausência de qualquer relação entre a causa e o resultado. É somente após sua emergência que o novo ser é confrontado com as condições de existência. É somente depois de vivos que os candidatos à reprodução são submetidos à prova.

Já no século XVIII, Buffon, Maupertuis e Diderot haviam considerado a possibilidade de uma filtragem dos seres organizados após sua formação. Monstros podiam se constituir que, incapazes de viver, deviam desaparecer. De certa forma, a natureza fazia uma triagem dos seres já formados, preservando o que tem meios de viver, rejeitando o que é incompleto, o que não pode se alimentar por falta de boca ou se reproduzir por falta de órgãos para a geração. Mas tais monstros só poderiam ser imaginados através da articulação das moléculas orgânicas. Todos os possíveis *a priori* da combinatória podiam se constituir, mas só certas combinações eram viáveis. Em meados do século XIX, trata-se de outra coisa. O equilíbrio do mundo vivo se realiza através de uma espécie de dialética, a da permanência e da variação, do idêntico e do diferente. Criticou-se às vezes o termo de seleção, empregado por Darwin para a evolução, por analogia com a criação de gado. Pois à idéia de escolha associa-se a da intenção que leva o criador a escolher, em seu rebanho, as formas que lhe parecem melhor se adequarem ao seu objetivo. Há também uma triagem na natureza, mas ela se faz automaticamente. Tudo que pode interferir na reprodução acaba, de certa forma, aperfeiçoando-a. Entre os candidatos a esta reprodução, nenhuma intenção preside à escolha dos eleitos, que se faz posteriormente, na prática, a partir unicamente das qualidades, dos desempenhos dos indivíduos. A adaptação torna-se o resultado de uma disputa sutil entre os organismos e o que os circunda. Pois se o poder de se reproduzir é uma qualidade inerente ao organismo, sua realização depende rigorosamente de todas as variáveis do meio. O que é "escolhido" é tanto o meio pelo organismo quanto o organismo pelo meio. Na adaptação, a reprodução funciona apenas como amplificador. Ela apenas acentua os desvios que se formam espontaneamente. De tanto orientar em um mesmo sentido, a reprodução acaba fazendo a população derivar em direções bem determinadas. Ocorridas às cegas, as variações se orientam na direção que lhes impõe a triagem impiedosa da seleção natural. Para Darwin, um ser vivo, desde seu nascimento, faz parte deste imenso sistema organizado constituído pela Terra e tudo que ela contém. A seleção natural representa um fator de regulação que mantém o sistema em harmonia. Considera-se atualmente que um sistema deste tipo só pode se perpetuar se movimentos de *feed-back* ou de retroação ajustarem automaticamente o funcionamento. A evolução torna-se então o resultado da retroação exercida pelo meio sobre a reprodução.

A seleção natural age lentamente e por etapas. O tempo da evolução é irreversível, contrariamente ao que continua existindo na física. Com efeito, para a mecânica newtoniana, não há direção privilegiada na interação de dois corpos. É a termodinâmica estatística que, na segunda metade do século, introduzirá na física a irreversibilidade do tempo, fazendo evoluir as populações moleculares do estado menos provável, ou da ordem, para o estado mais provável, ou da desordem. Mas, com a teoria da evolução, o tempo do mundo vivo já flui em sentido único, pois depois dos seres vivos terem tomado um caminho determinado pela variação e pela seleção, eles não podem voltar atrás. A seleção natural os obriga seja a continuar seu processo de diferenciação na direção delineada, seja a desaparecer. Nas condições impostas pela vida sobre a Terra, a seleção natural tem "como resultado final uma melhoria sempre crescente do ser relativamente às suas condições, diz Darwin[304]. Esta melhoria conduz inevitavelmente a um progresso gradual da organização da maior parte dos seres que vivem na superfície do globo". Para cada etapa da série, só há uma pequena probabilidade de retorno ao estado anterior. Sobre este princípio pode então erguer-se uma teoria geral da evolução dos sistemas organizados, sejam eles vivos ou não. O aumento de complexidade com o tempo e a irreversibilidade das séries de transformações tornam-se propriedades inerentes a tais sistemas. O que se chama progresso ou adaptação é apenas o resultado necessário das interações que ocorrem inevitavelmente entre o sistema e o que o circunda.

Em meados do século XIX, as idéias sobre a hereditariedade continuam muito vagas. Mas, para a teoria da evolução, o que é selecionado torna-se permanente através da hereditariedade. Apesar de não formulada por Darwin, esta proposição é implícita. É portanto a reprodução que elabora o idêntico e o diferente. Por sua regularidade, faz a criança nascer semelhante aos pais. Por suas flutuações, cria novidades. Modificados ou não, os seres nascem. Depois são julgados. Julgados pela região em que vivem e pelos seres que o circundam; pelos que eles caçam e pelos que os caçam; pelos de seu sexo e pelos do outro. E o veredicto não tem apelação. Ele é avaliado pelo número de descendentes. Vê-se assim a importância que de agora em diante assume a reprodução dos seres. Ela torna-se o principal operador do mundo vivo, fonte ao mesmo tempo da permanência e da variação, processo pelo qual se mantêm e se diversificam as estruturas, as qualidades, os atributos dos seres. Ela é o ponto de confluência do determinismo que rege a formação do semelhante e da contingência que preside ao aparecimento das novidades. Pois, com a teoria da evolução, a necessidade muda ao mesmo tempo de natureza e de objetivo no mundo vivo. Aplicando-se ao comportamento de enormes populações, torna-se o que a análise estatística considerará como a expressão das leis que regem os grandes números. Mas deixa de expressar os efeitos de uma força que escapa ao conhecimento, através da qual era imposta a configuração do mundo vivo tal como ele existe atualmente. Enquanto as formas vivas estavam, em conjunto, ligadas por um sistema de relações necessárias *a priori,* todo um setor do mundo vivo escapava, por essência, à análise e à experimentação. Diante deste domínio reservado, o biólogo encontrava-se

---

304 *L'Origine des espèces,* p. 130.

um pouco na posição da criança que, o nariz colado no vidro de uma confeitaria, olha o que é proibido tocar. Quando a necessidade passou a ser considerada apenas como efeito de uma seleção imposta pela obrigação de viver sob certas condições, em certos territórios, entre certos seres, então o inaccessível desapareceu. Se não se pode atribuir intenção alguma ao aparecimento das novidades, seu sucesso ou seu fracasso na "luta peia existência" depende unicamente dos fatores físicos, portanto de parâmetros modificáveis. Em biologia, não há mais nenhum setor que seja deixado de lado. Até mesmo a reprodução deve tornar-se objeto de análise.

CAPÍTULO 4

O gen

EM MEADOS DO SÉCULO XIX, ocorre uma reviravolta na prática da biologia. Em menos de vinte anos aparecem a teoria celular em sua forma definitiva, a teoria da evolução, a análise química das grandes funções, o estudo da hereditariedade, o estudo das fermentações, a síntese total dos primeiros compostos orgânicos. Com a obra de Virchow, de Darwin, de Claude Bernard, de Mendel, de Pasteur, de Berthelot, definem-se os conceitos, os métodos, os objetos de estudo que estão na origem da biologia moderna. Pois a atitude adotada neste momento praticamente não mudará durante o século seguinte. Até então reduzida à observação, a biologia torna-se uma ciência experimental. Para a primeira metade do século XIX, a organização constituía um dado fundamental pelo qual todo ser vivo se caracterizava. Ela representava a estrutura de ordem dois, comandando tudo que é perceptível no organismo. Situada no âmago de cada ser, servia de ponto de apoio, de plano diretor ao qual se referiam todas as observações e todas as comparações feitas sobre a estrutura visível dos seres e sobre suas propriedades. Para a segunda metade do século, ao contrário, a organização não constitui mais um ponto de partida para o conhecimento dos seres: ela torna-se objeto do conhecimento. Não basta mais constatar que ela está na base de todas as características de um organismo. É preciso investigar em todos os níveis aquilo em que ela se funda, como se estabelece, quais são as leis que regem sua formação e seu funcionamento. Este deslocamento que ocorre em torno da organização revela um conjunto de possibilidades novas de análise. A partir de então, o que se interroga não é mais a vida enquanto força proveniente do início dos tempos, ao mesmo tempo oculta, irredutível e inacessível; interroga-se aquilo em que ela se decompôs, sua história, sua origem, a causalidade, o acaso, o funcionamento.

A biologia divide-se então em dois ramos, cada um possuindo suas técnicas e seu material. Por um lado, continua a se ocupar do organismo em sua totalidade, considerado seja como unidade intangível, seja como elemento de uma população ou de uma espécie. Esta biologia, que não tem contato com as outras ciências da natureza, funciona com os conceitos da história natural. Pode-se assim descrever os costumes dos animais, seu desenvolvimento, sua evolução, as relações entre espécies, sem fazer qualquer referência à física ou à química. Por outro lado, procura-se reduzir o organismo a seus elementos constituintes. A fisiologia exige isto. O século autoriza. Toda a natureza tornou-se história. Mas uma história em que os seres prolongam as coisas, em que o homem está em continuidade com o animal. A introdução da contingência no mundo vivo, por Darwin e Wallace, representa para a biologia o "tudo é permitido" de Ivan Karamazov. Não há mais domínio deixado de lado nos seres vivos, não há mais espaço que por principio não possa ser conhecido. Não há mais lei divina para assinalar limites à experimentação. Em um universo privado de criação e que se tornou gratuito, a ambição da biologia não tem mais fronteiras. Se o mundo vivo caminha à deriva, se não tem qualquer finalidade, cabe ao homem dominar a natureza. Cabe a ele instaurar a ordem e a unidade que até então procurava na essência da vida. É assim que os esforços da dialética e do positivismo procuram reestabelecer a relação, cortada no final do século precedente, entre o orgânico e o inorgânico. Da matéria ao vivo, não há uma diferença de natureza, mas de complexidade. A célula está para a molécula como a molécula está para o átomo: um nível superior de integração. Para fazer esta biologia, não basta mais observar os seres vivos. É preciso analisar suas reações químicas, estudar as células, desencadear fenômenos. Se o organismo deve ainda ser concebido como um todo, é porque a regulação das reações, a coordenação das células, a integração dos fenômenos permitem que ocorra uma síntese.

No fim do século XIX e no começo do século XX, delimita-se uma série de novos objetos de estudo. Em torno de cada um deles organiza-se um domínio específico da biologia. Sendo assim, esta se fragmenta progressivamente. A palavra biologia acaba cobrindo um leque de ciências diferentes que se distinguem não somente por seus objetivos e suas técnicas, mas por seu material e sua linguagem. Duas delas, que se desenvolvem no começo deste século, remodelam totalmente a representação que se faz dos organismos, de seu funcionamento, de sua evolução: a bioquímica e a genética, cada uma representando uma das tendências da biologia. A bioquímica, que trabalha com extratos, estuda os elementos constituintes dos seres vivos e as reações que se produzem neles; remete a estrutura dos seres e suas propriedades à rede das reações químicas e aos desempenhos de algumas espécies moleculares. A genética, ao contrário, interroga populações de organismos para analisar a hereditariedade; atribui a produção do idêntico e o aparecimento do novo às qualidades de uma estrutura nova, existente no núcleo da célula. Obedecendo a leis rigorosas, esta estrutura de ordem três comanda em todos os níveis para determinar os caracteres do organismo e suas atividades. Ela dirige o desenvolvimento do embrião. Decide a organização do adulto, de suas formas, de seus atributos. Mantém as espécies através das gerações e suscita o aparecimento de novas. Nela se aloja a "memória" da hereditariedade.

A experimentação

Até meados do século XIX, observavam-se os seres vivos, mas procurava-se não alterar sua ordenação quando se fosse analisá-los. Consideravam-se os organismos em sua totalidade, com o objetivo de especificar suas propriedades e suas estruturas. Eram comparados entre si com o objetivo de determinar as analogias e as diferenças. Para Darwin, como para Cuvier, era a natureza que realizava as experiências para o naturalista. Quando os anatomistas queriam determinar a configuração interna dos órgãos, eles abriam cadáveres. Quando os histologistas queriam reduzir os animais e as plantas a seus componentes elementares, examinavam tecidos em seus microscópios. Quando os embriologistas estudavam o desenvolvimento do ovo, observavam as células se dividirem, os folhetos se formarem, os órgãos se constituírem. Só os fisiólogos às vezes intervinham, modificando deliberadamente as condições de vida para observar os efeitos produzidos. Mas eles atuavam não sobre órgãos ou tecidos retirados de um ser, mas sobre o organismo em sua totalidade. Apesar da necessidade, evidente a partir de Lavoisier, de associar intimamente a química e a fisiologia, estas não se conciliavam, nem por seus métodos, nem por seus materiais. A obrigação de recorrer à força vital para justificar as características moleculares dos organismos levantava, entre a química do vivo e a do laboratório, uma barreira intransponível.

Na segunda metade do século, não basta mais conhecer a estrutura dos órgãos e relacioná-los a suas funções para determinar as relações. É preciso analisar o próprio funcionamento dos corpos vivos e de seus componentes. A fisiologia passa então a ocupar o primeiro plano. Mas a fisiologia muda de natureza. Na época de Cuvier, ela constituía sobretudo um sistema de referência para a anatomia; servia para estabelecer as analogias em que se fundava a comparação entre os seres vivos e sua organização. Para Claude Bernard, trata-se de algo totalmente diferente. O funcionamento de um órgão não se interpreta mais em termos de estrutura e de textura. Analisa-se, decompõe-se em diversos parâmetros, mede-se sempre que possível. A anatomia passa a ser auxiliar da fisiologia. Não mais uma fisiologia de observação, baseada no que Claude Bernard chama uma "experimentação passiva", em que o biólogo limita-se a constatar as variações que se introduzem espontaneamente em um sistema. Mas uma ciência "ativa", em que o experimentador intervém diretamente, extrai um órgão, isola-o, faz com que funcione, muda as condições, analisa as variáveis. A biologia deve então mudar de lugar de trabalho. Antes ela atuava na natureza. Quando o naturalista não estava em campo para observar os seres em seu *habitat,* ele trabalhava em um museu, em um parque zoológico ou em um jardim botânico. De agora em diante, a biologia se faz no laboratório.

Existem ao menos duas razões que justificam as tentativas para analisar o funcionamento do ser vivo, não mais em sua totalidade, mas a partir de fragmentos. Por um lado, em meados do século atenua-se a exigência de se recorrer à força vital. Desde Bichat, o ser vivo era a sede de um combate entre as forças da vida e as da morte, entre a produção, sob a influência de um agente específico do vivo, e a destruição, resultante das atividades físicas e químicas. Com a termodinâmica e a síntese total dos compostos orgânicos, cai a barreira erigida entre a química do vivo e a da matéria. Por outro lado, a teoria celular faz dos seres vivos não mais totalidades indivisíveis, mas associações de elementos. Qualquer que seja sua complexidade, um organismo não é mais que a soma de suas unidades elementares. "É, em última análise, diz Claude Bernard[305], uma estrutura de elementos

---

305 *Leçons sur les phénomènes de la vie,* 1879, t. II, p. 2.

anatômicos. Cada um destes elementos tem sua existência própria, sua evolução, seu começo e seu fim; e a vida total é apenas a soma destas vidas individuais, associadas e harmonizadas". Para fazer fisiologia, deve-se portanto decompor a complexidade e a dificuldade cartesianamente. É preciso, sempre que possível, interrogar não o organismo em sua totalidade, mas seus componentes tomados individualmente. A fisiologia deve adotar a atitude das outras ciências experimentais. "Assim como a física e a química chegam, através da análise experimental, a encontrar os elementos minerais que compõem os corpos compostos, diz Claude Bernard[306], quando se quer conhecer os fenômenos da vida, que são complexos, é preciso aprofundar-se no organismo, analisar os órgãos, os tecidos, e chegar até os elementos orgânicos". Quando um animal respira, são os glóbulos vermelhos do sangue e as células do pulmão que trabalham; quando ele se desloca, as fibras dos músculos e dos nervos; quando segrega algo, as células das glândulas. Órgãos e sistemas não existem por si mesmos, mas graças às células que formam os edifícios e realizam as funções. Seu papel consiste em reunir, em qualidade e quantidade, as condições necessárias à vida das células. A disposição dos vasos sanguíneos, dos nervos, dos diversos órgãos está determinada pela necessidade de criar, em torno de cada célula, o meio que lhe convém, de fornecer-lhe os materiais adequados, de proporcionar-lhe alimentos, água, ar, calor. Assim, em um organismo, "o elemento é autônomo na medida em que possui em si mesmo, devido à sua natureza protoplásmica, as condições essenciais da vida, sem pedi-las emprestado ou tomá-las dos vizinhos ou do conjunto; além disso, está ligado ao conjunto por sua função ou pelo produto desta função"[307]. Para descrever o organismo vivo, Claude Bernard refere-se a modelos, sociedades ou fábricas, em que, graças à diferença do trabalho, os elementos funcionam no interesse comum. Os órgãos "existem no corpo vivo como, em uma sociedade avançada, as manufaturas ou os estabelecimentos industriais, que fornecem aos diferentes membros desta sociedade os meios de se vestir, de se aquecer, de se alimentar, de se educar". Fazer fisiologia significa analisar este sistema.

Mas a própria complexidade dos corpos vivos ocasiona dois tipos de dificuldade. A primeira é que, procurando atingir as unidades no mais profundo do organismo, corre-se o risco de danificá-las seria-

---

306 *Leçons de pathologie expérimentale*, 1872, p. 493.
307 *Leçons sur les phénomènes de la vie*, t. I, 356.

mente, de perturbar e mesmo de inibir seu funcionamento. Portanto, a experimentação no organismo deve ser introduzida gradativa, progressivamente; estudar primeiro os grandes sistemas funcionais, depois os órgãos, depois os tecidos e somente no final as células que detêm as qualidades da vida. A segunda dificuldade deve-se ao fato de que, nos seres vivos, os fenômenos que ocorrem nos diferentes órgãos não são independentes uns dos outros. Nas plantas ou nos animais inferiores, como as hidras ou as planárias, as partes cortadas no organismo continuam sendo capazes de viver separadamente. Nos animais superiores, ao contrário, é a subordinação das partes ao todo que faz do organismo um sistema unido, um indivíduo. Se cada célula possui as propriedades do vivo, se ela leva uma vida por assim dizer autônoma, ela não deixa por este motivo de trabalhar para a comunidade. O fisiólogo deve portanto procurar, através da análise experimental, decompor o organismo, isolar seus componentes, mas não concebê-los separadamente. A fisiologia de um órgão só pode ser interpretada referindo-se ao conjunto do organismo. "O determinismo nos fenômenos da vida é não somente muito complexo, diz Claude Bernard[308], mas harmoniosamente subordinado". Não é por natureza, por uma qualidade própria ao vivo que os fenômenos da biologia são mais complicados que os da física. São mais complicados porque nunca se pode isolá-los. Eles são sempre a resultante de uma série de acontecimentos indissoluvelmente ligados entre si e que se engendram uns aos outros. Em fisiologia, a complexidade é produzida pela interação das funções e por sua solidariedade.

O fisiólogo, longe de procurar subtrair os seres vivos às leis que regem a matéria, deve portanto tentar analisar os fenômenos que ocorrerem no organismo com a ajuda dos métodos da física e da química. Não porque as ciências físico-químicas devem resolver todos os problemas da biologia, mas porque são mais simples que a fisiologia e porque o mais simples sempre deve esclarecer o mais complexo. A biologia, diz Claude Bernard, deve "tomar às ciências físico-químicas o método experimental, mas manter seus fenômenos especiais e suas leis próprias". A fisiologia pode então transformar-se em uma ciência ativa. Até então, penetrar no organismo só podia alterar sua natureza e prejudicar seu funcionamento. A partir de agora, pode-se intervir em um corpo vivo, introduzir-se nele para experimentar sem que, por isto, a qualidade do vivo seja necessariamente destruída pelas condi-

---

308 *La Science expérimentale,* 1878, p. 70.

ções artificiais assim produzidas. Pode-se separar alguns componentes do corpo por meios mecânicos ou químicos, estudar seu funcionamento e, tomando certas precauções, tirar desta análise conclusões sobre o papel que desempenham naturalmente no organismo. O que importa é desembaraçar a meada das operações que ocorrem simultaneamente em um ser vivo. É submeter a experimentação a condições o melhor definidas possível. É isolar fenômenos simples. Para Claude Bernard[309], o fisiólogo deve ser "um inventor de fenômenos, um verdadeiro contramestre da criação".

Um fenômeno pode surgir casualmente em função de uma observação ou como conseqüência lógica de uma hipótese. Mas existe em fisiologia duas receitas quase infalíveis para fabricar fenômenos. A primeira consiste em reproduzir pela experiência o que a natureza realiza pela doença. Fisiologia e medicina representam de certa forma duas faces de uma mesma ciência. Não somente por seu objeto de estudo, mas também ao nível de seus procedimentos metodológicos. Na relação do normal e do patológico, um acaba servindo de guia ao outro. A medicina não pode mais contentar-se em ser empírica e deve fundar-se nos resultados da análise fisiológica. Em contrapartida, o conhecimento dos estados patológicos contribui para o do estado fisiológico. A medicina abre o caminho para a fisiologia. Assinala os pontos onde se deve agir. Indica os efeitos a atingir. Só se pode consertar uma máquina conhecendo-se as peças e sua utilização. Em contrapartida, a lesão deliberada de uma peça permite precisar seu papel. A patologia, portanto, propõe modelos ao fisiólogo, que tenta reproduzir a doença provocando lesões tão localizadas quanto possível e analisando as conseqüências. Um dos métodos mais eficazes da fisiologia consiste em danificar deliberada e especificamente um elemento do corpo por meios mecânicos ou químicos, determinar os efeitos da lesão, precisar as reações dos outros componentes. Pode-se extrair um órgão, como o rim; destruí-lo sem retirá-lo, como o pâncreas após injeção de parafina; puncioná-lo, por exemplo, por meio de uma injeção, como a vesícula biliar após ligadura do canal colédoco. Por comparação com o animal em boa saúde, deduz-se os efeitos da lesão. Pode-se mesmo tentar remediá-los dando aos animais feridos certas substâncias ou mesmo extratos dos tecidos danificados. Pode-se também procurar compensar certas perturbações por lesões suplementares feitas em outros órgãos. Este método de exploração pelas lesões

---

309 *Introduction à l'étude de la médecine expérimentale*, 1865, p. 34.

mecânicas abre um acesso à análise de numerosas funções. É assim, por exemplo, que se distingue a "excreção" realizada por um tecido que não engendra nada, limitando-se a permitir a evacuação para o exterior das substâncias formadas no interior, da "secreção" realizada por uma glândula que atrai compostos, combina-os, criando de certa forma substâncias novas. As secreções podem se distribuir em duas denominações: "externas", quando o produto é rejeitado para fora; "internas", se ele é vertido no organismo para atuar na digestão ou em outra função. Durante mais de um século de investigações, este método permitirá conhecer melhor certas vias do metabolismo dos seres superiores, analisar a digestão, descobrir a existência dos hormônios, determinar o papel de certos nervos, localizar as funções do cérebro, etc.

As intervenções mecânicas são substituídas por lesões químicas. Pelos seus efeitos, os venenos simulam as doenças. Além disso, agem eletivamente sobre os órgãos. Após a ingestão de um tóxico, constata-se quase sempre a existência de lesões em um determinado tecido, qualquer que seja sua localização no corpo. Um determinado veneno atinge determinado elemento histológico. O óxido de carbono, por exemplo, se fixa nos glóbulos vermelhos, impedindo-os de desempenhar seu papel na respiração; certos sais metálicos danificam as células do rim, impedindo-as de evacuar na urina os dejetos transportados pelo sangue; o curare ataca as células nervosas, parando a transmissão do fluido que se propaga por elas, paralisando assim o animal. Pode-se mesmo procurar os antídotos que neutralizam especificamente a ação de um veneno e restabelecem a função do órgão atingido. Com o arsenal de venenos, a fisiologia dispõe de um instrumental inigualável: simplicidade de emprego, especificidade de ação, regulação do efeito através da dose, às vezes reversibilidade das lesões. A utilização dos tóxicos também constituirá um dos métodos privilegiados da fisiologia durante mais de um século, desfrutando de um grande prestígio tanto na análise funcional como no estudo das reações químicas, não importando se estas ocorrem no organismo, na célula ou nos extratos colocados em tubos de ensaio.

A segunda receita para produzir fenômenos em fisiologia baseia-se no equilíbrio, sempre instável, mas sempre reestabelecido, entre o organismo e seu meio. Esta interação é tão íntima que o organismo encontra-se por assim dizer obrigado a reagir a toda mudança do meio. Para Claude Bernard, acontece o mesmo com os corpos vivos e com os corpos inanimados. Em todo fenômeno, há sempre duas coisas a considerar: o objetivo que se observa e as circunstâncias externas que solicitam este objeto, que o levam a revelar suas propriedades. Suprimindo-se o meio, o fenômeno desaparece, como se o objeto tivesse sido retirado. Só há atração na medida em que se observa o comportamento de dois corpos; só há eletricidade através da relação que se estabelece entre o cobre e o zinco. Retirando-se um dos corpos, separando-se o zinco, não se pode mais encontrar nem atração nem eletricidade: estas tornam-se idéias abstratas. O mesmo acontece com os seres vivos. "O fenômeno vital, diz Claude Bernard[310], não reside inteiramente nem no organismo, nem no meio: é de certa forma um efeito produzido pelo contato entre o organismo vivo e o meio que o circunda". Suprimir o meio ou viciá-lo equivale a retirar o organismo ou a destruí-lo. Em última análise, pode-se mesmo considerar o organismo como um reativo a seu meio, como Lavoisier já o considerava. Mas o meio não é mais somente o fluido, ar ou água, em que o organismo está imerso. A partir de Auguste Comte, é também o calor, a pressão, a eletricidade, a luz, a umidade, o teor de oxigênio ou de gás carbônico, a presença de compostos químicos, benéficos ou tóxicos. Em suma, é tudo que está em contato com a parte externa do ser vivo e que exerce algum efeito sobre ele. Como cada um destes fatores pode ser modificado, ele se transforma em parâmetro para a experimentação. No sistema organismo-meio articulam-se então duas séries de variáveis: umas externas, sobre o que a experimentação age à vontade através dos meios da física e da química; outras internas, que se exprimem nas funções que se procura medir através dos métodos retirados igualmente da física e da química. Agindo sobre as primeiras atingem-se as segundas. Para provocar o surgimento de um fenômeno, basta colocar um ser vivo, um órgão, um pedaço de tecido, ou mesmo um extrato, em condições de meio tão definidas quanto possível e depois provocar a variação sistemática de cada um dos parâmetros do meio. Não é exagerado dizer que, a partir de então, esta maneira de proceder constitui a principal atividade dos laboratórios de biologia.

Até então classificavam-se os seres vivos segundo seu nível de complexidade. A esta relação estrutural associa-se uma relação funcional. Pode-se estabelecer nos seres uma correlação entre o nível de organização e a natureza da interação da organização com seu meio. De um lado existem os seres simples, reduzidos a um só elemento anatômico, como os infusórios, ou mesmo constituídos por muitas

---

310 *Leçons sur les propriétés des tissus vivants,* 1866, p. 6.

células, como os animais e as plantas inferiores. Nestes, todos os elementos constituintes entram diretamente em contato com o meio ambiente, com o ar ou a água onde estão imersos. Do outro lado, estão os seres mais complexos, principalmente os animais superiores, formados por um grande número de células. Neste caso, só os elementos superficiais estão em contato direto com o que Claude Bernard chama o "meio cósmico". Os componentes que se localizam na profundidade estão imersos em um "meio interior" ou "orgânico", que serve de intermediário com o meio cósmico. No homem, por exemplo, os elementos essenciais, os que desempenham as funções mais importantes, não estão expostos ao meio exterior, às suas variações, às suas eventualidades. Só se relacionam com o sangue e com os humores que os protegem de toda variação brusca. Pois a característica do meio interior é sua constância. Formando pelos órgãos para os órgãos, ele de certa forma age como amortecedor, como um tampão para proteger os elementos mais preciosos do corpo contra mudanças intempestivas. Estes elementos podem então trabalhar em condições quase invariantes. "É portanto bastante verdadeiro dizer, constata Claude Bernard[311], que na realidade o animal aéreo não vive no ar atmosférico, o peixe nas águas, o verme terrícola na areia. A atmosfera, as águas, a terra, são um segundo invólucro em torno do substrato da vida, já protegido pelo líquido sanguíneo que circula por toda parte formando uma primeira camada protetora em torno de todas as partículas vivas". Os animais superiores vivem literalmente em seu interior.

O conceito de meio interior justifica, em termos funcionais, a repartição no espaço que Cuvier havia atribuído às estruturas do organismo. Se os elementos mais preciosos se localizam na profundidade do corpo, é porque assim estão mais protegidos contra as transformações do meio ambiente. Podem portanto funcionar ao abrigo das pequenas variações de temperatura, umidade, pressão, etc. À complexidade da organização corresponde a liberdade de funcionamento. E a autonomia a respeito do meio ambiente representa, afinal de contas, um fator de seleção para a evolução. Pode-se então alterar a classificação dos seres vivos e reparti-los de acordo com a natureza de seu meio, portanto seu grau de autonomia em relação ao mundo exterior. Distinguem-se assim três formas de existência. Em um primeiro grupo, que compreende os seres inferiores, a dependência em relação às condições externas é total; quando estas são adequadas, a

---

311 *Leçons sur les phénomènes de la vie*, t. II, p. 5.

vida segue seu curso; se elas se tornam desfavoráveis, ou o organismo morre ou cai em estado de "vida latente", isto é, de "indiferença química": qualquer troca, qualquer atividade, qualquer manifestação da vida são suspensas. Em um segundo grupo, em que se situam os animais inferiores e as plantas, o meio interior depende menos intimamente das condições externas, de forma que as oscilações destas repercutem na vida do organismo, atenuando-a ou exaltando-a, sem jamais suprimi-la; é em geral a temperatura do corpo que, permanecendo sob a influência da temperatura externa, regula os movimentos desta "vida oscilante". Finalmente, no terceiro grupo, o dos animais superiores, todas as atividades são independentes das condições externas; sejam quais forem as vicissitudes do meio ambiente, estes organismos vivem da mesma maneira em uma verdadeira estufa quente: é a "vida constante e livre, independente das variações do meio cósmico". Quanto mais o organismo é complexo, mais ele é livre.

Se o meio interior e sua estabilidade têm uma grande importância, é porque salientam uma das propriedades fundamentais dos seres vivos: a regulação das funções. A partir deles pode-se medir a integração de um ser, dando à experimentação acesso à coordenação dos órgãos e das funções. Esta análise conduz à representação do organismo como um sistema em que todas as atividades estão minuciosamente ajustadas. No século precedente, já se reconhecia a existência de uma interação de certas funções. Para Lavoisier, a máquina animal era comandada por três "reguladores" principais: a respiração, a digestão e a transpiração. Para Claude Bernard, são as atividades do corpo em seu conjunto que estão submetidas a mecanismos de regulação. "Todos os mecanismos vitais, por mais variados que sejam, têm sempre o mesmo objetivo, o de manter a unidade das funções da vida no meio interior"[312]. Existem então mecanismos de "equilibração", mecanismos "compensadores", "isolantes", "protetores", que regulam a temperatura, a concentração da água, o teor de oxigênio, as reservas alimentares, a composição do sangue, as secreções externas ou internas. Quanto mais a organização de um animal é complexa, mais ajustados são os sistemas de regulação. Daí a vantagem de utilizar em fisiologia os organismos em que estes sistemas são mais aperfeiçoados, isto é, os animais superiores. Para a biologia do século XIX, a organização dos seres vivos baseia-se sobretudo na integração das funções. A vida é possível, diz Claude Bernard, porque há "um equilíbrio que é o

---

312 *Leçons sur les phénomènes de la vie*, t. I, p. 121.

resultado de uma compensação contínua e delicada estabelecida pela mais sensível das balanças". São necessários mecanismos de regulação tanto para proteger as células de qualquer variação intempestiva quanto para coordenar suas atividades individuais em função do interesse geral. O funcionamento das partes deve-se adequar à harmonia do todo. E é ao modelo da fábrica que Claude Bernard recorre para descrever os fenômenos de regulação nos seres vivos. "No organismo ocorre o mesmo que em uma fábrica de fuzis, por exemplo, em que cada operário faz uma peça independentemente de um outro que faz uma outra peça sem conhecer o conjunto de que elas fazem parte. Parece haver em seguida um ajustador que harmoniza todas as peças"[313]. Em meados do século XIX, o sistema nervoso é o "grande harmonizador funcional" no animal adulto. É ele que regula não somente as batidas do coração, a respiração, a pressão de oxigênio, a temperatura do corpo, mas também o teor de sal e de água, a atividade química do fígado, a secreção da saliva e do suor, etc. Ao sistema nervoso, o começo do século XX adicionará outros mecanismos reguladores, de natureza química: os hormônios. Com Cannon, esta coordenação, esta constância do meio interior receberá a denominação de "homeostase". O conceito de regulação é um dos conceitos sobre o que a biologia moderna, em seus aspectos mais variados, se funda. Graças a ele, a biologia fornecerá, ao menos uma vez, um modelo à física: com Wiener, é em parte nos sistemas observados nos seres vivos que se fundará a cibernética.

Em meados do século XIX, torna-se portanto possível, graças aos métodos da fisiologia, intervir nos seres vivos para analisar seu funcionamento nos mais diversos domínios. Com exceção da hereditariedade e da reprodução. "A hereditariedade, diz Claude Bernard[314], não é um elemento que tenhamos sob nosso poder e que dominemos, como o fazemos em relação às propriedades vitais". A teoria da evolução fez da reprodução o mecanismo encarregado ao mesmo tempo de perpetuar as estruturas e de provocar sua variação. A teoria celular situou este mecanismo na célula e mais particularmente no ovo. Mas a hereditariedade e a reprodução dão pouca margem à experimentação da fisiologia. É certamente possível intervir no embrião, lesionar certas células ou certos tecidos, entravar seu desenvolvimento. Mas só se consegue matá-lo ou comprometer grosseiramente a ordem. Nunca se

---

313 *Leçons sur les phénomènes de la vie*, p. 335.
314 *Ibid.*, p. 342.

desvia a morfogênese em uma direção não conforme à natureza do ovo. Pode-se perfeitamente dar todos os tratamentos imagináveis a um ovo de coelho. Ele será destruído, um aborto será provocado. Mas "não se conseguirá produzir um cão ou um outro mamífero"[315]. As receitas eficazes em fisiologia não se aplicam mais à hereditariedade. O estudo das formas não pertence mais à química. Ela já não depende mais de suas leis. Não é passível de experiência.

Não tendo acesso à hereditariedade, que pode "contemplar" mas não analisar, a biologia limita-se a descrever a formação do semelhante pelo semelhante com as imagens do século precedente. As sementes foram substituídas por óvulos e espermatozóides; as moléculas orgânicas pelas células; a formação do embrião, de onde emerge o adulto, é o resultado da divisão e da diferenciação das células. Mas para que o ovo reproduza o organismo de que procede, para que o idêntico seja reconstituído através das gerações, é preciso que haja um sistema de memória que guie as células. "O ovo é um devir; ele representa uma espécie de fórmula orgânica que resume o ser de que procede e de que guardou, de certo modo, a lembrança evolutiva"[316]. Evolução, aqui, significa a série de transformações que ocorrem durante o desenvolvimento embrionário. A lembrança expressa uma "força hereditária", um "estado anterior" ao próprio ovo, um "impulso primitivo" que passa necessária e ciclicamente da galinha para o ovo e do ovo para o pinto. Quanto à natureza desta memória, ela não difere daquilo que o século XVIII já propunha. Como Maupertuis, Darwin e Haeckel fazem da memória uma propriedade das partículas que constituem o organismo. Para Darwin, cada célula do corpo do genitor envia para as células reprodutoras um germe, ou "gêmula", espécie de emissário encarregado de representá-la, reconstituí-la na geração seguinte. Para Haeckel existem, nas células, partículas ou "plastídios" que realizam movimentos específicos; dotados de memória, conservam através das gerações o movimento que lhes é próprio e pelo qual se manifesta sua atividade. Ao contrário, Claude Bernard, a exemplo de Buffon, situa a memória não nas partículas que constituem o organismo, mas em um sistema particular que guia a multiplicação das células, sua diferenciação, a formação progressiva do organismo. O ovo contém, então, um "desenho" que é transmitido por "tradição orgânica" de um ser a outro. A formação do orga-

---

315 *Leçons sur les phénomènes de la vie*, p. 332.
316 *La Science expérimentale*, p. 133.

nismo conforma-se a um "plano" cuja operacionalização representa a execução de "instruções" bastante rigorosas. E não é somente o desenvolvimento do embrião que este plano dirige: é também o funcionamento a estrutura, as propriedades, nos menores detalhes do futuro adulto. No homem, certas doenças se transmitem de pai para filho. Desde o ovo, tudo é coordenado, tudo é previsto, não somente para a evolução do novo ser, mas para sua manutenção durante toda a sua vida. "Qualquer ato de um organismo vivo, diz Claude Bernard[317], tem seu fim no âmbito deste organismo".

A fisiologia experimental permanece portanto desarmada diante da reprodução. Sem meios de transformar as hipóteses em experiências, sem técnicas adequadas à situação, sem material para operacionalizar seus próprios métodos, ela continua sem dar conta da hereditariedade. Se os procedimentos de hibridação são apropriados à criação e à agricultura, eles não são convenientes para a análise da reprodução. De fato, a fisiologia interessa-se pelo indivíduo. Ela atua sobre um organismo para observar ao mesmo tempo suas propriedades, seu comportamento, suas reações em circunstâncias variadas. É a observação, não mais de indivíduos, mas de populações unidas por laços de parentesco, que dá à experimentação um acesso à hereditariedade. Darwin já havia adotado tal atitude para estudar a variação das flutuações estatísticas que necessariamente acontecem nas grandes populações. Observando, nas sucessivas gerações, o comportamento de um número limitado de caracteres em grandes populações, Mendel estará em condições de descobrir fenômenos na hereditariedade, de medi-los, de formular suas leis. Mas é sobretudo a física que, para manipular os enormes conjuntos de moléculas que constituem os corpos, fará do acaso a lei do universo.

A análise estatística

No momento de seu nascimento, a biologia deliberadamente separou-se da física. Na segunda metade do século XIX, reatam-se os laços através da termodinâmica. Primeiro porque, com os conceitos de equivalência e de energia, desaparecerá uma das singularidades do mundo vivo. Além disso porque, procurando ligar as propriedades dos corpos à sua estrutura interna, a mecânica estatística modificará até a ma-

---

317 *Leçons sur les phénomènes de la vie*, t. I, p. 340.

neira de olhar as coisas, os seres, os próprios acontecimentos em inúmeras atividades humanas. Durante a primeira parte do século, os fenômenos da mecânica sempre se analisavam em termos de espaço, de tempo, de forças e de massas. A força era introduzida como causa de um movimento a ele preexistente e dele independente. Para Carnot, no início havia duas maneiras de considerar a mecânica. "A primeira é de considerá-la como a teoria das forças, isto é, das causas que imprimem os movimentos. A segunda é de considerá-la como a teoria dos próprios movimentos". Se a matéria era una, as forças aumentavam sem cessar em número, em natureza, em variedade. Entretanto, aos movimentos dos corpos associam-se cada vez mais intimamente os fenômenos em que se manifesta o calor. Assim se constitui um novo domínio da física em que, medindo as variações de calor, procura-se analisar as relações existentes entre as propriedades dos corpos sem conhecer sua estrutura íntima. As forças atuantes em domínios tão diferentes quanto o movimento, a eletricidade, o magnetismo, o calor, a luz ou as reações químicas encontram então um denominador comum no conceito de energia. A energia é tudo que é trabalho, que o produz ou que dele provém. Indestrutível em termos absolutos, como a matéria, ela pode sofrer tipos de transmutações, que fazem com que apareça sob aspectos variados. O princípio da equivalência transforma cada mudança que ocorre na natureza em uma conversão de energia. Considera as diferentes formas de energia como independentes e de igual valor. A cada forma corresponde um fator de intensidade: a altura para a gravitação, a temperatura para o calor, a diferença de potencial para a eletricidade. As variações em um sistema resultam das diferenças entre estes fatores.

Mas a equivalência da energia não explica a contradição entre certos acontecimentos observados em física. Os fenômenos da mecânica ou da eletrodinâmica são reversíveis; podem se efetuar tanto em um sentido quanto no outro e, nas equações da mecânica, o signo atribuído à variável tempo não desempenha papel algum. Os fenômenos térmicos ou químicos, ao contrário, são irreversíveis: vão sempre na mesma direção. Não se pode, por exemplo, fazer o calor passar do frio para o quente. Em um sistema fechado, a quantidade de energia permanece constante. Mas esta grandeza não basta para caracterizar o sistema. Também é preciso admitir uma qualidade na energia, qualidade tanto mais elevada quanto mais esta energia for utilizável, quanto mais ela se converta em trabalho. Existem assim formas nobres, como as da mecânica; outras vi, como as do calor. Mas em um sistema isolado, a qualidade da energia tende naturalmente a se degradar, não a se aprimorar. Daí o sentido único imposto a certos fenômenos. Se o calor vai do mais quente para o mais frio, é porque, sem mudar em quantidade, a energia perde em qualidade. Como uma bola abandonada na escada, que sempre tende a descer parando somente no ponto mais baixo. Este estado de equilíbrio representa o que os físicos denominam nível de "entropia" máxima. A entropia não é um conceito vago. É uma quantidade física mensurável, do mesmo modo que a temperatura de um corpo, o calor específico de uma substância, o comprimento de um objeto. Ela permite descrever com precisão as variações de estado que um corpo ou um sistema sofrem: se um corpo recebe calor, sua entropia aumenta; se perde calor, ela diminui. A segunda lei da termodinâmica, pela qual são regidos os fenômenos físicos do universo, diz que, em um sistema isolado, a energia tende a se degradar e, portanto, a entropia tende a aumentar: os movimentos acabam parando, as diferenças de potencial elétrico ou químico anulando-se, a temperatura uniformizando-se. Sem entrada de energia externa, qualquer sistema físico se deteriora. Evolui para a inércia total.

Com a termodinâmica, todo o *a priori* da biologia, que separava radicalmente os seres das coisas e a química do vivo da química do laboratório, é subvertido. Ligando entre si as diferentes formas de trabalho, o conceito de energia e o de equivalência fazem todas as atividades do organismo derivar de seu metabolismo. Afinal de contas, o que o ser vivo pode realizar em termos de movimento, eletricidade, luz, barulho, resulta da conversão da energia química liberada pela combustão dos alimentos. Existem então duas generalizações que aproximam a biologia da física e da química: os seres vivos e a matéria bruta são compostos pelos mesmos elementos; a conservação da energia aplica-se tanto aos acontecimentos do mundo vivo quanto aos do mundo inanimado. Para aqueles que, como Helmholtz, descobrem o caráter universal destes princípios, a conclusão é simples: não há diferença entre os fenômenos que ocorrem nos seres vivos ou no mundo inanimado. À primeira vista, pelo seu crescimento, pelo seu desenvolvimento, pelo seu poder de manter estruturas durante as gerações, os seres vivos parecem desafiar a segunda lei da termodinâmica que produz a deterioração constante do universo. Mas se a termodinâmica impõe uma direção geral a um sistema, não exclui as exceções locais. Não impede que certos elementos nadem contra a corrente, a expensas de seus vizinhos. É o conjunto do sistema e não cada uma das partes que se degrada. Pelo fato de receberem energia proveniente do meio em forma de alimento, os seres vivos estão em condições de preservar, através do tempo, seu baixo nível de entropia. Podem também, sem contrariar as leis da termodinâmica, produzir sem cessar estas grandes moléculas específicas que as caracterizam. O conceito de energia e o de equivalência desempenham assim um dos papéis que a biologia no momento de seu nascimento atribuiu à força vital. No começo do século, o organismo gastava força vital para efetuar seu trabalho de síntese e de morfogênese. No final do século, ele consome energia.

A introdução das grandes populações como objeto de estudo e do método estatístico para analisá-las é ainda mais importante para a biologia e as outras ciências. São profundas as conseqüências para a maneira de considerar os seres e as coisas. No século XIX, são os gases que permitem ligar o calor ao movimento das partículas e portanto associar as propriedades de um corpo à sua estrutura interna. Um gás pode ser considerado como um conjunto de moléculas que se deslocam livremente. Para Bernoulli, Joule ou Clausius, todas as partículas têm a mesma velocidade: isto permite estabelecer uma rede de relações entre certas propriedades dos gases, como a pressão, o calor e a densidade. Para Maxwell, ao contrário, não é possível atribuir a mesma velocidade a todas as partículas, pois seus movimentos nascem das colisões que ocorrem entre elas. Um gás torna-se uma coleção de "esferas pequenas, duras e perfeitamente elásticas, que agem umas sobre as outras somente urante o impacto". Pode-se construir deste gás um modelo puramente mecânico: as partículas se deslocam por uma certa distância, retomam sua viagem, se chocam e partem novamente. Cada partícula possui então características únicas de velocidade e de movimento; cada uma "transporta consigo, diz Maxwell, sua energia e seu movimento". E as características de cada partícula variam sem cessar ao acaso das colisões. Portanto, não é possível estudar detalhadamente o comportamento sempre mutável de cada um dos milhares de indivíduos que constituem um gás. Em contrapartida, pode-se considerar o conjunto da população e analisar o comportamento por meio de métodos estatísticos. É preciso então admitir que as velocidades das partículas se distribuem de acordo com a famosa curva gaussiana que se aplica a fenômenos tão variados quanto a estatura dos adultos em um país, o número de cães de uma ninhada ou a dispersão de um tiro. O comportamento dos indivíduos escapa à descrição, mas não o da população. Pode-se considerá-la como formada por moléculas ideais que têm como parâmetros as médias dos valores reais. O modelo puramente mecânico das bolas que se entrechocam permite então descrever as propriedades de um gás e mesmo de interpretar a entropia em termos de agitação molecular. Se o homem não pode impedir a degradação da energia, é porque é pouco dotado, porque é incapaz de distinguir cada molécula e de observar suas características. Mas pode-se perfeitamente conceber um ser de cérebro mais brilhante, com os sentidos mais apurados, "um ser, diz Maxwell[318], cujas faculdades fossem bastante desenvolvidas para poder seguir o curso de cada molécula; este ser, cujos atributos seriam entretanto finitos como os nossos, se tornaria capaz de fazer o que não podemos fazer atualmente". Basta então imaginar este ser minúsculo, este demônio capaz de "discernir com a vista as moléculas individuais" e encarregado de controlar uma porta deslizando-a sem fricção em uma parede que separa dois compartimentos de um recipiente cheio de gás. Quando uma molécula rápida vem da esquerda para a direita, o demônio abre a porta; quando uma molécula lenta se aproxima, ele a fecha; e inversamente. As partículas rápidas se acumularão então no compartimento da direita, que se esquentará; as lentas no da esquerda, que se resfriará. O demônio terá assim, "sem desperdício de trabalho", convertido a energia não utilizável em energia utilizável. Ele terá mudado a segunda lei da termodinâmica.

Mas, durante a segunda metade do século, a análise estatística e o cálculo das probabilidades mudarão de papel e de estatuto. Para Maxweall, eles constituem apenas instrumentos adaptados para a análise de um problema específico: não podendo observar cada indivíduo, é preciso considerar a população. Para Boltzmann e para Gibbs, ao contrário, a análise estatística e o cálculo das probabilidades fornecem as regras da lógica deste mundo. Quando se escolhe estudar os grandes números, não é mais tanto porque não se tem acesso à análise das unidades, é sobretudo porque o comportamento dos indivíduos não apresenta nenhum interesse. Ainda que se chegasse a encontrar detalhes, ainda que se soubesse submetê-los a um tratamento matemático, os casos individuais não ensinariam nada a mais que a população em seu conjunto. Qual seria a vantagem de conhecer a distância percorrida por uma determinada molécula? Ou de saber se tal molécula se chocará com a parede do recipiente que contém o gás em tal momento, em tal lugar e em tais circunstâncias? Mesmo se se conseguisse determinar isto, mesmo se se conseguisse analisar detalhadamente o comportamento de cada unidade, o que se poderia fazer com esta massa de resultados, a não ser reuni-los, combiná-los para tirar a regra estatística que rege a população em seu conjunto? O que importa é

---

318 *La Chaleur,* trad. franç., Paris, 1891, cap. XXII, p. 421.

saber não quais partículas entram em colisão em um dado momento, mas quantas colisões ocorrem em média e qual é a probabilidade de participação de uma partícula.

Vê-se como esta atitude difere de todas as que a precederam, com exceção da de Darwin. Para este, como para Boltzmann e Gibbs, as leis da natureza não agem sobre indivíduos, mas sobre grandes populações. Quaisquer que sejam as irregularidades que se manifestam no comportamento de cada unidade, a importância dos números em jogo acaba impondo uma regularidade ao conjunto. Mas a analogia entre os dois modos de pensamento vai ainda mais longe. Primeiro porque tanto a mecânica estatística quanto a teoria da evolução colocam a noção de contingência no âmago da natureza. Desde Newton, toda a física baseava-se em um determinismo rígido. Admitia-se que o comportamento de todas as moléculas, como o de todos os corpos visíveis, era rigorosamente imposto por um sistema de causas que a ciência procurava inserir nas leis da natureza. Para que se repitam com precisão os fenômenos observáveis, era preciso que os processos de que decorrem, os processos elementares, também estejam submetidos a um determinismo inflexível. Mas, na segunda metade do século XIX, muitas das leis ditas da natureza se transformarão em leis estatísticas. Estas só são executadas com rigor quando o número dos indivíduos em questão é muito elevado. As previsões obtidas a partir destas não podem mais, portanto, formular-se em termos de uma causalidade rigorosa. Elas têm apenas um caráter de probabilidade e se verificam somente em certos limites que se pode definir com precisão. Se, em relação aos fenômenos observáveis, esta probabilidade leva à certeza, é simplesmente porque os corpos visíveis são compostos por um número enorme de moléculas. Mas, quando se trata de populações menos importantes, os desvios não são raros. Constituem o que Boltzmann chama "flutuações estatísticas". Se existe um mecanismo específico para favorecê-las, como a seleção natural na evolução, então as exceções acabam ocupando o primeiro plano.

Finalmente, a analogia entre teoria da evolução e mecânica estatística está presente até na maneira de tratar da irreversibilidade do tempo. Para a evolução, é o mecanismo da seleção que torna irreversível o conjunto do processo. Quando um grupo de organismos escolheu um determinado caminho, quando certas variantes foram selecionadas em sucessivas etapas, não há a menor possibilidade do grupo voltar ao estado anterior. A seleção natural pode ainda acentuar a diferenciação e pode até mesmo mudar a direção; mas não pode inverter a série das etapas passadas. Para a física, é a segunda lei da termodinâmica que impõe uma direção aos fenômenos. Nenhum acontecimento pode ocorrer na direção oposta à que se observa, pois isto implicaria uma diminuição de entropia. É impossível fazer com que uma porção da substância do universo retroceda, contrariamente ao que se pode conceber em um sistema puramente mecânico, por exemplo em um relógio ideal. Trate-se do mundo orgânico ou do mundo físico, as seqüências do filme que apresenta a evolução não podem ser projetadas ao inverso.

Mas continuava pairando um certo mistério sobre estes processos de degradação da energia. Como se a irreversibilidade exigisse algum elemento secreto comum aos diferentes mecanismos encontrados na natureza. Com a termodinâmica estatística desaparece a necessidade de um fator oculto. A irreversibilidade traduz as mudanças da distribuição das moléculas, da ordem em que elas se articulam nos corpos. A circulação em sentido único é o resultado de uma propriedade inerente à própria estrutura da matéria. Pois, com Boltzmann, a segunda lei da termodinâmica, que regula a marcha do universo e impõe um nítido aumento de entropia, acaba não sendo mais que uma lei estatística. Torna-se mesmo *a* lei estatística por excelência. A maioria dos fenômenos físicos exprime simplesmente a tendência natural das populações de moléculas de passar da ordem para o caos. A ordem das moléculas representa, para o físico, um valor estatístico mensurável. O calor armazenado no sol, por exemplo, constitui uma enorme provisão, utilizável na medida em que não é distribuída igualmente por todas as regiões do universo, ficando concentrada em um espaço limitado. Com o tempo, este calor tende a se dispersar espontaneamente e a temperatura a se uniformizar no universo, o que equivale a um aumento da desordem ou da entropia. Se o calor sempre flui do mais quente para o mais frio, não é em virtude de alguma lei secreta que lhe impede de tomar o sentido inverso. O que acontece é que o segundo itinerário, sendo milhares e milhares de vezes menos provável que o primeiro, nunca é utilizado na prática, sem todavia ser, na teoria, totalmente excluído. Falar de moléculas que passam de um estado menos provável para um estado mais provável é como falar das pedras de um monumento que um tremor de terra transforma em um monte de ruínas; ou dos livros de uma biblioteca bem organizada dispersos por leitores descuidados. A termodinâmica estatística diz que, quando se embaralha as cartas de um jogo, existem grandes chances de fazê-las passar da ordem ao caos. Mas não diz que o inverso seja impossível. Com um número de tentativas suficientemente elevadas, isto pode e mesmo deve acontecer. Mas é preciso um tempo enorme para que tais exceções não perturbem a marcha geral do universo. O fluxo dos acontecimentos segue a direção que é estatisticamente mais provável. Com Darwin, a irreversibilidade da evolução decorre da impossibilidade de retroceder encontrada pelos organismos que seguem uma determinada via de especialização. Com Boltzmann, a irreversibilidade da termodinâmica decorre da impossibilidade de retroceder encontrada pelas moléculas do universo quando passam espontaneamente da ordem para a desordem.

Toda a atitude do século XIX se transforma com a nova visão imposta pela mecânica estatística. Primeiro porque esta faz as propriedades dos corpos derivarem da própria estrutura da matéria. Com Gibbs, a análise estatística não se aplica somente ao comportamento médio das grandes populações, mas a todo "sistema conservador", qualquer que seja seu grau de liberdade. Ela permite analisar a distribuição das posições e dos momentos compatível com a energia de um dado sistema, distribuição que acaba atingindo a totalidade do sistema se ele funciona durante muito tempo. A maior parte dos acontecimentos que ocorrem no mundo físico pode então receber este tratamento. Todas as reações químicas, suas velocidades, suas variações de temperatura, os processos de fusão e de evaporação, as leis de pressão, de vapor, etc., todos estes fenômenos baseiam-se na hipótese subjacente de mudanças que ocorrem na ordem das moléculas. Todos passam a ser regidos por leis estatísticas.

Com a mecânica estatística aperfeiçoa-se o instrumento matemático que permite analisar a estrutura e a evolução de qualquer sistema que utilize grandes números. Tornam-se assim accessíveis à análise muitos objetos, acontecimentos e mesmo propriedades que até então lhe escapavam, na medida em que podem ser enumerados e classificados em um sistema descontínuo. Esse tipo de análise estatística, com efeito, baseia-se inteiramente na distribuição de elementos discretos. Esta descontinuidade, quer exista naturalmente, como nas populações de unidades, quer seja introduzida pelos métodos de mensuração que sempre impõem uma escolha entre dois valores limites, constitui uma condição necessária para este tipo de análise. Pois quando as coisas são descontínuas, basta contá-las com a ajuda do mais antigo e mais simples conceito matemático, o de números inteiros. Poder contar números inteiros, eis toda a arte de aplicação do método estatístico. Quanto maior for o número de casos observados, mais os resultados podem ser reproduzidos. Mas o mecanismo estatístico possui tal segurança, funciona com tal precisão de detalhe, que se pode ajustar as condições de forma a só realizar um número limitado de observações.

Com Marxwell, o método estatístico foi utilizado para a análise de fenômenos físicos um pouco acidentalmente. Após Boltzmann e Gibbs, o método estende-se progressivamente aos domínios mais variados, mesmo àqueles em que, à primeira vista, parecia difícil, senão impossível, introduzir a descontinuidade necessária. Chega-se a deduzir leis práticas partindo de fenômenos de que se ignora totalmente o determinismo. Em vez de procurar as causas de acontecimentos isolados, torna-se possível observar um grande número de acontecimentos pertencentes à mesma classe, selecioná-los, reunir os resultados e depois calcular a média com a ajuda de regras empíricas. Os acontecimentos futuros da mesma classe podem então ser previstos, não com certeza, mas com uma probabilidade que freqüentemente equivale a uma certeza. Estas previsões só são válidas para um conjunto de acontecimentos, excluindo exceções e detalhes. De fato, uma das características do método estatístico é ignorar deliberada e sistematicamente os detalhes. Pouco importa obter todas as informações possíveis sobre um acontecimento determinado, poder descrever cada circunstância com minúcia. Seu objetivo não é este, e sim a obtenção de uma lei que transcende os casos individuais.

Finalmente, se a termodinâmica estatística transforma totalmente a maneira de considerar a natureza, é sobretudo porque ela associa, para conferir-lhes um mesmo estatuto de quantidades ligadas e mensuráveis, dois conceitos até então estranhos um ao outro, senão opostos: a ordem e o acaso. Todo este arsenal de forças e de impulsos, todas estas cargas e estes potenciais que conservavam apesar de tudo um certo valor de mistério e de arbitrariedade são relegados à condição de fatores secundários. Representam apenas diferentes aspectos de um mecanismo mais profundo, mais universal, que emerge como a lei geral do universo: a tendência natural das coisas de passar da ordem para a desordem, sob o efeito de um acaso calculável. Esta lei não visa a propor uma explicação causal dos acontecimentos. Não procura dizer porque acontecem, mas como. A partir daí, a própria noção de causalidade perde um pouco sua significação ou mesmo seu interesse. Assim, atenua-se muito o mistério que ainda impregnava a representação da natureza durante a primeira metade do século XIX. Se muitos fenômenos, totalmente diferentes e que continuam sem explicação, freqüentemente apresentam características comuns, é porque, de uma forma ou de outra, se fundam em um mecanismo comum. E isto não concerne mais somente a fenômenos analisados pela física. Mas também, no final do século e no começo do seguinte, àqueles pelos quais a astronomia, a geologia, a biologia, a meteorologia, a geografia, a história, a economia, a política, a indústria e o comércio se interessam; em suma, os domínios mais variados da atividade humana e até mesmo os detalhes da vida cotidiana.

Portanto, não é demais dizer que a maneira como hoje consideramos a natureza foi em grande parte determinada pela termodinâmica estatística. Esta transformou os objetos e a atitude da ciência. É nela que se baseia a mudança no pensamento de onde saiu, no início deste século, o mundo físico de hoje. Um mundo de relatividade e incerteza, submetido às leis quânticas e à teoria da informação, em que matéria e força representam apenas dois aspectos de uma mesma coisa. Através da termodinâmica estatística constituem-se ciências novas como a físico-química, que funda as propriedades químicas dos corpos em sua estrutura física. Graças a ela, a experimentação pode se estender aos domínios mais variados da biologia. Em primeiro lugar porque as reações químicas que ocorrem nos seres vivos submetem-se às leis que regem a matéria. Mas também e sobretudo porque o método de análise estatística transforma a biologia em uma ciência quantitativa. No final do século XIX, o estudo dos seres vivos não é mais somente uma ciência da ordem, mas também da medida.

O nascimento da genética

A obra de Mendel é mais uma prova de que a atitude de Darwin, de Boltzmann e de Gibbs expressa não uma idéia restrita a alguns, mas uma tendência que se manifesta após a metade do século XIX. Há séculos acumulavam-se observações sobre a hereditariedade. Mas até então esta não constituía um objeto de análise propriamente dito. Mesmo se o século XIX não se preocupava mais em verificar a existência de *"jumarts"*, mesmo se desistira de fazer hibridação de espécies distintas, os cruzamentos realizados utilizavam variedades que diferiam por todo um leque de caracteres. A hereditariedade era sobretudo um problema de horticultores e criadores. Durante o século XIX, com efeito, as exigências econômicas impunham o aumento das colheitas e dos rebanhos, sua adaptação às condições locais de clima, de temperatura, de recursos. Tratava-se de aumentar o rendimento, não somente elevando o número de animais e de plantas por hectare, mas melhorando a qualidade de tudo que a alimentação e a indústria do homem utilizavam. As experiências práticas eram realizadas nos pomares e pastos, nas colméias e nos galinheiros. Feitos os cruzamentos, examinavam-se alguns indivíduos da descendência para fazer o reconhecimento de todos os traços, fazer uma descrição o mais completa possível, sem omitir detalhe algum. A maioria dos caracteres considerados se prestava mal a uma discriminação nítida, matizando-se em uma série quase infinita de intermediários. De fato, quanto mais se fundiam no híbrido os caracteres dos pais, mais se pensava atingir o âmago da hereditariedade. Viam-se assim os caracteres ressurgir ao longo das gerações. Constatava-se o desaparecimento de alguns durante um certo tempo e depois seu reaparecimento. Naudin, por exemplo, opunha a uniformidade dos descendentes na primeira geração híbrida à "extrema confusão das formas" na segunda: algumas imitando as do pai, outras as da mãe, como se os híbridos fossem "mosaicos vivos"[319] cujos elementos não pudessem ser percebidos. Gärtner observava uma grande heterogeneidade na progenitura dos híbridos: enquanto alguns indivíduos tinham uma descendência pura, outros produziam misturas. Mas o que caracterizava a hereditariedade era sobretudo sua complexidade.

Mendel é o ponto de convergência de duas correntes que levam à constituição de uma ciência da hereditariedade: o saber prático da horticultura e o teórico da biologia. Filho de um fazendeiro, ele se interessa pela evolução. Durante toda a sua juventude, vê seu pai plantar, fazer hibridações e enxertos. Mas durante todo o tempo ele procura saber como se formam as espécies. No jardim do monastério onde vive, recebe autorização para cultivar algumas plantas. Mas o que fascina Mendel é a natureza da hereditariedade que o vigor dos enxertos mostra mais que o meio onde foram inseridos. Ele também começa a produzir híbridos, não mais para melhorar os rendimentos, mas para observar o comportamento dos caracteres durante as gerações. A atitude de Mendel difere inteiramente de todas as que a haviam precedido. "Entre todas as experiências feitas, diz ele, nenhuma foi realizada em escala suficientemente grande e de maneira suficientemente precisa para permitir determinar o número das diferentes formas sob as quais aparecem os descendentes dos híbridos, classificar estas formas com certeza nas sucessivas gerações ou precisar suas relações estatísticas"[320]. A atitude de Mendel possui principalmente três elementos de novidade: a maneira de considerar a experimentação

---
[319] *Nouvelles recherches sur l'hybridité dans les végétaux*, in *Ann. Sc. Nat., Botanique*, série 4, 19, p. 194.
[320] *Versuche über Pflanzen-Hybriden*, 1866, trad. ingl. reimp. *in Classic Papers in Genetics*, 1959, p. 2.

e de escolher o material conveniente; a introdução de uma descontinuidade e a utilização de grandes populações, o que permite expressar os resultados por números e submetê-los a um tratamento matemático; o emprego de um simbolismo simples que torna possível um diálogo incessante entre a experimentação e a teoria.

Mendel dá uma nova atenção à escolha do material a ser utilizado. Testa várias plantas antes de fixar-se na ervilha. Dirige-se então a variedades cuja pureza é garantida por muitos anos de cultura em condições rigorosas. As variedades destinadas à hibridação devem diferir entre si não por um conjunto, mas por um número limitado de traços. É preciso descartar os caracteres que "não permitem uma separação nítida e segura, diz Mendel[321], pois a diferença é então da natureza de 'mais ou menos', o que freqüentemente dificulta a definição". Portanto, só se deve reter os traços em que a discriminação possa se estabelecer sem ambigüidade, como a forma ou a cor dos grãos e da vagem, a repartição das flores ao redor do caule, etc. Para evitar uma complexidade de antemão insuperável na análise das hibridações, é importante negligenciar os detalhes e limitar-se ao estudo de um número muito pequeno de caracteres: primeiro um, depois dois, depois três, tendo o cuidado, em cada caso, de distinguir todas as combinações possíveis na descendência. Para esgotar as combinações, deve-se respeitar duas condições: por um lado, realizar as experiências em uma escala suficientemente ampla que permita ignorar os indivíduos e só se ocupar de populações; por outro, seguir o comportamento dos caracteres não somente entre os filhos de um casal, mas através de uma longa série de gerações sucessivas.

Por sua própria natureza, esta experimentação leva a expressar os resultados de maneira inteiramente nova. Graças à descontinuidade introduzida deliberadamente na discriminação dos caracteres, basta, em cada geração, contar os indivíduos pertencentes a cada uma das classes possíveis. Cada classe se expressa assim por um número inteiro, número tanto mais elevado quanto mais vasta for a escala da experiência realizada. Pode-se submeter estes números à análise estatística e estabelecer suas relações. Os números aparecem então em relações geralmente simples. Desse modo, quando ocorrem cruzamentos entre variedades que diferem apenas por um caráter, os híbridos de primeira geração se parecem exclusivamente com um dos pais e nunca com o outro: o caráter deste último é chamado "reces-

---

[321] *Versuche über Pflanzen-Hybriden*, p. 4.

sivo" em relação ao do primeiro que o "domina". Na geração seguinte proveniente destes híbridos, as duas formas recessivas e dominantes aparecem em uma relação de aproximadamente 1 para 3. Se os portadores do caráter dominante engendrarem apenas produtos idênticos a si mesmos ou se continuarem ao contrário a produzir formas recessivas, pode-se ainda reparti-los em duas classes cuja relação é de 1 para 2. Quando as variedades utilizadas diferem, não mais por um, mas por dois caracteres, os híbridos são, novamente, todos idênticos. Na geração seguinte, os descendentes formados por estes híbridos se distribuem em quatro classes cujas relações são de aproximadamente 1:3:3:9. Três destas classes podem ainda subdividir-se nas gerações seguintes, cada uma delas em duas. E o número de classes cresce com o dos caracteres em questão. Os descendentes dos híbridos em que se combinam muitos caracteres diferenciais, diz Mendel[322], exprimem os termos de uma série de combinações em que estão reunidas as séries desenvolvidas a partir de cada par de caracteres diferenciais... Se n representa o número dos caracteres diferenciais nas duas linhagens originais, $3n$ dá o número dos termos na série das combinações, $4n$ o número de indivíduos pertencentes à série e $2n$ o número das uniões que permanecem constantes". Em outras palavras, os diferentes caracteres são transmitidos independentemente uns dos outros. Em populações suficientemente grandes, pode-se prever sua distribuição.

Finalmente, a simplicidade de uma escolha binária entre as duas formas de um caráter permite uma representação simbólica simples. "Designando-se por A um dos caracteres constantes, diz Mendel[323], por exemplo o dominante, a o recessivo e Aa a forma híbrida na qual os dois estão unidos, a expressão $A + 2 Aa + a$ dá os termos da série para os descendentes dos híbridos de um só caráter". A interpretação simbólica dos resultados torna-se de certa forma o ponto de articulação entre a teoria e a experimentação. Por um lado, ela permite formular facilmente hipóteses a partir das distribuições observadas. Por outro, leva imediatamente a formular predições que a experiência colocará à prova. Assim, das relações observadas entre as combinações de caracteres podem ser deduzidas certas conclusões quanto à formação e à constituição do pólen e dos ovos. Uma linhagem só permanece pura e constante na medida em que os organismos

---

322 *Classic Papers in Genetics*, p. 13-14.
323 *Ibid.*, p. 10.

procedem de pólen e de ovos que contêm o mesmo caráter, por exemplo *A*. Não há razão alguma para pensar que um outro mecanismo intervém na formação dos híbridos, por exemplo *Aa*. Como as duas formas de um mesmo caráter *A* e *a* são produzidas na mesma planta híbrida, ou na mesma flor, deve-se concluir que, nos ovários do híbrido *Aa* forma-se o mesmo número de ovos de cada um dos tipos *A* e *a* e nas anteras o mesmo número de pólen *A* e *a*. De modo geral, quando muitos caracteres estão em jogo, devem-se formar no híbrido tantos tipos de pólen ou de ovo quantas combinações aparecerem na descendência. É o que a experiência confirma. Em um híbrido *Aa*, "qual dos dois tipos de pólen se unirá com cada itpo de ovo depende unicamente do acaso, diz Mendel[324]. Entretanto, segundo a lei das probabilidades, tomando-se como base a média de numerosos casos, cada forma de pólen *A* e *a* se unirá com uma mesma freqüência com cada tipo de ovo *A* e *a*. Por conseguinte, durante a fertilização de duas células de pólen *A*, uma encontrará um ovo de tipo *A*, outra um ovo de tipo *a*, assim como uma célula de pólen *a* se unirá com um ovo *A* e uma outra com um ovo *a*". Os resultados dos cruzamentos podem ser descritos por um gráfico simples. Mas para representar o caráter de um indivíduo, um só símbolo não é mais suficiente; é preciso dois, a que Mendel dá a forma de fração. Na descendência do híbrido *A/a* formam-se quatro combinações: *A/A, A/a, a/A, a/a*. Só a primeira e a última são puras, correspondendo aos caracteres dos pais. Como a forma *A* é dominante em relação a *a*, as três primeiras têm o mesmo caráter *observável*, apesar de uma estrutura diferente segundo sua descendência. Daí a relação de 1 para 3 entre as formas recessiva e dominante na segunda geração. Estes valores representam apenas o resultado médio de numerosas experiências realizadas com autofecundação dos híbridos. Nas flores ou nas plantas consideradas individualmente, os termos da série freqüentemente se distanciam da média. "Os valores separados devem necessariamente estar sujeitos a flutuações, diz Mendel[325]... Os verdadeiros valores podem ser determinados somente a partir da soma de casos individuais tão numerosos quanto possível; quanto maior o número, melhor são eliminados os efeitos do acaso".

Com Mendel, os fenômenos da biologia subitamente adquirem o rigor das matemáticas. A metodologia, o tratamento estatístico e a

---

324 *Classic Papers in Genetics*, p. 18.
325 *Ibid.*, p. 19.

representação simbólica impõem à hereditariedade uma lógica interna. Com exceção do episódio da pré-formação, o modo de considerar o mecanismo da hereditariedade praticamente não mudara durante mais de vinte séculos. A teoria da evolução exigia um processo capaz tanto de reproduzir na criança os traços dos pais quanto de produzir algumas variações. O que Darwin, na época de Mendel, denominava "pangênese" assemelhava-se muito ao que Hipócrates e Aristóteles e mais tarde Maupertuis e Buffon já haviam imaginado. Segundo a pangênese, cada fragmento do corpo, cada célula produzia um pequeno germe ou "gêmula", que se instalava nas células germinais com a missão de reproduzir este fragmento na geração seguinte. Esta teoria tinha a vantagem de levar em conta tanto a possibilidade de variações ocorridas espontaneamente, sem qualquer influência externa, quanto a de uma inserção de caracteres adquiridos na hereditariedade. Como Maupertuis e Buffon, Darwin também não distinguia entre o que constitui o corpo dos pais, suas sementes e o corpo da criança. Delegados pelos primeiros, os mesmos elementos eram transmitidos para os segundos para formar o terceiro. A hereditariedade só podia então se localizar na própria organização, na estrutura secundária a que se referia tudo o que se podia perceber em um ser vivo no que diz respeito a estruturas e funções. Para Mendel, a hereditariedade se apresenta de modo completamente diferente, através de fenômenos que se analisam com precisão. Nem a regularidade das segregações, nem o predomínio dos caracteres e nem a persistência do estado híbrido harmonizam-se com a pangênese. Para representar um traço que se pode descobrir em um indivíduo, é preciso apelar para dois símbolos. O símbolo não pode portanto corresponder nem a um caráter observável nem a seu delegado, a gêmula. Daí a necessidade de distinguir entre o que se vê, o caráter, e alguma outra coisa que está sob o caráter; entre o que a genética do século XX designará por fenótipo e genótipo. A determinação do primeiro pelo segundo só se exprime parcialmente. Os caracteres exprimem apenas a presença oculta de partículas, de unidades, do que Mendel chama "fatores". Estes são independentes uns dos outros e cada um deles governa um caráter observável. A planta possui cada fator em dois exemplares, cada um procedente de um pai, seja pelo pólen, seja pelo ovo. O que a hereditariedade transmite não é portanto nem uma representação global do indivíduo, nem uma série de emissários vindos de todos os pontos do corpo dos pais para se rearticular no filho como pedras de um mosaico. É uma coleção de unidades discretas, cada uma regendo um caráter. Cada unidade pode existir em estados diferentes que determinam as formas diferentes do caráter correspondente. Como todo organismo recebe de cada pai um conjunto completo de unidades, estas se reagrupam ao acaso durante as gerações. A organização que os anatomistas, os histologistas e os fisiólogos estudam, esta estrutura de ordem dois a que se referem as formas e as propriedades de um ser vivo não é mais suficiente para explicar a hereditariedade. É preciso recorrer a uma estrutura de nível mais elevado, ainda mais oculta, mais profundamente escondida no corpo. É em uma estrutura de ordem três que se situa a memória da hereditariedade.

Assim, a atitude que levou Boltzmann a ligar as propriedades dos corpos à sua estrutura interna para deduzir a lei que rege a evolução da matéria possibilitou a Mendel ter acesso à análise da hereditariedade e ao conhecimento de suas leis. Nos dois casos, trata-se de elementos descontínuos. Nos dois casos, não se pode prever a conduta de um único elemento deixado ao acaso. Enfim, nos dois casos consegue-se extrair uma ordem do acaso através do tratamento estatístico de grandes populações. Trate-se dos fatores da hereditariedade ou das moléculas de um gás, o comportamento de cada unidade não tem importância. A combinação dos caracteres realizada em uma determinada planta não tem para Mendel mais interesse que a trajetória de uma determinada molécula para Boltzmann. Foi assim que a hereditariedade tornou-se obejto de análise. O método experimental substituiu os humores, as forças obscuras, os desígnios misteriosos que, desde a Antiguidade, pareciam modelar os caracteres dos seres vivos pela matéria, pelas partículas e pelas leis. Toda a representação dos seres vivos é assim alterada. Logicamente, toda a prática da biologia deveria ser transformada. Na realidade não foi isto que aconteceu. O caso Mendel dá um bom exemplo da impossibilidade de traçar uma história linear das idéias, de encontrar uma sucessão de etapas que a lógica teria deliberadamente seguido. Pois se a obra de Mendel concilia-se com a física de sua época, ela não exerce a menor influência sobre a maneira de seus contemporâneos fazerem biologia. É o século XX que fará de Mendel o criador da genética e, de sua primeira tese, o ato de nascimento desta ciência. Até a passagem do século, esta obra permanece ignorada ou negligenciada. Não que o padre Gregor Mendel seja um desconhecido para os homens de ciência de sua época. Talvez seja um amador, mas está ligado a inúmeros dos mais famosos biólogos. A muitos descreve detalhadamente suas experiências em extensa correspondência, sem atrair atenção. Quando em uma noite de fevereiro de 1865 Mendel lê sua primeira conferência para a sociedade local de ciências naturais, há umas quarenta pessoas no Realschule de Brno. Na platéia, naturalistas, astrônomos, físicos, químicos, em suma, um público esclarecido. Durante uma hora Mendel fala da hibridação das ervilhas. Os ouvintes sentem simpatia pela pessoa do conferencista. Admirando-se de ouvir aritmética e cálculo das probabilidades intervir na hereditariedade, o público escuta com paciência e aplaude por cortesia. Quando Mendel acaba seu relatório, cada um volta para casa sem manifestar a menor curiosidade. "Como eu esperava, encontrei muita oposição, escreve Mendel a Nägeli; mas, pelo que sei, ninguém se deu ao trabalho de repetir minhas experiências"[326]. Quando Mendel morre, alguns anos mais tarde, é um homem respeitado por suas funções sociais, ignorado por sua obra. No começo do século seguinte, quando esta obra será "redescoberta", freqüentemente se encontrarão intactas as páginas da revista que continha a tese de Mendel.

Como dizer então que o espírito espera apenas as idéias novas para apoderar-se delas e para explorá-las? Como ver o desenvolvimento das ciências como algo guiado unicamente pela finalidade da lógica? Esta só pode circular no espaço determinado pela atitude do momento, em torno dos objetos então oferecidos à análise. Para que se constitua uma genética, é preciso sobretudo que o final do século XIX transforme o estudo da célula; que se precise sua estrutura, revelando a existência dos cromossomos e de seus movimentos ordenados como um balé; que modifique seu papel, substituindo o mecanismo da pangênese pelo do "germe", linhagem celular reservada unicamente à reprodução e protegida contra as vicissitudes que atingem os corpos vivos.

O jogo dos cromossomos

Na segunda metade do século XIX, os biólogos se concentram na célula. Esta não é mais somente a unidade elementar de todo ser vivo, a última etapa da análise anatômica. Torna-se o lugar de articulação das atividades do organismo, o "foco de vida", diz Virchow. Nas células se efetuam as reações do metabolismo e se elaboram as moléculas características do vivo. Por sua diferenciação se formam os órgãos e se estrutura o corpo do adulto. Através de sua divisão

---

[326] Carta a Carl Nägeli, 18 de abril de 1867, reimp. *in Great Experiments in Biology*, p. 229.

perpetua-se a organização. De agora em diante, não há mais célula que não nasça de uma outra célula. A reprodução efetua-se por uma "excrescência do indivíduo", diz Haeckel. Como se vê nitidamente nos seres unicelulares que se multiplicam dividindo-se, os fenômenos da hereditariedade expressam, na realidade, os do crescimento. Cada um destes pequenos organismos aumenta até o ponto de seccionar-se em duas metades, idênticas não somente pelo tamanho, mas também pela forma e pela estrutura. Compreende-se então porque o descendente se parece com seu ancestral: ele é um fragmento. As coisas não se passam diferentemente com os seres pluricelulares, que se formam pela multiplicação de uma única célula inicial, o ovo. O corpo de um tal organismo pode se comparar a uma colônia de células em que a divisão do trabalho exige a diferenciação das unidades. De forma que certas células estão em condições de cumprir somente as funções necessárias à respiração, outras à reprodução, à locomoção ou à digestão. Trate-se de um ser unicelular ou de um organismo complexo, a hereditariedade sempre é o resultado da continuidade das células. É portanto no espaço da célula que devem se situar tanto as reações químicas que dão especificidade ao organismo quanto o sistema que lhe confere a propriedade de produzir seu semelhante. As células germinais contêm, não mais em forma de efígie mas em potência, o esboço do organismo que nascerá. Nestas gotas de substâncias albuminosas já está contida a especialização de todas as células que se originarão. A análise converge, portanto, para o funcionamento da célula e para sua divisão.

Não se trata de fazer uma zoologia das células. Não se trata de precisar, em um organismo, a posição, as relações, as propriedades de todas as unidades que o compõem; de conhecer sua filiação exata; de fazer um mapa detalhado. Na realidade, há poucas chances de se poder um dia desembaraçar o enredamento das células e das fibras de um organismo complexo. Mas se as células de um animal diferem entre si pela forma, pela localização, pela função, elas foram construídas a partir de um mesmo modelo. Para além de sua diversidade, apresentam uma unidade de estrutura. Sejam quais forem sua natureza e sua origem, uma célula sempre aparece como um corpúsculo meio líquido, constituído por uma substância albuminosa, o protoplasma. Elas contêm sempre um núcleo, maior ou menor, mais ou menos arredondado, formado também por uma substância albuminosa. Freqüentemente é envolta por uma membrana, às vezes cheia de partículas. Mas o que domina a organização da célula é a presença de dois componentes principais. "Núcleo e protoplasma, diz Haeckel[327], núcleo celular interno e substância celular externa, eis as duas únicas partes essenciais de toda verdadeira célula. Todo o resto é secundário, acessório". É preciso, portanto, distribuir os papéis, precisar a composição e a função de cada um dos dois componentes a fim de determinar o que a célula transmite a seus descendentes para que se formem à sua imagem.

A citologia, ciência que se propõe a explorar o espaço da célula, reúne interesses bastante distintos: pela fisiologia, pelo desenvolvimento do embrião, pela hereditariedade, pela evolução, assim como pela morfologia. A unidade é conferida pelo método, pela linguagem e pelo material. No final do século XIX, o microscópio ótico atingiu a capacidade máxima de resolução que a física lhe permite. Mas pelo emprego de compostos que colorem seletivamente certas estruturas da célula, os citologistas aumentam seus meios de discriminação e de identificação. Podem assim ter acesso à composição química dos componentes celulares: o núcleo, por exemplo, colore-se facilmente através de certas substâncias básicas. Pouco a pouco a paisagem que se revela no fundo do microscópio se destaca. Descrever seus detalhes exige o emprego de uma nova linguagem. O final do século elabora todo um vocabulário inédito justapondo raízes gregas ou latinas e mesmo fazendo uma hibridação. O discurso do biólogo torna-se rapidamente impenetrável para o não-iniciado. A facilidade que existe de colorir o núcleo, por exemplo, é de maneira muito simples evocado pelo radical "cromo". Daí o nome de "cromatina" dado por Flemming à substância que ele contém; o de "cromossomos" dado por Waldeyer aos filamentos que nele se distinguem; de "cromômeros" dado por Balbiani e Van Beneden às bandas que estriam os cromossomos transversalmente; de cromátides, cromídios, cromidiogamia, cromíolos, cromocentros, cromonemas, cromoplastos, cromospiras, etc. A precisão dos detalhes mede-se pela precisão dos nomes. Finalmente, a citologia se distingue pelo material que utiliza. Como se propõe a analisar não as características de certos tipos celulares, mas os atributos comuns ao conjunto das células, tem toda a liberdade de escolha. Pode então se concentrar em alguns organismos que, por sua estrutura e suas propriedades, oferecem vantagens para a observação e a experimentação. Aparecem assim alguns organismos privilegiados que atraem a atenção dos especialistas dispersos pela

---

327 *Anthropogénie*, trad. franç., Paris, 1877, p. 84.

geografia, pela disciplina, pelo próprio interesse. Existem dois tipos de material particularmente favoráveis. Por um lado, dispõem-se os seres unicelulares, os protistas, em que o ciclo de reprodução é semelhante ao dos seres multicelulares. Em vez de se unirem para formar um só corpo, as células dos protistas permanecem separadas e vivem independentemente umas das outras. "Nos Protozoários, diz R. Hertwig[328], só há um tipo de reprodução, a divisão celular". Fisiologicamente, um protozoário constitui um indivíduo, da mesma forma que um metazoário: mas, por sua morfologia e seu modo de formação, pode-se compará-lo tanto com uma célula germinativa quanto com uma célula isolada de um metazoário. Os protozoários formam assim um material simples, adaptado à análise da divisão celular de que apresentam o aspecto mais puro, mais despojado. Por outro lado, entre a infinita diversidade dos seres multicelulares, existem formas que se prestam mais particularmente à observação do núcleo celular, das células germinativas e do desenvolvimento embrionário. É entre estes seres privilegiados que é preciso escolher o material, em função do objetivo a ser alcançado. Se o interesse se volta para a divisão da célula, para a morfologia do núcleo, para o seu modo de formação, então é preciso utilizar o Áscaris, verme parasita do cavalo, de que Van Beneden e Boveri revelam as virtudes. "O Áscaris constitui um material insuperável, diz Boveri[329]. Pode-se conservar os ovos durante meses no frio e no seco. Quando se tem tempo de trabalhar, coloca-se-os na temperatura ambiente e eles continuam lentamente a se desenvolver. Querendo-se acelerar temporariamente o desenvolvimento, coloca-se-os na estufa. Querendo-se detê-lo, coloca-se-os novamente no frio e sempre serão encontrados no estado em que foram deixados". Além disso, seu núcleo é particularmente simples; o número de cromossomos é pequeno, quatro em geral, e mesmo dois em um certo tipo; pode-se facilmente reconhecê-los, observar suas figuras e seu comportamento, vê-los se seccionar, depois se distribuir ao longo de um tipo de fuso que os atrai em direção aos dois pólos opostos no momento da divisão celular; em suma, é o organismo ideal para analisar o mecanismo pelo qual uma célula produz dois semelhantes. Interessando-se mais pelas células germinais, pela fertilização e pelo desenvolvimento do embrião do que pela divisão celular, é preciso recorrer à rã e sobretudo ao ouriço, de que O. Hertwig e Boveri reve-

---

[328] *Die Protozoen und die Zelletheorie, in Archiv für Protistenkunde,* 1902, I, p. 1.
[329] Citado em F. Baltzer, *Theodor Boveri,* Berkeley, 1967, p. 121.

lam as vantagens: o óvulo é transparente, fácil de ser observado; o espermatozóide é pequeno, com um núcleo condensado simples de ser determinado. Pode-se colocar óvulo e esperma em um cadinho cheio de água do mar e ver os espermatozóides se colarem ao ovo. "Mas só uma célula espermática atinge seu objetivo, diz Boveri[330], a primeira que toca a superfície nua do ovo". Pode-se seguir o trajeto do núcleo macho que se une ao núcleo fêmea, podem-se contemplar as divisões sucessivas que ocorrem então no ovo segundo uma ordem rigorosa no tempo e no espaço; em suma, observa-se detalhadamente esta espécie de milagre pelo qual fragmentos desprendidos de dois indivíduos, um macho e outro fêmea, penetram um no outro para originar um organismo novo e idêntico.

Com o ovo do ouriço, o estudo da célula e do desenvolvimento embrionário passa da observação para a experimentação. Torna-se possível, com efeito, agir sobre as células germinais ou sobre o ovo em vias de desenvolvimento ou mesmo modificar as condições químicas e físicas da fecundação artificial. Agitando vigorosamente ovos não fecundados, os Hertwig chegam a quebrá-los em pedaços que continuam podendo ser fertilizados pelo esperma da mesma espécie. Tratando os ovos com certos compostos, Boveri consegue fertilizar cada um com muitos espermatozóides; sacudindo então estes ovos, observa distribuições anormais de cromossomos nas células que se dividem. Aumentando a concentração de sal na água do mar ou expondo os ovos a diversos tratamentos químicos ou físicos, Loeb provoca a partenogênese artificial. Isolando uma célula de um ovo fecundado que começou sua segmentação, Driesch obtém um desenvolvimento completo, que produz um organismo decerto pequeno, mas acabado. No século XX, a virtuosidade técnica dos embriologistas continuará aumentando, a ponto de permitir-lhes intervir nas células do ovo que escolherem; de destruí-las à vontade; de nele injetar certas substâncias ou mesmo extratos de outros embriões; de retirar o núcleo de um ovo para substituí-lo por outro. O efeito se mede pelas lesões que se desenvolvem no embrião, pela etapa que atinge em seu desenvolvimento, pelas monstruosidades que aparecem. Assim, até mesmo a formação do embrião torna-se acessível ao método experimental.

A citologia do século XIX tratava sobretudo de distinguir o papel desempenhado no funcionamento da célula pelos seus dois componentes principais, o núcleo e o citoplasma. Pouco a pouco, o nú-

---

330 Citado em F. Baltzer, *Theodor Boveri*, p. 70.

cleo passa a ocupar o primeiro plano. E, no núcleo, o primeiro papel cabe aos cromossomos. A constância de seu número e de suas formas, a segurança de seus movimentos, a precisão de sua repartição nos produtos da divisão celular, tudo concorre para dar-lhes uma posição excepcional. Vê-se os cromossomos crescerem, depois se desfiarem, desaparecerem e reaparecerem mais tarde com a mesma forma que tinham antes. Pode-se vê-los se fissurarem longitudinalmente em duas partes idênticas, cada uma atraída em direção a um pólo, como por um "centro magnético", diz Van Beneden. Mantêm uma continuidade através do ciclo da célula. Possuem uma individualidade, uma estrutura característica de determinadas etapas. São "elementos organizados que têm, diz Boveri[331], uma existência autônoma na célula". Mas têm sobretudo o poder extraordinário de, duplicando-se e reagrupando-se em cada pólo, formar de novo dois núcleos idênticos àquele de que derivam. Pode-se distinguir os cromossomos entre si, seguir sua evolução, contá-los. Estão sempre emparelhados: dois grupos de dois no Áscaris, exceto nas células germinais, o óvulo e o espermatozóide, cujos núcleos só abrigam dois cromossomos. Mas, pela fusão destes núcleos, no momento da fertilização se reconstitui um conjunto completo de cromossomos, provenientes metade do pai e metade da mãe. Qualquer anomalia no número de cromossomos deste modo novamente constituídos, qualquer excesso, qualquer defeito acarreta perturbações na evolução do embrião. "O desenvolvimento normal, diz Boveri[332], depende de uma combinação específica de cromossomos; e isto só pode significar que, considerados individualmente, os cromossomos possuem qualidades distintas". Portanto, é na profundidade do núcleo que aparece uma estrutura de propriedades excepcionais. Uma estrutura que tem a propriedade, única na célula, de desdobrar-se com exatidão.

Ao mesmo tempo, a dualidade de constituição, observada primeiro na célula, estende-se ao conjunto do organismo. Até então não se fazia distinção entre os elementos encarregados de sua estrutura e os de sua reprodução. O filho representava uma excrescência dos pais, de que cada porção delegava, através das células reprodutoras, uma espécie de germe destinado a formá-la novamente e com exatidão na geração seguinte. Portanto, a mesma partícula sucessivamente participava da composição de um órgão no pai, de uma célula repro-

---

331 Citado em F. Baltzer, *Theodor Boveri*, p. 68.
332 Citado em E. B. Wilson, *The Cell in Development and Heredity,* 1925, p. 916.

dutora e depois do mesmo órgão no filho. "É provável, diz Huxley[333], que cada parte do adulto contenha moléculas procedentes do progenitor macho e do progenitor fêmea; e que, considerado como uma massa de moléculas, o organismo inteiro possa comparar-se a um tecido cuja trama provém da fêmea e a urdidura do macho". Mas, com o que Nägeli distingue com as palavras "trofoplasma" e "idioplasma", aparece uma dualidade no conjunto do organismo. O trofoplasma, que constitui a maior parte do corpo, é responsável pelas operações de nutrição e de crescimento. O idioplasma, ao contrário, representa apenas um componente menor em volume, mas desempenha um papel essencial na reprodução e no desenvolvimento: é o substrato da hereditariedade. Contido no ovo, dirige sua evolução e seu desenvolvimento; difunde-se pelo conjunto do organismo para formar um tipo de rede controladora. Se o ovo de galinha difere do ovo da rã, é porque contém um idioplasma diferente. A espécie está contida no ovo assim como no organismo adulto. O idioplasma representa uma substância muito complexa, formada pela reunião de partículas ou "micélios" em número enorme. De acordo com um cálculo de Nägeli, um volume de um milésimo de milímetro cúbico pode conter até aproximadamente 400 milhões de micélios. É a repartição destes micélios e sua distribuição no idioplasma que asseguram a especificidade deste último. Assim, a reprodução das formas através das gerações não é mais realizada pelos delegados de cada parte do corpo reunidos no ovo, mas por uma substância específica que dirige o desenvolvimento. Entre os biólogos, Nägeli era sem dúvida um dos mais bem situados para dar uma interpretação da obra de Mendel. É especialmente a ele que Mendel comunica seus resultados através de uma série de cartas; mas sem o menor efeito.

Com Weismann, acentua-se mais ainda a distinção entre dois tipos de componente. Além disso, ela muda de natureza. Não concerne mais a substâncias dispersas pelo corpo, mas às próprias células. A reprodução utiliza células de um tipo específico, as células germinais, que diferem das que constituem o corpo, ou células somáticas, por sua função, sua estrutura e mesmo seu papel na evolução. As células germinais, diz Weismann[334], contêm uma substância "à qual sua constituição físico-química, inclusive sua natureza molecular, dá a faculdade de tornar-se um novo indivíduo da mesma espécie". É

---

333 *Evolution, in Science and Culture*, Encycl. Britt., 1878, p. 296.
334 *Essais sur l'hérédité*, trad. franç., Paris, 1892, p. 171.

a qualidade desta substância que decide se o organismo que nascerá deve tornar-se lagarto ou homem, se deve ser grande ou pequeno, se deve se parecer com seu pai ou sua mãe. A reprodução baseia-se inteiramente na natureza e nas propriedades das células germinais. Estas "não têm importância para a vida daquele que as contém, mas só elas conservam a espécie"[335]. Esta diferenciação da natureza das células acarreta duas conseqüências importantes.

Em primeiro lugar derruba-se, por assim dizer, a proposição segundo a qual o filho não passa de uma germinação dos pais. Para Weismann, as células germinais podem dar origem aos dois tipos, enquanto as somáticas só formam somáticas. As células germinais não podem portanto ser consideradas como um produto do organismo. Nas sucessivas gerações de animais, elas se comportam como uma linhagem de seres unicelulares que se reproduzem por divisão. Ao longo desta linhagem, diferenciam-se as células somáticas. Os corpos dos animais nelas se enxertam de certa forma lateralmente. Portanto, tem-se "na reprodução dos seres multicelulares, diz Weismann[336], o mesmo processo que na reprodução dos animais unicelulares: uma divisão contínua da célula germinal, sendo que a diferença consiste apenas no fato de que a célula germinal não constitui o indivíduo inteiro, mas está cercada... por milhares de células somáticas cujo conjunto forma a unidade superior do indivíduo". Como as células germinais reproduzem-se por divisão, como os protozoários, contêm sempre a mesma substância hereditária. Os organismos resultantes são portanto necessariamente idênticos entre si. A linhagem germinal forma o esqueleto da espécie em que os indivíduos se inserem como excrescências. Não é mais a galinha que produz o ovo. Como disse Butler, é o ovo que encontrou na galinha o meio adequado para refazer um ovo.

Mas a distinção entre germe e soma tem ainda uma outra conseqüência. Se as células germinais derivam diretamente das células da geração precedente, se não são produzidas pelo corpo do genitor, estão protegidas contra tudo que pode acontecer com este. As transformações que um organismo, suas células germinais e portanto sua descendência podem sofrer são inacessíveis. Como os caracteres adquiridos por um ser vivo poderiam então ser transmitidos hereditariamente? "Todas as modificações devidas a influências exteriores, diz

---
335 *Essais sur l'hérédité*, p. 124.
336 *Ibid.*, p. 125.

Weismann[337], são de natureza passageira e desaparecem com o indivíduo". São episódios transitórios que dizem respeito aos organismos particulares, não à espécie. Os indivíduos que a constituem não têm influência alguma sobre o arcabouço da espécie. Protegidas contra aventuras, as células germinais continuam a se reproduzir idênticas a si mesmas. O organismo não pode adquirir nenhum caráter para o qual não tenha, pela hereditariedade, predisposição. No ovo já estão determinados o futuro do indivíduo, suas formas, suas propriedades. Se a ação das condições externas continua tendo uma margem de manobra, esta é "limitada e constitui apenas uma pequena região móvel em torno de um ponto fixo que é formado pela hereditariedade"[338]. Constante no interior da espécie, a natureza das células germinais varia de uma espécie a outra. O que se transforma para permitir o aparecimento de formas novas não são os próprios indivíduos, mas as "disposições hereditárias" contidas nestas células. "A seleção natural, diz Weismann, aparentemente só atua sobre as qualidades do organismo adulto, mas na realidade atua sobre as disposições ocultas na célula germinal".

Assim, modifica-se toda a maneira de considerar a hereditariedade. Até então a possibilidade de herdar caracteres adquiridos nunca fora seriamente colocada em questão. Desde a Antiguidade, seja entre os egípcios, os hebreus ou os gregos, todos os textos estavam repletos de histórias em que os filhos perpetuam o resultado de incidentes acontecidos com os pais. Lamarck sistematizou este tipo de relação, fazendo dela o mecanismo das transformações locais, a pressão das circunstâncias que permitem que o organismo adapte-se rigorosamente a seu meio. A hereditariedade dos caracteres adquiridos assemelha-se a uma série de superstições, à geração espontânea, à fecundidade das hibridações entre espécies, em suma, a todos os aspectos de um antigo mito pelo qual o homem, os animais e a Terra se criavam. Mais do que qualquer outra, a transmissão do adquirido resistiu à experimentação. Mais do que qualquer outra, contribuiu para dificultar a análise do vivo em geral, da reprodução em particular. Mesmo para Darwin, que baseava a evolução em flutuações ocorridas espontaneamente em qualquer grande população, a pangênese mantinha um espaço para a influência direta das condições externas sobre os caracteres hereditários. Para Weismann, ao contrário, o meio não

---
337 *Essais sur l'hérédité*, p. 318.
338 *Ibid.*, p. 154.

pode mais modificar a hereditariedade. A linhagem germinal está protegida contra qualquer variação que possa acontecer nos indivíduos da espécie. Nenhuma das pretensas transmissões de caracteres adquiridos resiste à análise. Nenhum dos organismos mutilados de geração em geração engendra uma descendência mutilada. Ainda que desde o nascimento corte-se sistematicamente a cauda de todos os ratinhos de uma linhagem, após cinco gerações as centenas de ratinhos nascidos continuam possuindo uma cauda normal que tem em média o mesmo comprimento da cauda dos ancestrais. O que pode acontecer com um indivíduo não influencia sua descendência. A hereditariedade é imune a qualquer fantasia local, a qualquer influência, a qualquer desejo, a qualquer incidente. Situa-se na matéria e em sua organização. "A essência da hereditariedade, diz Weismann[339], é a transmissão de uma substância nuclear que tem uma estrutura molecular específica". Só as mudanças desta substância, suas "oscilações" são capazes de acarretar modificações duradouras nos seres vivos. O mecanismo da hereditariedade, da variação, da evolução funda-se não na persistência do adquirido através das gerações, mas nas virtudes de uma estrutura molecular.

No final do século aparecem, assim, dois elementos novos. Por um lado, a citologia revela, no núcleo da célula, a existência de uma estrutura de propriedades pouco comuns. Por outro, a análise crítica da estabilidade das espécies e de sua variação leva a atribuir a hereditariedade à transmissão de uma substância específica. É de comum acordo que se situa esta substância nos cromossomos. Tudo os designa para esta tarefa: a constância de seu número e de sua forma, a precisão de sua clivagem e de sua repartição no momento da divisão celular; a redução de seu número à metade nas células germinais; sua fusão no ovo no momento da fertilização, graças à qual o filho recebe seu lote de cromossomos proveniente em partes iguais do pai e da mãe. Só a substância do núcleo está em condições de veicular a "tendência hereditária". E esta tendência contém não somente as disposições dos pais, mas a de ancestrais mais longínquos. Cada uma das células germinais que se une na fecundação contém, com efeito, cromossomos oriundos do avô, do bisavô, etc. A substância proveniente das gerações sucessivas está presente nos cromossomos de "modo proporcional à sua distância no tempo, diz Weismann[340], e de acordo com uma

---
339 *Essais sur l'hérédité*, p. 176.
340 *Ibid.*, p. 175-176.

razão que vai sempre diminuindo, segundo cálculo aplicado até hoje pelos criadores no cruzamento das raças para determinar a fração de 'sangue nobre' existente em algum descendente". Os cromossomos do pai constituem a metade do núcleo do filho; os do avô representam 1/4; os da décima geração precedente, 1/1.024, e assim por diante. As questões da hereditariedade podem ser resolvidas com uma matemática simples. Em cada geração se recombinam os cromossomos provenientes do pai e da mãe. É a análise estatística que permite avaliar a contribuição dos diferentes ancestrais para a substância hereditária de um indivíduo. "Nos fenômenos biológicos, diz de Vries[341], os desvios com relação à média obedecem às mesmas leis que aqueles de qualquer outro tipo de fenômeno não regido pelo acaso". Vivos ou não, todos os corpos obedecem à lei estatística.

Pode-se então desenvolver uma ciência da hereditariedade. Diz-se freqüentemente que a passagem do século XIX para o século XX "redescobriu" as leis de Mendel. Mas foi sobretudo a atitude de Mendel, a da mecânica estatística, que foi redescoberta. Mesma atenção concentrada em um pequeno número de caracteres, excluindo-se detalhes; mesma escolha de caracteres portadores de diferenças suficientemente claras para que apareça a descontinuidade; mesma maneira de enumerar os descendentes de um cruzamento, de contar os tipos, de distribuí-los em classes finitas; mesmo interesse pelas populações e não pelos indivíduos de que, entretanto, se faz a genealogia; mesma análise dos resultados por um tratamento estatístico; mesma representação por um simbolismo fatorial; mesma distinção entre o que se vê e o que se oculta. Daí, certamente, mesmos fenômenos, mesmas conclusões, mesmas leis. Tão geral tornou-se a atitude que conduz à análise da hereditariedade que a obra de Mendel, ignorada durante mais de trinta anos, é "descoberta" simultaneamente na Alemanha, na Áustria, na Holanda e depois na Inglaterra, nos Estados Unidos e na França. O impulso da genética desde os primeiros anos do século deve-se à importância que lhe é atribuída tanto pela economia quanto pela biologia. Entre os interessados pela hereditariedade, há os que se ocupam da evolução. Mas há também os que buscam aumentar o rendimento da agricultura e da criação. Tanto para os que analisam o mecanismo da variação como para os que tentam melhorar as variedades das plantas e dos animais, os métodos e os problemas não diferem. Ao esforço dos biólogos une-se o dos cria-

---

341 *Espèces et variétés*, trad. franç., Paris, 1909, p. 458.

dores e dos agrônomos, que dispõem de meios consideráveis. Reúnem-se assim em certas sociedades, como a Associação dos Criadores Americanos[342], cujos obejtivos foram definidos pelo presidente da seguinte forma: a associação "sugeriu que os biólogos abandonem por um tempo os interessantes problemas da evolução histórica e se voltem para as necessidades da evolução artificial. Aos criadores, que se beneficiam financeiramente com a criação dos seres vivos, pede que de vez em quando façam uma pausa e estudem as leis da hereditariedade. Convida os criadores e os biólogos a se associarem em seu mútuo benefício". Assim, em seus primórdios, a análise da genética aplica-se freqüentemente a organismos importantes nos negócios humanos, como o trigo, o milho, o algodão ou os animais de fazenda.

As qualidades do material desempenham um papel importante na genética. "Para o estudo das leis gerais da hereditariedade, diz de Vries[343], é preciso excluir completamente os casos complexos e considerar a pureza hereditária dos pais como uma das primeiras condições de sucesso. Além disso, é preciso que a progenitura seja numerosa, pois nem a constância nem as proporções exatas no caso de instabilidade podem ser determinadas com um pequeno grupo de plantas. Finalmente, para chegar a uma escolha definida do material de pesquisa, deve-se lembrar que o objetivo principal é estabelecer as relações que unem os descendentes a seus pais". Foram os botânicos, de Vries, Correns, Tschermak, que primeiro retomaram a atitude de Mendel. As plantas, com efeito, prestam-se particularmente bem ao estudo da hereditariedade: a agricultura produz em enormes quantidades; controlam-se os processos de fertilização; certos caracteres são fáceis de discernir. A análise estende-se em seguida aos pequenos animais de laboratório, à cobaia, ao coelho, ao rato. Mas a experimentação exige um material de qualidades excepcionais. Necessita de um organismo suficientemente pouco exigente para que se possa criá-lo sem dificuldade no laboratório; suficientemente pequeno para que se possa manipular populações importantes em um espaço reduzido; de reprodução suficientemente rápida para que se observem as gerações sucessivas em curto espaço de tempo. Os caracteres devem ser fáceis de observar, os amores devem ser freqüentes e a fertilidade elevada. Suas células devem se prestar ao exame microscópico e o número de seus cromossomos ser suficientemente reduzido para que se

---

342 *Proceedings*, vol. 1-5, 29 dez. de 1903.
343 *Espèces et variétés*, p. 179-180.

possam localizar as particularidades. Esta ave rara existe: é a mosca. Durante quase meio século, os geneticistas examinarão fervorosamente os olhos, as asas e os pêlos desta drosófila, popularizada por Morgan. As técnicas e os métodos adotados pela genética colocam-na em condições de analisar por um lado o mecanismo da variação nos seres vivos e por outro as características da estrutura em que a hereditariedade se baseia. Ao considerar não alguns indivíduos isolados mas centenas ou milhares de plantas ou de animais, vêem-se modificar caracteres na população. Durante a segunda metade do século XIX, as variações originavam-se da acumulação progressiva de mudanças mínimas que, separadamente, eram com freqüência imperceptíveis a olho nu. Para Darwin, a hereditariedade era transmitida por extratos de cada célula; para Weismann, por uma substância do núcleo; mas para um e para outro, a origem das variações e da evolução estava nas flutuações sofridas por cada caráter. De um indivíduo a outro, a intensidade de um caráter nunca é rigorosamente idêntica no interior da espécie. Acentua-se ou atenua-se, segundo o caso. Em uma população, sempre existem flutuações, assim como as "oscilações" de um caráter não se desviam muito da média. Mas estes desvios acabam acumulando-se e ocasionando variações importantes, a partir do momento em que uma triagem exercida deliberadamente pelo criador ou espontaneamente pelas condições do meio orienta a pressão seletiva sempre no mesmo sentido. No começo do século XX, a variação dos caracteres muda totalmente de mecanismo. Para de Vries[344], ele não ocorre mais por uma série de modificações insensíveis, mas por mudanças bruscas e radicais. "As espécies não se transformam gradualmente; permanecem inalteradas durante todas as gerações sucessivas. Subitamente produzem novas formas que diferem nitidamente de seus pais e que são tão perfeitas, tão constantes, tão bem definidas e tão puras quanto se pode esperar de uma espécie qualquer". Assim, a natureza dá saltos. O meio que utiliza para produzir variedades e espécies novas é a mutação.

Ao contrário das flutuações, das mudanças insensíveis e das gradações, as mutações são accessíveis à observação e à experimentação. Por pouco que o material seja apropriado, sua origem seja pura e a população suficientemente ampla, pode-se medir sua freqüência de aparecimento, precisar suas características, estabelecer as leis que as

---

344 *Espèces et variétés*, p. 18.

regem. E estas leis se resumem em uma série de palavras: raridade, instantaneidade, descontinuidade, repetição, estabilidade, acaso, generalidade. Em primeiro lugar a mutação é rara: durante as gerações sucessivas, a grande maioria dos indivíduos não se modifica; "as possibilidades de encontrar mutantes em número elevado são muito reduzidas, diz de Vries[345]; o que se espera é que formem uma proporção muito pequena da cultura". As formas mutantes aparecem "subitamente", "sem que sejam esperadas". Possuem de saída "todos os caracteres do novo tipo, sem intermediários", há "uma ausência total de transição entre os indivíduos normais e as formas mutantes". Têm uma descendência estável; as formas novas persistem através das gerações e são por sua vez herdadas; não manifestam "tendência de voltarem gradualmente à forma original". As formas mutantes não surgem só uma vez, mas regularmente e "os tipos se repetem nas gerações sucessivas". Uma mutação atinge somente um caráter de cada vez. Mas sejam quais forem o material estudado e o caráter considerado, "as mutações são a regra". Finalmente, não se encontra sentido algum privilegiado nas mutações, ligação alguma entre sua produção e o efeito das condições externas, correlação alguma entre seu aparecimento e sua utilidade. Elas ocorrem por acaso e representam tanto uma "progressão" quanto uma "regressão". Realizam-se "em todas as direções...", diz de Vries[346]; certas mudanças são úteis, outras nocivas, mas existem muitas que não têm importância, não sendo nem benéficas nem maléficas". De forma que todas as qualidades variam em todos os sentidos. Fornecem assim "um material considerável para a ação do crivo da seleção natural".

O novo estatuto da variação justifica *a posteriori* a atitude adotada empiricamente primeiro por Mendel e depois pela genética para analisar a hereditariedade. A descontinuidade introduzida arbitrariamente para a comodidade da experimentação na realidade reflete a marcha da natureza. Se um mesmo traço pode se revestir de aspectos muito distintos, se estes podem ser representados por uma série de símbolos, é porque o próprio fator que determina o caráter deve ocupar estados diferenciados entre si. A modificação deste fator não se realiza através de uma série de intermediários, mas pela passagem brusca de um estado a outro. Como as modificações de matéria e de energia, as variações da hereditariedade se realizam por saltos quânticos. Pode-se

---

345 *Espéces et variétés*, p. 299.
346 *Ibid.*, p. 361.

mesmo favorecer estes saltos e aumentar a freqüência das mutações expondo o esperma das drosófilas ao raio X, como faz Muller, ou tratando os organismos com determinados compostos químicos. Mas aconteçam "espontaneamente" ou sejam elas "induzidas artificialmente", as mutações sempre surgem por acaso. Nunca se encontra relação entre sua produção e as condições externas, nenhuma direção imposta pelo meio. Excluindo definitivamente qualquer transmissão de caracteres adquiridos, a análise das mutações precisa o papel que têm respectivamente a hereditariedade e o meio na formação dos seres vivos. O meio só pode influenciar o organismo nos limites estreitos das flutuações autorizadas pelo que Weismann chamava "estrutura molecular da substância hereditária" e que se torna "material genético". Fora destes limites, não há organismo.

A outra questão de que a genética se ocupa é a exploração da organização e do movimento do que Mendel designava por "fatores" e que o dinamarquês Johansen denomina "gens". A experimentação tem acesso a eles através dos fenômenos de hibridação. Mas, em vez de cruzar entre si variedades de procedência desconhecida, passa a trabalhar com mutantes de tipos diferentes mas provenientes de uma mesma linhagem. O que se analisa então é o próprio determinismo da variação. Para os primeiros anos do século XX, como para Mendel, os caracteres, estudados primeiro em pequeno número, produzem regularmente segregações independentes. Mas, à medida que a análise se amplia e que crescem o número e a diversidade das mutações estudadas, manifestam-se anomalias. Certos grupos de caracteres parecem "acoplados": têm tendência a se manter unidos através de sucessivas gerações. Outros, ao contrário, parecem "repetir-se". Na criação de drosófilas constituída por Morgan, aparecem mutações que modificam a cor do olho, do corpo, a forma das asas. Durante as gerações, estes caracteres permanecem unidos ao sexo dos animais como por um laço invisível. Para Morgan e seus colaboradores, Bridges, Sturtevant e Muller, tudo se passa como se os gens estivessem dispostos em estruturas lineares ou "grupos de ligação". Na drosófila, a genética distingue quatro grupos de ligação e a citologia quatro cromossomos; pode-se combinar as técnicas e identificar assim cada um dos primeiros a cada um dos segundos. Pode-se mesmo associar o sexo do animal a uma destas estruturas. Afinal de contas, as diferenças hereditárias entre os indivíduos de uma espécie se repartem através do movimento e da distribuição dos cromossomos e através da troca de gens entre cromossomos homólogos. Determinando as freqüências com as quais se unem ou se separam os caracteres durante as gerações, eles são colocados em ordem linear ao longo dos cromossomos como contas de um rosário. É possível estimar as distâncias relativas entre os gens e construir o mapa genético das espécies.

Existem portanto para o geneticista três maneiras de analisar a hereditariedade. Pode observar a função através dos caracteres; a mutação através de suas modificações; a recombinação através de suas rearticulações. Cada um destes métodos permite-lhe reduzir o material genético a unidades. Mas seja qual for o tipo de análise empregado, o elemento último é o mesmo: é o gen, que representa ao mesmo tempo a a unidade de função, de mutação e de recombinação. Assim, o material da hereditariedade se decompõe em unidades elementares que não podem ser fraccionadas. Os gens tornam-se os átomos da hereditariedade. Ainda que um gen, por mutação, possa apresentar muitos estados distintos, só existe um deles em cada cromossomo. Por seu rigor e por seu formalismo, uma tal noção quântica da hereditariedade parece freqüentemente difícil de ser admitida pelos biólogos que, diariamente, observam uma espécie de continuidade na variação. Em contrapartida, ela se harmoniza com as concepções da física, pois as qualidades do vivo estão nela reduzidas a unidades indivisíveis e suas combinações submetidas às leis das probabilidades regidas pelo acaso. Assim como não é possível predizer o movimento de um átomo ou de um elétron isolado, não se pode fazer previsões em relação à combinação particular de gens que se formará em um determinado indivíduo. À dançarina Isadora Duncan que pede a Bernard Shaw que lhe faça um filho reunindo a beleza da mãe e a inteligência do pai, ele opõe a possibilidade idêntica de dar origem a um descendente possuindo, infelizmente, a beleza do pai e a inteligência da mãe. Só podem ser medidas as distribuições, só podem ser calculadas as probabilidades referentes a grandes populações.

Entre os componentes dos seres vivos, o material genético desempenha um papel privilegiado. Ele ocupa o pico da pirâmide e decide a respeito das qualidades do organismo. Os outros componentes são encarregados da execução. Mas sem o citoplasma que o envolve, o núcleo nada pode fazer. É a célula inteira que constitui a unidade elementar do vivo, que detém suas propriedades, que assimila, cresce e se reproduz. O gen representa o elemento último da análise genética, mas não tem autonomia alguma. Sua expressão depende quase sempre dos outros gens que o circundam. É o material genético inteiro, é a combinação específica dos gens realizada em um organismo que determina seu desenvolvimento, sua forma e suas propriedades. A seleção natural age sobre as populações favorecendo a reprodução de certos indivíduos. Por isso acaba atingindo, depois de um longo desvio, o próprio material genético. Consegue isto agindo em três níveis. Primeiro sobre o caráter, isto é, sobre o próprio gen: é favorecido o estado que, de uma maneira ou de outra, confere alguma vantagem para a reprodução. Em segundo lugar, sobre o indivíduo considerado como uma combinação de gens: certas combinações têm mais possibilidades de ter uma descendência. Finalmente, sobre a espécie, que se pode conceber como a soma de todos os gens contidos em todos os indivíduos que a constituem: o aparecimento de novos gens por mutação, de novas combinações por recombinações dão origem a formas novas de onde a seleção natural extrai espécies novas. Por uma espécie de ciclo, o substrato da hereditariedade acaba sendo também o da evolução.

Em sua forma clássica, a genética pertence a este domínio da biologia que tem por objeto o organismo inteiro ou populações de organismos. Não procura dissociar o animal ou a planta para reconhecer seus componentes e estudar seu funcionamento. O método analítico que utiliza foi denominado de método da "caixa preta". O organismo é considerado como uma caixa fechada que contém engrenagens articuladas umas nas outras, constituindo um mecanismo extremamente complexo. Cadeias de reações ocorrem em todos os sentidos, se entrecruzam, se recobrem. Cada uma destas cadeias aflora na superfície da caixa por uma de suas extremidades, o caráter. A genética não procura abrir a caixa para desmontar as engrenagens. Contenta-se em examinar a superfície para deduzir o conteúdo. Através do caráter visível, procura localizar a extremidade invisível das cadeias de reações, revelar a estrutura que, no fundo da caixa, comanda a forma e suas propriedades. Quanto às engrenagens intermediárias que vão do gen ao caráter, a genética ignora-as totalmente. Este tipo de análise conduz, afinal de contas, a uma representação de extrema simplicidade. Simplicidade no mecanismo ao qual o material genético está submetido, como simboliza o movimento dos cromossomos, com sua clivagem, sua separação, sua recombinação. Simplicidade também na própria estrutura, pois a articulação dos gens é representada pela mais simples das figuras: a linha reta. O próprio gen, o elemento de hereditariedade, aparece como uma estrutura de três dimensões de extrema complexidade e inacessível à experimentação. Mas para descrever aquilo em que as formas, as propriedades e o funcionamento de um ser vivo em seu conjunto se fundam, é difícil imaginar um modelo mais simples que um segmento de colar de pérolas. Todas as variações de caracteres, todas as mutações correspondem a mudanças na natureza ou na disposição das pérolas.

Em poucos anos, a teoria do gen transformou a representação do mundo vivo. As propriedades dos animais e das plantas e sua variação baseiam-se na permanência de uma estrutura situada na célula e em seus desempenhos. Entretanto, mesmo o método da caixa preta tem seus limites. No começo do século, ele permitira formalizar a hereditariedade, representá-la por um sistema de signos simples, submetê-la ao tratamento matemático. Mas, desinteressando-se pelas engrenagens, deixa um vazio entre o gen e o caráter. Usando símbolos e fórmulas, a genética elabora uma imagem cada vez mais abstrata do organismo. O gen, ser de razão, apresenta-se como uma entidade sem corpo, sem espessura, sem substância. É preciso então substituir esta concepção abstrata por um conteúdo concreto. A mecânica da hereditariedade requer a presença, nos cromossomos, de uma substância dotada de duas raras qualidades: o poder de se reproduzir com exatidão e de influenciar por sua atividade as propriedades do organismo. Encontrar a natureza desta substância, explicar o modo de ação dos gens e preencher o vazio entre o gen e o caráter passam a ser os objetivos dos geneticistas em meados do século. Mas nem a atitude da genética, nem seu material, nem seus conceitos prestam-se a uma tal análise. Para aceder aos detalhes da estrutura que comanda a hereditariedade, não basta mais observar alguns caracteres, acompanhar suas recombinações através das gerações, medir as freqüências de associação. É preciso uma cooperação da genética e da química.

As enzimas

Ao contrário da genética, a química dos seres vivos pertence ao ramo da biologia que procura reduzir o organismo aos seus componentes. Durante a segunda metade do século XIX, a química orgânica havia delimitado seu domínio. Torna-se então necessário que defina sua posição em relação à química mineral e que precise a natureza dos compostos, assim como o mecanismo das reações próprias aos seres vivos. Até então, os químicos orgânicos esforçavam-se sobretudo para identificar a enorme variedade dos compostos que isolavam e para fazer sua análise. Todas estas substâncias se caracterizavam pela presença de carbono. Mas estes corpos podiam ser classificados segundo um leque de critérios: segundo seu tamanho, havia moléculas enormes e muito pequenas; segundo sua natureza, distinguiam-se os açúcares, as gorduras e as substâncias albuminosas; segundo seu papel, plástico ou metabólico; segundo sua função, álcool, aldeído, éter, etc. À lista já longa adicionavam-se incessantemente substâncias novas, como este ácido rico em fósforo isolado por Miescher na época em que Mendel fazia a hibridação das ervilhas; por localizar-se no núcleo celular, recebeu o nome de ácido nucléico, sem que se encontrasse uma utilidade para ele. Mas a análise limitava-se quase sempre a isolar os corpos a partir de produtos naturais, a separá-los uns dos outros, a modificar a articulação para desfazer o mais sutilmente possível os laços que mantinham juntos os elementos. Se os químicos podiam decompor as substâncias orgânicas, não sabiam recompô-las. Negavam a si mesmos qualquer possibilidade de síntese. As transformações que acompanham o fluxo de matéria através de um ser desafiavam as leis da química mineral. Para deslocar com a mesma segurança os átomos ou os radicais, para guiar os átomos com precisão até seu lugar na molécula, para produzir fielmente compostos específicos, as forças utilizadas no laboratório não bastavam: era preciso uma força vital. Situada no limite exato entre o vivo e o inanimado, a química orgânica levantava uma barreira que considerava definitivamente insuperável.

Na segunda metade do século, modifica-se a atitude da química e desaparece pouco a pouco a necessidade de recorrer a uma força que escapava às leis da física. A maioria dos obstáculos levantados entre química orgânica e química mineral desmorona um após o outro. Primeiro o conceito de energia e o de equivalência passam a desempenhar um dos papéis reservados até então à força vital. Existe energia na própria estrutura de um composto químico, isto é, nas forças que ligam entre si os átomos da molécula. Se estas ligações são rompidas e os átomos rearticulados em uma nova estrutura com ligações mais fracas, o excesso de energia aparece em forma de calor, luz, eletricidade ou em forma mecânica. Pode-se calcular a energia contida em um composto e medir a quantidade de calor liberada por uma reação. Quando o carvão queima, por exemplo, rompem-se as ligações que uniam por um lado os átomos de carbono entre si e, por outro, os do oxigênio. Assim, os dois tipos de átomo podem ligar-se um ao outro. Mas a energia contida nas ligações do gás carbônico formado desta maneira é mais fraca que a das ligações que associam entre si os átomos de carbono no carvão. Quando um organismo consome glicose, somente uma fração desta se transforma em compostos orgânicos específicos. O resto se queima, combina-se com oxigênio, liberando não somente gás carbônico e água, mas também energia. Esta pode ser transformada em calor ou ser reutilizada para outras reações químicas. Nos seres vivos, as transformações químicas se realizam portanto através dos acoplamentos de reações que permitem uma transferência de energia. Ao lado do fluxo de matéria que atravessa o organismo, existe também um fluxo de energia. A formação do protoplasma e o crescimento não exigem mais a força vital e sim a energia. "Talvez exista no corpo vivo, diz Helmholtz[347], agentes diferentes daqueles que agem no mundo inorgânico; mas estas forças, por mais que exerçam uma influência química e mecânica no corpo, devem ter o mesmo caráter que as forças inorgânicas...; não pode haver nenhuma escolha arbitrária na direção de suas ações". A partir da termodinâmica constitui-se uma físico-química que calcula a energia utilizável dos compostos, determina a velocidade das reações, mede seus equilíbrios. Pouco a pouco, as regras da química mineral aplicam-se aos compostos orgânicos. Através de uma série de fenômenos biológicos, verifica-se a interação do equilíbrio químico e da "ação mecânica". Nos seres vivos ou no laboratório, as leis da dinâmica química são as mesmas para todos os corpos.

O segundo tema que contribui para reunir química orgânica e química mineral é a síntese dos compostos orgânicos a partir do carbono. No laboratório existem diversas maneiras de produzir um corpo. Pode-se obtê-lo manipulando outras substâncias, dividindo um composto mais complexo ou adicionando fragmentos a um corpo mais simples. Pode-se também construir a arquitetura da molécula a partir somente de seus elementos. Para o químico, só há verdadeiramente "síntese total" quando se utiliza este último método. Mas até então a possibilidade de sua aplicação aos componentes dos seres vivos parecia excluída. Nos compostos orgânicos encontraram-se elementos em número tão limitado, mas em proporções tão rigorosas e em combinações tão variadas, que estas substâncias pareciam fora do alcance de uma síntese no laboratório. Todos os esforços para reproduzir as atividades da natureza pela arte do químico haviam fracassado. É certo que Wöhler conseguira produzir uréia e ácido oxálico e Kolber sintetizara ácidos salicílico e acético. Mas, por um lado, tratava-se de reações excepcionais e não de um método geral para formar uma série de compostos. Por outro, era preciso em todos os casos começar com um composto que já era um derivado do carbono. Incapaz de associar o carbono e o hidrogênio, a química considerava insuperável o obstáculo entre o orgânico e o mineral. Só a força vital era capaz de funcio-

---

347 *The conservation of forces applied to organic nature, in Proc. Royal Institution,* 12 de abril de 1861.

nar em sentido contrário ao das forças atuantes sobre a matéria. Para Liebig, o químico orgânico não tinha obrigação alguma de verificar pela síntese os resultados da análise.

Na segunda metade do século, a questão das sínteses orgânicas se coloca em termos diferentes. Para Berthelot[348], torna-se "necessário formar, através dos elementos, os compostos orgânicos, sobretudo os que possuem funções específicas distintas das funções dos compostos conhecidos em química mineral". Não se trata mais de obter alguns compostos por meios excepcionais. O importante é elaborar um método que permita produzir os mais variados tipos de compostos orgânicos, que permita percorrer sua série inteira. Isto é possível porque a química orgânica funda-se nas características do carbono e as propriedades de seus derivados em suas funções. "Os compostos orgânicos, diz Berthelot[349], podem ser classificados em oito funções ou tipos fundamentais, que compreendem todos os compostos hoje conhecidos e todos os que podemos esperar obter". Estas oito funções podem ser ordenadas em grupos segundo o número de elementos associados ao carbono. Há, assim, uma primeira classe formada por compostos de dois elementos somente, os carbonetos de hidrogênio; uma classe de corpos de três elementos, carbono, hidrogênio e oxigênio, onde se agrupam quatro funções, os álcoois, aldeídos, ácidos e éteres; depois uma classe de compostos nitrogenados em que estão representadas duas funções, os álcalis e os amidos; existe finalmente uma última função, os "radicais metálicos compostos", contendo metais fixados sobre certos éteres. A ordem de complexidade impõe a da síntese. Pois a dificuldade principal é a primeira etapa: obrigar o carbono a estabelecer novas relações com outros elementos, em particular com o hidrogênio. Uma vez formados os carbonetos de hidrogênio, todas as outras funções podem ser derivadas por síntese. Mas a associação do carbono com outros elementos não constitui mais uma operação puramente empírica. Ela tem como fundamento teórico o conceito de valência. Com Kékulé, o que distingue o carbono e lhe dá uma posição única no mundo vivo é a "tetravalência". Cada átomo de carbono tem poder de formar quatro ligações com outros átomos, ligações que são "saturadas" ou "não saturadas" por outros elementos. Entre uma série de seis átomos de carbono unidos dois a dois pode-se formar uma cadeia que se fecha sobre si mesma em um "ciclo" ou "núcleo aromático".

---

348 *La Synthèse chimique*, 1897, p. 203.
349 *Ibid.*, p. 215.

Com a tetravalência do carbono, torna-se portanto possível precisar a posição respectiva dos átomos em um composto, caracterizar as ligações que se formam entre eles, fundar os isômeros em sua distribuição no espaço, em suma, representar qualquer molécula orgânica por um sistema de símbolos e predizer suas propriedades químicas. A partir daí podem-se deduzir as leis gerais que regem a hidrogenação do carbono e as proporções de elementos que se deve utilizar para obter um determinado composto. Sob a influência de um arco voltáico ou do calor, o carbono une-se diretamente ao hidrogênio para produzir os hidrocarbonetos mais simples, como o acetileno ou o etileno. Por uma série de substituições, chega-se então, pouco a pouco, a sintetizar o conjunto dos carbonetos de hidrogênio. "Estes métodos são gerais, diz Berthelot[350], e permitem formar todos os carbonetos a partir de elementos: estabelecem portanto o laço definitivo entre a química orgânica e a química mineral, ambas procedentes dos mesmos princípios de mecânica molecular". Pois os carbonetos de hidrogênio representam os esqueletos carbonados nos quais se pode, por simples fixação de hidrogênio e de água, enxertar todas as outras funções; seja diretamente transformando um carboneto em álcool, aldeído, ácido, etc., seja indiretamente formando primeiro um álcool que depois se transforma em aldeído ou em ácido, etc. Assim, utilizando somente os elementos, sob o efeito apenas das "afinidades químicas" e de forças físicas como a eletricidade ou o calor, utilizando apenas os métodos de laboratório, consegue-se produzir um grande número de compostos orgânicos naturais. "Devido a esta formação, diz Berthelot[351], e à imitação dos mecanismos que a determinam nos vegetais e nos animais, pode-se afirmar, contrariamente às opiniões antigas, que os efeitos químicos da vida devem-se à atividade das forças químicas comuns, assim como os efeitos físicos e mecânicos da vida ocorrem de acordo com a atividade das forças puramente físicas e mecânicas. Nos dois casos, as forças moleculares atuantes são as mesmas, pois dão origem aos mesmos efeitos". Mas os químicos não se contentam em imitar a natureza e reproduzir seus compostos. Também podem criar corpos inéditos, formar substâncias que não existem em parte alguma mas assemelham-se aos produtos naturais e participam de suas propriedades. Materializam-se assim, de certa forma, as leis abstratas que a química estuda. Não é preciso então limitar-se a imaginar as transformações que outrora puderam se produzir na química dos seres.

---

350 *La Synthèse chimique*, p. 240.
351 *Ibid.*, p. 272.

"Podemos pretender..., diz Berthelot[352], conceber os tipos gerais de todas as substâncias possíveis e realizá-los... formar de novo todas as matérias que se desenvolveram desde a origem das coisas, formá-las nas mesmas condições, em virtude das mesmas leis, pelas mesmas forças com que a natureza concebeu sua formação". Não há mais limite teórico imposto à química orgânica.

Finalmente, em conseqüência de uma surpreendente mudança que levou a química a penetrar em um um domínio antes reservado aos naturalistas, desaparecem as distinções entre as reações que ocorrem no vivo e as reações que se dão no laboratório. Com efeito, é a química que revela o papel dos microorganismos neste mundo. É através da utilização de seus métodos que são eliminados os últimos vestígios da geração espontânea. Até então caracterizavam-se as substâncias orgânicas por sua composição e suas funções químicas. No final do século, aumenta a importância da estrutura molecular, da posição relativa dos átomos, pois certos corpos, denominados isômeros, tendo uma composição idêntica, possuem propriedades diferentes. A espécie química, diz Pasteur[353], "é a coleção de todos os indivíduos idênticos pela natureza, pela proporção e pela articulação dos elementos. Todas as propriedades dos corpos estão em função destes três termos". Pode-se ligar certas características óticas dos corpos à sua "dissimetria molecular", o que dá uma força suplementar à análise. Mas aparece então a impossibilidade de produzir, através das reações de laboratório, a dissimetria que se encontra nos produtos naturais. "Todos os produtos artificiais dos laboratórios, diz Pasteur[354], têm imagens que podem ser superpostas. Ao contrário, a maioria dos produtos orgânicos naturais..., os que desempenham um papel essencial nos fenômenos da vida vegetal e animal são dissimétricos". Assim, os compostos que caracterizam os organismos possuem uma qualidade que os distingue dos mesmos compostos produzidos no laboratório. Em todo ser vivo, existe portanto uma força de origem desconhecida que introduz uma dissimetria nas atividades químicas e que não pode ser imitada no laboratório. É através desta dissimetria que a química se introduzirá no mundo dos seres microscópicos, por meio das fermentações. Toda fermentação utiliza dois fatores, um passivo e um ativo. O primeiro, como o açúcar, é chamado fermentescível; sofre uma transformação sob a influência do segundo, ou fermento, fator nitro-

---
352 *La Synthèse chimique*, p. 277.
353 *Dissymétrie moléculaire; Œuvres*, 1922, t. I, p. 327.
354 *Ibid.*, p. 364.

genado de natureza "albuminóide". Para Liebig, o poder de fermentação era a propriedade de certas substâncias orgânicas que se encontravam em estado de "metamorfose" e que eram capazes de transmitir este caráter às substâncias vizinhas. Para Berzélius, era uma propriedade "catalítica" que conferia a uma substância a capacidade de transformar uma outra sem intervir na transformação. Em todos estes casos, atribuía-se às substâncias albuminosas, por uma força de natureza misteriosa, o papel de fermento, isto é, atribuía-se a aptidão para agir por contato sobre os corpos fermentescíveis. Em todos estes casos, o poder de fermentação era um caráter não do ser vivo considerado em sua totalidade, mas de determinados componentes. Com Pasteur, trata-se de algo totalmente diverso. Se os seres vivos introduzem nas reações químicas uma dissimetria molecular, esta, por sua sua vez, assinala a presença de um ser vivo. O procedimento habitual da ciência inverte-se. Quase sempre ela vai do conhecimento teórico para as questões práticas que dizem respeito aos problemas do homem. Neste caso ela toma o caminho oposto. Através das dificuldades encontradas pelas indústrias de cerveja, vinho e álcool, Pasteur encontra o meio de associar intimamente a prática da biologia à prática da química. Os desvios das fermentações, as "doenças" da cerveja ou do vinho provocam a formação de compostos dissimétricos. Estão portanto associados à presença de seres vivos. Para Pasteur, o anormal, o patológico, não fornece um modelo que a fisiologia tenta reproduzir. Proporciona o lugar onde a experiência pode atuar. Assinala o fenômeno que a análise transforma em processo fisiológico. As anomalias de uma fermentação transformam-se simplesmente em outros tipos de fermentações. Seja ela alcoólica, amílica, "viscosa", acética, lática, butírica, etc., toda fermentação é acompanhada pela multiplicação dos seres microscópicos. "Os verdadeiros fermentos, diz Pasteur[355], são seres organizados". Além disso, em cada tipo de fermentação encontra-se um tipo específico de organismo que se pode isolar, cultivar, estudar. Em um determinado substrato, é a especificidade do organismo em questão que determina a das reações químicas e, portanto, da fermentação. Não que uma substância não possa fermentar sob a ação de organismos diferentes. Nem que um mesmo organismo não possa provocar a fermentação de diversas substâncias. Na realidade, no momento da fermentação produz-se um espectro de compostos; é o conjunto do espectro que caracteriza o organismo. "Cada

---

355 *Fermentations et générations dites spontanées; Œuvres*, t. II, p. 224.

fermentação, diz Pasteur[356], é expressa por uma equação que se pode assinalar de uma maneira geral mas que, no detalhe, está submetida às mil variações que existem nos fenômenos da vida". Acontece na fermentação pelos microrganismos o mesmo que ocorre na nutrição dos animais: todas as duas refletem as atividades químicas, o metabolismo do ser vivo.

Vê-se como esta posição difere das que a precederam. Não modifica somente a natureza das relações estabelecidas entre a biologia e a química, mas também a representação do mundo vivo em geral, as relações que se estabelecem entre os seres, a distribuição dos papéis nas atividades químicas que ocorrem na Terra. Bruscamente atribui-se ao mundo invisível, que fora revelado pelo aparecimento do microscópio mas que permanecera sem emprego e praticamente ignorado desde o final do século XVII, um lugar, um estatuto, uma função. A atitude de Pasteur baseia-se em dois fatores distintos desenvolvidos paralelamente. Por um lado, há a especificidade do microrganismo, que impõe a natureza das reações da fermentação, do mesmo modo que a causa engendra o efeito. O conceito de especificidade estende-se então a um domínio imprevisto, o da patologia: uma série de doenças, no homem como no animal, torna-se conseqüência da invasão do organismo por um "germe" específico. Tão grande é a confiança na validade do princípio que ele é aplicado até mesmo aos casos em que não se pode ver nem cultivar em um tubo de ensaio estes agentes que mais tarde serão os vírus. Sabe-se a importância adquirida desde então pela infecção por meio de bactérias e vírus em medicina, humana ou veterinária, e em agricultura. Por outro lado, há a correlação estabelecida entre os efeitos químicos exercidos sobre substâncias externas ou sobre organismos e o caráter vivo do fator em questão. Pode-se então mudar o problema das fermentações e formular a questão em novos termos. "Sendo os fermentos das fermentações propriamente ditas organizados, de duas coisas uma, diz Pasteur[357]: se só o oxigênio, enquanto oxigênio, os origina através de seu contato com as matérias nitrogenadas, estes fermentos são gerações espontâneas; se estes fermentos não são seres espontâneos, então não é somente enquanto oxigênio que este gás intervém em sua formação, mas como estimulante de um germe que foi introduzido junto com o oxigênio ou que existe nas matérias nitrogenadas ou fermentescíveis". Retomando as antigas experiências de Spallanzani, aperfeiçoando-as, executando-as

---

356 *Études sur la bière; Œuvres*, t. V, p. 216.
357 *Ibid.*, p. 224.

com o rigor do químico, Pasteur exclui definitivamente qualquer possibilidade de geração espontânea: mesmo nos seres microscópicos, o vivo só nasce do vivo. Onde se encontram bacilos, já existia um bacilo idêntico para engendrá-los.

Mas se o demônio da geração espontânea é finalmente exorcizado, o do vitalismo adquire novo vigor. O final do século XIX encontra-se, com efeito, frente a um paradoxo: por um lado, a análise das reações e de seu equilíbrio, assim como as operações de síntese, negam qualquer singularidade à química dos seres; por outro, a cristalografia reconhece uma qualidade específica aos componentes do vivo e a microbiologia considera o poder de provocar a fermentação como uma propriedade dos seres organizados. Daí as intermináveis polêmicas, carregadas da paixão característica do final do século. Pois se conhece há muito tempo a existência de "diástases" solúveis capazes de provocar, na ausência de qualquer organismo e em um tubo de ensaio, a degradação de certos açúcares ou de certos compostos albuminosos. É preciso portanto distinguir duas classes de fermentos, segundo sejam eles "organizados" ou não. Mas na passagem do século XIX para o XX, os químicos estão em condições de resolver este problema. Têm meios de esmagar as células, de fazer extratos e de pesquisar os fermentos que contêm. Triturando com areia um bolo de levedura seca, Büchner constata que o "suco de levedura", desembaraçado de qualquer célula viva por filtragem, ainda pode provocar a fermentação da glicose em álcool. "Isto demonstra, diz Büchner[358], que o processo de fermentação não exige a aparelhagem complicada que a célula de levedura representa. Tudo leva a crer que o agente do suco ativo na fermentação é uma substância solúvel, sem dúvida substância albuminosa". Todos os fermentos conhecidos comportam-se então do mesmo modo. Todos são substâncias e não seres vivos. Todos agem fora do organismo. A partir daí revelam-se as mais diversas atividades de catálise: os químicos descobrem diástases que atacam especificamente as gorduras; outras, certos açúcares; outras, as substâncias albuminosas. Mas com o desenvolvimento da físico-química, a catálise perdeu muito de seu mistério. Medem-se os parâmetros de uma reação química, sua velocidade, seu equilíbrio, sua reversibilidade. O efeito de catálise exerce-se apenas sobre um destes parâmetros: ela aumenta a velocidade, como faz uma elevação de temperatura. "Chamam-se cata-

---

[358] *Berichte deutsche chemische Gesellschaft*, 1897, vol. 30, p. 117-124; trad. ingl. *in Great Experiments in Biology*, p. 28.

líticos, diz Ostwald[359], os processos nos quais a velocidade da reação é alterada pela presença de corpos que, no final da reação, continuam no mesmo estado do começo. Estes corpos só modificam a velocidade da reação; não intervêm em sua fórmula". Os efeitos de catálise não estão reservados unicamente à química do vivo. Conhecem-se corpos minerais, metais pesados, por exemplo, como a espuma de platina que, graças à sua enorme superfície, catalisa uma série de reações no laboratório. A principal diferença entre estes catalisadores minerais e as diástases é a especificidade destas últimas: cada uma atua sobre uma única reação. Desaparece assim o obstáculo que, desde Lavoisier, limitava a análise das reações nos seres vivos. Torna-se possível submeter os processos do organismo às leis da dinâmica química.

Com a experiência de Büchner e a fermentação da glicose em etanol por um extrato acelular, aparece uma nova química. O que confere importância ao trabalho de Büchner não é somente o novo enfoque à química do vivo, mas sobretudo a via aberta a um método de análise. Com tecidos ou células inteiras, freqüentemente é difícil, às vezes mesmo impossível, fazer com que certos compostos penetrem através da membrana da célula. Com os extratos, ao contrário, torna-se relativamente fácil intervir em uma reação: pode-se adicionar compostos que parecem desempenhar um papel na reação, eliminar outros, procurar inibidores. Não é exagerado dizer que, a partir de então, a análise de extratos acelulares constitui o método principal dos químicos que estudam os seres vivos. Individualiza-se assim, no começo deste século, um novo ramo da química, a química biológica. A química orgânica continua interessando-se pelo conjunto dos derivados do carbono, estudando suas propriedades, produzindo novos corpos por síntese. A química biológica, ao contrário, procura analisar os componentes dos seres vivos e suas transformações em relação com o funcionamento do organismo. Situada no âmago da biologia, relaciona-se com as outras disciplinas que analisam os diferentes aspectos dos seres. Mas distingue-se destas por seus métodos, seus objetos, sua maneira de considerar o organismo. Para a química biológica, quando a organização de um ser é destruída, a vida desaparece mas não todas as suas manifestações. A dissociação do organismo interrompe certos fenômenos, como a reprodução ou o crescimento; mas deixa que outros prossigam, como a fermentação. O papel da química biológica consiste então em "distinguir as funções que dependem apenas da consti-

---

359 *Lehrbuch der allgemeinen Chemie*, 1902, t. II, p. 248.

tuição química, diz Loeb[360], e as que supõem, além disso, uma estrutura física específica da substância viva".

É possível discernir duas correntes nos primórdios da química biológica. A primeira procura precisar a natureza do conteúdo celular em seu conjunto, analisar o "protoplasma" em termos físico-químicos. Nessa época o limite da estrutura é dado pela resolução do microscópio ótico. Percebe-se na célula estruturas como o núcleo, a membrana, os mitocôndrios, etc. O "protoplasma" não tem verdadeiramente uma estrutura. É uma espécie de emulsão, uma suspensão de grânulos, ou "micélios", em um líquido que é chamado colóide. "As substâncias que compõem a matéria viva, diz Loeb[361], sejam elas líquidas ou sólidas, são colóides". Os colóides, que se opõem aos cristalóides, não são o apanágio do vivo: pode-se prepará-lo no laboratório colocando, por exemplo, finas partículas de ouro ou de platina em suspensão na água. Este tipo de suspensão possui qualidades específicas de estabilidade, superfície, descargas elétricas que favorecem as reações químicas e ajudam a catálise. Os corpos albuminosos e as gorduras extraídas de organismos diversos produzem facilmente soluções coloidais. Afinal de contas, para além da variedade das estruturas visíveis a olho nu ou ao microscópio nos seres vivos, é a natureza coloidal do protoplasma que dá às células seu caráter próprio. "A vida, diz Loeb[362], está ligada à persistência de certas soluções coloidais. Os agentes que fazem os colóides passar ao estado gelatinoso também acabam com a vida". É o que ocorre quando se provoca a coagulação das albuminas pelo calor ou pela ação dos metais. Destruindo as estruturas visíveis mas respeitando a natureza coloidal do protoplasma, deveria ser possível analisar o protoplasma. Mas os meios de estudo ainda são insuficientes no começo deste século. Só com o desenvolvimento dos métodos físicos, especialmente com a ultracentrifugação, o conteúdo da célula poderá ser interpretado não mais em termos de colóides, mas de moléculas.

A segunda corrente da bioquímica procura analisar os componentes e as reações da célula, seguindo o caminho indicado por Büchner. Trata-se, inicialmente, de precisar as diferentes etapas da degradação da glicose pela levedura. Mas o estudo rapidamente estende-se a outras reações e este tipo de análise bioquímica adquire um impulso considerável no começo deste século. Seu método principal consiste em

---

360 *La Dynamique des phénomènes de la vie,* trad. franç., Paris, 1908, p. 65.
361 *Ibid.*, p. 74.
362 *Ibid.*, p. 79-80.

dissociar com precaução organismos, tecidos ou células, "abri-los" com diligência para ter acesso a seu conteúdo. Uma vez identificado um fenômeno, a bioquímica esforça-se para precisar as reações, isolar os componentes em questão, purificá-los segundo métodos de laboratório a fim de analisar sua natureza e seu funcionamento. Visa a recompor o conjunto que destruiu, a reunir os corpos que separou, para formar um "sistema" de que estuda as propriedades, mede os parâmetros, precisa as exigências. A reação pode então ser representada pelos símbolos da química. Querendo assim reduzir os seres vivos a seus componentes, estudar os compostos isolados, procurar suas características e suas interações, a bioquímica opõe-se à maioria das outras disciplinas da biologia, que freqüentemente reprovam-na por estudar objetos que não têm mais nada em comum com os seres vivos, por criar artefatos e procurar explicar o funcionamento do todo somente pelo das partes; em suma, por tirar conclusões falsas de sua análise. Mal protegida contra este gênero de críticas, a química biológica esforça-se para ao menos remediá-las. A cada etapa de sua análise compara os fenômenos estudados no tubo de ensaio ou no organismo.

Para preparar seus extratos, os bioquímicos utilizam como material tecidos ou culturas de microrganismos. Certos objetos, como o fígado de rato, o músculo do pombo ou a suspensão das leveduras, continuam sendo privilegiados, por serem de fácil obtenção e manipulação. Nos extratos, procuram-se identificar moléculas e descobrir reações. De acordo com sua natureza, as substâncias que compõem os tecidos vivos podem ser agrupadas em três rubricas: açúcares ou sacarídios, gorduras ou lipídios, albuminóides ou proteínas. Em cada classe existem moléculas grandes e pequenas. Instáveis, difíceis de serem preparadas, isoladas, caracterizadas, as moléculas grandes, particularmente as proteínas, ainda não constituem verdadeiramente objetos de análise. Nem os meios nem os conceitos permitem tratá-las de maneira apropriada. Em contrapartida, as moléculas pequenas prestam-se aos métodos da química orgânica. Pode-se purificá-las, analisá-las, estudar suas propriedades, seguir suas transformações através do metabolismo. Freqüentemente chega-se mesmo a realizar sua síntese. O número e a variedade destas moléculas aumenta sem cessar, como os das reações pelas quais elas se transformam no organismo. No laboratório e na temperatura do corpo, estas reações acontecem com extrema lentidão. Mas, para cada reação, encontra-se uma atividade catalítica particular, uma diástase, uma "enzima", como a partir de então se dirá, para aumentar milhares de vezes sua velocidade. Analisam-se as cinéticas enzimáticas; descrevem-se suas características.

Pouco a pouco, para cada reação identificada descobre-se a atividade enzimática correspondente. Cada enzima é designada pelo nome de seu substrato, ao qual se acrescenta o sufixo ase. Há assim enzimas para a degradação de cada classe de compostos, de sucrases, de lipases, de proteases. Há, em uma classe como a dos sucrases, enzimas particulares para cada tipo de açúcar, uma amilase, uma lactase, uma sacarase. Há também enzimas, como a maltase, capazes não somente de degradar um açúcar, mas em certas condições de ressintetizá-lo a partir dos produtos de degradação. Há mesmo enzimas encarregadas dos processos de respiração. Desde Lavoisier, a respiração é uma combustão, mas de um tipo particular, pois efetua-se lentamente e na temperatura do corpo. No começo do século XX, a respiração torna-se o resultado de atividades enzimáticas especializadas que catalisam a oxidação lenta dos alimentos em pequenas etapas sucessivas. De fato, os alimentos são primeiro digeridos. Os produtos da digestão são em seguida oxidados pela retirada de átomos de hidrogênio. Oxidações e reduções se associam por meio de pequenas moléculas capazes de oxidar-se ou reduzir-se alternativamente em grande velocidade. A respiração transforma-se então em um conjunto de reações de óxido-redução, sendo que cada uma é catalisada por uma enzima: elétrons são transferidos ao longo de uma cadeia que começa nos metabólitos e que acaba no oxigênio molecular. Nas fermentações, que ocorrem em ausência de oxigênio, este é substituído por certos compostos orgânicos. Mas sempre se encontra uma enzima específica para ativar uma reação específica. Portanto, tal é a especificidade dos efeitos catalíticos na química do vivo que esta pode ser descrita pelo aforisma: uma reação-uma enzima. Em conseqüência, tendo determinado sua ação, as enzimas fornecem à química um novo instrumento tanto para a análise como para a síntese. Com a ajuda das enzimas, o bioquímico está em condições de manipular à vontade as pequenas moléculas da célula, de cortá-las ou de aumentá-las com precisão, de reduzir este átomo aqui, de adicionar este radical ali. O bioquímico adquire assim uma segurança e um virtuosismo antes imprevisíveis.

Provida assim de material e de métodos novos, a bioquímica elabora uma série de novos conceitos. Em primeiro lugar, a descoberta de compostos e de reações em número cada vez maior leva à elaboração da imagem do "metabolismo intermediário". Por esta expressão entende-se o conjunto das reações pelas quais os alimentos são transformados em compostos específicos. Há muito tempo se sabia que um alimento não contém todos os corpos que constituem um organismo ou uma célula. É preciso portanto que estes alimentos sejam degradados, pois com os produtos assim formados se construirão compostos específicos. É o que ilustram, desde Pasteur, as observações feitas sobre o crescimento dos microrganismos: a levedura, por exemplo, é capaz de se multiplicar em meios perfeitamente definidos que contêm sais minerais e um só composto orgânico, como a glicose, como fonte de carbono e de energia. Tendo passado a fazer parte da célula, é preciso que a glicose seja transformada para dar origem a todos os compostos indispensáveis ao crescimento e à vida da levedura. Estas transformações não ocorrem de uma só vez. Decompõem-se em uma série de etapas, simples e accessíveis à análise. Correspondem, portanto, a cadeias de reações, utilizando uma série de intermediários que quase nunca desempenham um papel fisiológico específico, mas que são o produto de uma reação e o substrato da seguinte. Por uma série de transformações, os alimentos são tratados primeiro por enzimas específicas que os degradam, fragmentam, transformam em pequenas moléculas. Estas servem então de substrato a outras enzimas que os remodelam, adicionam átomos, substituem radicais, dilatam, soldam; em suma, produzem os componentes característicos do organismo. Este torna-se um tipo de fábrica química onde pulula uma multidão de pequenas moléculas formadas, a partir dos alimentos, nas cadeias de degradação e transformadas em compostos específicos por cadeias de síntese. Além disso, encontra-se freqüentemente a mesma cadeia metabólica em organismos diferentes. Por exemplo, mesmo que a glicose se degrade durante a fermentação da levedura ou durante a contração de um músculo por falta de oxigênio, trata-se sempre das mesmas reações e dos mesmos intermediários. Delineia-se assim a unidade da química no mundo vivo.

Para a bioquímica, os alimentos devem fornecer ao organismo não somente materiais de construção, mas também energia. Quando uma levedura utiliza um açúcar para seu crescimento, em presença ou em ausência de ar, por respiração ou por fermentação, somente uma parte do açúcar consumido é convertido em componentes da levedura. O resto fornece a energia necessária a seu trabalho. Para crescer e se multiplicar, para manter a ordem do mundo vivo contra a corrente da degradação do universo, os organismos têm que receber energia do exterior. Afinal de contas, é o sol que fornece energia à maioria dos seres vivos. Mas os organismos possuem individualmente diferentes meios para se abastecer. Alguns, como as plantas, tiram sua energia diretamente da luz solar através da fotossíntese; outros, como certas bactérias, da oxidação de compostos minerais; outros, enfim, como a maioria dos animais, da oxidação dos compostos orgânicos.

Mas, em todos os casos, para estar disponível no momento oportuno, a energia armazena-se sob forma química. Para os bioquímicos, a energia reside em certos compostos fosforados que contêm ligações consideradas de "alto potencial de energia". É através da formação, da síntese ou da transferência destas ligações que se acumula, se libera ou se intercambia a energia no organismo. Em última análise, é um só e único composto, comum ao conjunto do mundo vivo, que constitui a reserva de energia em todos os organismos. Trate-se de bactérias ou de mamíferos, seja a energia obtida pela respiração ou pela fermentação, a degradação de um açúcar realiza-se sempre por uma série de operações semelhantes: mesmas etapas, mesmas reações levando à produção do mesmo composto de alto potencial de energia. Consolida-se assim o conceito de uma unidade de funcionamento para o conjunto dos seres vivos.

Pode-se também analisar a nutrição dos organismos, determinar suas exigências alimentares, procurar o que é indispensável ao seu crescimento e à sua reprodução. Certos compostos, chamados "vitaminas", são necessários à saúde e à vida dos mamíferos. Outros, batizados de "fatores de crescimento", são indispensáveis para a multiplicação de certos micróbios. Tendo como objetivo determinar a natureza dos compostos exigidos por organismos tão diferentes quanto as bactérias e os mamíferos, fisiologistas e bioquímicos encontram singulares analogias: os fatores necessários às bactérias identificam-se freqüentemente com as vitaminas indispensáveis aos mamíferos. Além disso, estes compostos não são encontrados somente nos organismos que os requerem em seus alimentos, mas em todos os seres vivos. Certos organismos são capazes de sintetizar cada um destes compostos e outros organismos não o são. A estes últimos é preciso fornecer prontos os compostos que não podem elaborar. Daí a noção de "metabolitos essenciais" à vida de todos os organismos. Não é mais somente através do funcionamento dos organismos que se delineia a unidade do mundo vivo. É também através de sua composição.

Na primeira metade deste século, a experimentação teve acesso à química do vivo. Estudam-se centenas de reações em tubos de ensaio. Analisa-se um número considerável de compostos relativamente simples. Observam-se as transformações através das quais se constituem as reservas de energia e se elaboram os materiais de construção. Quanto mais estas reações são determinadas, menos se distinguem das realizadas no laboratório. A originalidade da química dos seres vivos reside sobretudo nas enzimas. Graças à especificidade da catálise enzimática, à sua precisão, à sua eficácia, torna-se possível tecer a rede de todas as operações químicas no espaço minúsculo da célula. É exatamente este alto grau de eletividade que, permitindo a cada enzima escolher um só dos isômeros óticos de um mesmo composto, imprime uma dissimetria na química do vivo. Procura-se caracterizar as enzimas, determinar sua natureza e seu modo de ação. Pouco a pouco os bioquímicos começam a associar as atividades enzimáticas à presença de proteínas. Cada atividade enzimática específica torna-se o atributo de uma determinada proteína. Se a química dos seres vivos tem um segredo, é na natureza e nas qualidades das proteínas que é preciso buscá-lo. Mas, se os métodos da bioquímica convêm à análise de moléculas relativamente, simples, eles não parecem adequados à análise destas enormes arquiteturas moleculares. Frágeis, instáveis, as proteínas facilmente se desnaturalizam. De difícil manipulação, escapam aos meios clássicos de estudo. Degradando-as por métodos diversos, vê-se que estão formadas pela reunião de algumas moléculas simples, os "aminoácidos", ligados às centenas em uma molécula de proteína. Pouco a pouco se elaboram novos métodos para prepará-las, isolá-las, purificá-las. Chega-se mesmo a cristalizar certas proteínas-enzimas, do mesmo modo que os sais metálicos. Eis um outro obstáculo que desaparece entre as duas químicas. Mas as proteínas continuam sendo arquiteturas de excepcional complexidade. A bioquímica ainda não consegue ter acesso à estrutura destas moléculas, à articulação dos aminoácidos através de que se estabelece o poder de fixar especificamente um metabolito à exclusão de todos os outros e de catalisar sua transformação. A análise das proteínas exige técnicas e conceitos novos. Estes aparecerão apenas em meados do século, sob a influência conjugada da física, da química dos polímeros e da teoria da informação.

*

No começo do século XX, as duas novas ciências, a genética e a bioquímica, provocam uma mudança na biologia. Em primeiro lugar porque introduzem o rigor até então desconhecido dos métodos quantitativos: não basta mais constatar a existência de um fenômeno, trata-se, a partir de então, de avaliar parâmetros, de medir as velocidades das reações ou das freqüências de recombinação, de determinar uma constante de equilíbrio ou uma taxa de mutação. Em segundo lugar porque deslocam o centro de atividade nos seres vivos. Estes não se ordenam mais em profundidade unicamente através da articulação dos órgãos e das funções, não se enrolam mais em torno de um foco de vida de onde se irradia a organização. Para a bioquímica, a atividade do organismo dispersa-se na espessura de cada célula, nestas milhares de gotículas coloidais em que se executam as reações químicas e se constroem as arquiteturas. Para a genética, esta atividade se concentra no núcleo da célula, no movimento dos cromossomos, onde se decidem as formas, articulam-se as funções, perpetua-se a espécie. Cada ciência refere-se a seu próprio modelo. Por um lado, os químicos falam de estruturas moleculares e de catálise enzimática; explicam como os organismos tiram sua energia do meio, restabelecendo assim o curso natural das coisas: não é mais somente um fluxo de matéria que percorre o organismo, mas também um fluxo de energia. Por outro lado, os geneticistas descrevem a anatomia e a fisiologia de uma estrutura de ordem três situada nos coromossomos; atribuem à sua fixidez a memória da espécie, às suas mudanças o aparecimento de espécies novas. As qualidades dos seres vivos baseiam-se, finalmente, em duas entidades novas: o que os bioquímicos chamam proteína e o que os geneticistas denominam gen. A primeira é a unidade de execução química, que realiza as reações e dá aos corpos vivos sua estrutura. A segunda é a unidade de hereditariedade que rege ao mesmo tempo a reprodução de uma função e sua variação. O gen comanda. A proteína realiza.

Em meados do século, as duas ciências encontram-se praticamente no mesmo ponto. As duas conseguiram descobrir a unidade de ação situada no centro de seu domínio. As duas conhecem, portanto, o objeto da análise futura. Mas as duas encontram-se desprovidas dos meios necessários para realizá-la. De fato, antes da última guerra a biologia torna-se uma ciência compartimentada. Cada especialista consagra-se ao estudo de seus problemas utilizando o seu material. No mesmo instituto, às vezes no mesmo andar, freqüentemente coabitam dois colegas, um interessando-se pelos gens, outro pelas moléculas. As conclusões a que a genética chega exigem a presença, nos cromossomos, de uma substância capaz de desempenhos pouco comuns: por um lado, ela deve determinar as estruturas e as funções dos corpos vivos; por outro, deve produzir cópias rigorosamente idênticas de si mesmas, sem excluir a possibilidade de raras variações. A química encontra nos núcleos dois tipos de substâncias: proteínas e este ácido ao qual Miescher, no século precedente, dera o nome de "nucléico". Mas a estrutura deste ácido ainda é mal conhecida. É composto por quatro moléculas particulares, duas "bases púricas" e duas "bases pirimídicas", cada uma delas estando ligada a um açúcar e a um agrupamento fosfato em um "nucleótido". Os quatro compostos associam-se em forma de um "tetranucleótido". O ácido nucléico aparece assim como uma espécie molecular sem variedade nem fantasia, portanto sem aptidão para desempenhar qualquer papel na hereditariedade. Sendo assim, atribui-se este papel às proteínas, ainda que suas propriedades se prestem mal a ele. Por sua complexidade, a hereditariedade parece estar fora do alcance da química experimental. "Quanto mais descobertas fazemos sobre a atividade fisiológica e sobre a hereditariedade, diz J. S. Haldane[363], mais torna-se difícil imaginar em termos de física ou de química uma descrição ou uma explicação capaz de englobar todos os fatos de uma coordenação persistente".

No final do século XIX e na primeira metade do século XX, desapareceu a antiga forma do vitalismo, a que a biologia inicialmente recorrera para adquirir independência. Diante do desenvolvimento da ciência experimental, da genética, da bioquímica, não se pode mais, a não ser através do misticismo, invocar seriamente um princípio de origem desconhecida, um X que escaparia por sua própria essência às leis da física, para explicar os seres vivos e suas propriedades. Se a física parece não poder explicar o conjunto dos fenômenos da vida, não é mais devido a uma força exclusiva do mundo vivo, impossível de ser conhecida. É devido a limites inerentes à observação e à análise, à complexidade dos seres vivos em relação à matéria. Assim como certas características dos átomos não podem mais ser reduzidas à mecânica, também poderia ocorrer que certas particularidades da célula não pudessem ser interpretadas em termos de física atômica. "Constatar a importância das propriedades dos átomos nas funções dos seres vivos, diz Niels Bohr[364], não basta para explicar os fenômenos biológicos. Portanto, o problema é saber se ainda nos falta um dado fundamental para a análise dos fenômenos naturais, antes de compreender a vida baseando-se na experiência da física... Neste caso, a existência da vida deveria ser considerada como um fato elementar sem explicação possível, como um ponto de partida para a biologia, da mesma maneira que o *quantum* de ação, que aparece como um elemento irracional para a mecânica clássica, constitui com as partículas elementares o fundamento da física atômica". O que poderia então impor um limite ao conhecimento do mundo vivo não é mais uma diferença de natureza entre o vivo e o inanimado. É a insuficiência de nossos meios ou mesmo de nossa possibilidade de análise. A isto adiciona-se uma

---

363 *The Philosophical Basis of Biology*, Londres, 1931, p. 12.
364 *Light and Life, in Nature*, 1933, vol. 131, p. 458.

complexidade nos componentes dos seres vivos que não pode ser comparada à das moléculas estudada pela física e pela química clássicas. Portanto, talvez os seres vivos, em vez de escaparem às leis da física, utilizem "outras leis da física, ainda desconhecidas, diz Schrödinger[365], mas que, uma vez reveladas, farão parte desta ciência". Portanto, não se trata mais de recorrer a uma força misteriosa para justificar a origem, as propriedades, o comportamento dos seres vivos. Trata-se de saber se as leis já encontradas na análise da matéria bastam ou se é preciso procurar novas. Para se constituir como ciência, a biologia teve que se separar radicalmente da física e da química. Em meados do século XX, para prosseguir a análise da estrutura dos seres vivos e de seu funcionamento, teve que se associar intimamente a elas. Desta união nascerá a biologia molecular.

---

[365] *What is Life?*, ed. 1956, p. 67.

CAPÍTULO 5

A Molécula

EM MEADOS DO SÉCULO XX, a organização muda novamente de estatuto. É a estrutura dos elementos constituintes que determina a do conjunto e sua integração. Nos seres vivos, a organização se aprofunda e passa a se situar nos menores detalhes da célula. Até então, e apesar da presença de um núcleo e de variadas organelas, a célula aparecia como uma espécie de "saco de moléculas". Graças à natureza do protoplasma, a esta rede maldefinida designada pelo termo coloidal, inúmeras reações químicas podem se superpor e a catálise funcionar. Para coordenar a atividade dos órgãos e dos tecidos, os organismos complexos dispunham de uma aparelhagem particular. Nervos e hormônios teciam através do corpo uma rede de interações que ligava os mais distantes elementos do corpo. A unidade da organização baseava-se na existência de mecanismos especializados na regulação das funções. Nada de semelhante intervinha nas estruturas mais simples.

Com o desenvolvimento da eletrônica e o aparecimento da cibernética, a organização passa a ser um objeto de estudo da física e da tecnologia. As exigências da guerra e da indústria levam à construção de engenhos automáticos em que a complexidade aumenta por integrações sucessivas. Em um aparelho de televisão, em um míssil antiaéreo ou em uma calculadora, integram-se elementos que por sua vez estão integrados em um nível inferior. Cada objeto destes constitui um sistema de sistemas. Em cada um, o que funda a organização de conjunto é a interação dos componentes. Só há integração na medida em que os elementos comunicam-se entre si, em que modulam reciprocamente suas atividades particulares em função do objetivo perseguido pelo todo. Até então, a coordenação dos componentes era uma propriedade de certos sistemas. A partir de então, organização e interação dos elementos são indissociáveis. Cada uma torna-se para a outra sua própria condição de existência, ao mesmo tempo sua causa e seu efeito. Só há interação quando os componentes reagem uns sobre os outros. Só há influência recíproca entre os componentes quando o sistema está integrado. Se podem ocorrer trocas entre os elementos de um corpo organizado, é porque sua estrutura permite isto. Mas, ao mesmo tempo, a organização destes elementos contém potencialmente a série de suas rearticulações no tempo e, portanto, de suas próprias transformações. Afinal de contas, a coordenação das atividades determina tanto a evolução de um sistema integrado quanto suas propriedades. A lógica interna de um sistema deste tipo nasce da relação entre estruturas e funções.

As qualidades de um ser vivo, seus desempenhos, seu desenvolvimento, limitam-se então a traduzir as interações que se estabelecem entre seus componentes. Na origem de cada caráter estão as propriedades de certas arquiteturas. A análise das funções não pode se dissociar da análise das estruturas. Estruturas das células para as funções do corpo, das moléculas para as da célula. Mas interpretar os processos que ocorrem nos seres vivos pela estrutura das moléculas que caracterizam a célula exige uma convergência das análises e uma combinação dos métodos. Durante cem anos a biologia experimental progressivamente se cindira em uma série de especialidades que tendiam a se isolar cada vez mais. Cada disciplina permanecia ligada a um número pequeno de técnicas que fixavam os limites de seu domínio. Em meados do século XX, ao contrário, estas diferentes disciplinas vêem-se obrigadas a associar-se intimamente. Para prosseguir sua análise, torna-se necessário unir seus esforços, articular suas atitudes, adaptar seus métodos, em suma, constituir-se como "biologia molecular". Para fazer biologia molecular, não basta mais utilizar uma técnica, analisar um fenômeno e medir todos os seus parâmetros. É preciso recorrer ao conjunto dos meios necessários para precisar a arquitetura dos compostos em questão e a natureza de suas relações. Não se procura mais, por exemplo, estudar por um lado os gens, por outro as reações químicas e por outro ainda os efeitos fisiológicos. Procura-se descrever a cadeia dos acontecimentos que conduzem do gen ao caráter em termos de espécies moleculares, de sínteses, de interações. A memória da hereditariedade está contida na organização de uma macromolécula, na "mensagem" constituída pela articulação das unidades químicas ao longo de um polímero. Ela se torna a estrutura de ordem quatro pela qual se determinam a forma de um ser vivo, suas propriedades, seu funcionamento.

Bioquímica e física, genética e fisiologia fundem-se então em uma só prática. Isto quer dizer que a biologia molecular não pode ser realizada por indivíduos isolados, cada um preocupado com seu problema e seu organismo. Ela exige um esforço conjugado dos homens e das técnicas. Em um mesmo instituto, em um mesmo laboratório passam a cooperar especialistas separados por sua formação de origem, mas unidos por um mesmo tema de análise e um mesmo material. Não há mais, então, dois tipos de biologia, um interessando-se pela totalidade do organismo e outro pelos seus componentes. Existem dois aspectos de um mesmo objeto. Continua-se a considerar do exterior a "caixa preta" para observar suas propriedades. Mas, ao mesmo tempo, ela é aberta para que se possa discernir suas engrenagens, desmontá-las, tentar reconstituir seu mecanismo com as peças desarticuladas. Organismo ou componentes, um só pode ser interpretado fazendo-se referência ao outro. Anteriormente obrigada a se isolar para definir seus objetos e seus métodos, a biologia é agora levada a associar-se intimamente à física e à química. Nem por isso perde sua especificidade.

As macromoléculas

Em meados do século XIX, as noções de energia e de equivalência tinham modificado a representação do mundo vivo, tanto ligando a química dos seres e a química das coisas, quanto fornecendo um fundamento comum às mais diversas atividades de um organismo. Assim, a energia substituiu a força vital em algumas de suas funções, mas não em todas. Existem milhares de células em um organismo complexo. Milhões de moléculas em uma célula. Mas nada explicava a especificidade das arquiteturas, nem a articulação das células, nem a localização dos átomos nos isômeros, estas substâncias de composição idêntica mas de propriedades diferentes. Com efeito, a mecânica estatística permitia interpretar o comportamento médio de grandes populações moleculares. Mas a análise da genética mostrava que os caracteres dos seres vivos não eram o resultado de fenômenos estatísticos, que não expressavam uma agitação casual de um número enorme de moléculas, mas que, ao contrário, baseavam-se na qualidade de algumas substâncias contidas nos cromossomos. Contrariamente à ordem dos seres inanimados, a ordem dos seres vivos não podia ser extraída da desordem. Baseava-se na reprodução de uma ordem já constituída. "A vida, diz Schrödinger[366], parece ser um comportamento da matéria regida por leis e baseada não na tendência a ir da ordem à desordem, mas na manutenção de uma ordem preexistente".

Em meados deste século, o conceito de informação dá acesso à análise desta ordem e de sua transmissão. Ignorando os parâmetros relativos a cada indivíduo e referindo-se apenas ao comportamento médio de uma população, a termodinâmica estatística renuncia a conhecer a estrutura interna do sistema. Poder-se-ia dizer que ela só percebe a superfície. Mas sob uma mesma superfície podem dissimular-se organizações muito diferentes. A informação que a análise estatística fornece do sistema permanece portanto incompleta, tanto mais quanto maior for o número das estruturas internas que podem ser expressas por um mesmo comportamento médio. Para Maxwell, a aquisição desta informação era gratuita. Somente a insuficiência de seu equipamento sensorial impedia o homem de obtê-la. Não seria difícil para um demônio situado em um recipiente com gás avaliar a qualidade das moléculas e fazer sua triagem. Para Szilard e para Brillouin, ao contrário, a informação tem um preço. O demônio só pode "ver" as moléculas se acoplar-se a elas por algum processo físico, como radiações. O que tende para o equilíbrio não é somente o gás, mas o conjunto do gás e o demônio. Cedo ou tarde este último ficará "cego" em seu gás. Só continuará a distinguir as partículas se for fornecida ao sistema alguma energia de fora, sob forma de luz, por exemplo. Graças a ela, o demônio adquire a informação desejada sobre as moléculas e, fazendo a triagem, diminui a entropia do sistema. Mas, no final do processo, a entropia geral aumenta. Portanto, o próprio demônio não escapa à onipotência do segundo princípio da termodinâmica. O sistema só funciona graças a uma série de transformações sucessivas em que a informação intervém. Entropia e informação estão tão intimamente ligadas quanto o verso e o reverso de uma medalha. Em determinado sistema, a entropia atesta ao mesmo tempo a desordem e nossa ignorância sobre a estrutura interna; a informação atesta a ordem e o nosso conhecimento. Todas as duas avaliam-se da mesma maneira. Uma é o negativo da outra.

---

366 *What is Life?*, p. 68.

Este isomorfismo da entropia e da informação estabelece uma ligação entre as duas formas de poder: a de fazer e a de dirigir quem faz. Em um sistema organizado, vivo ou não, são as trocas, não somente de matéria e de energia, mas de informação, que unem os elementos. Entidade abstrata, a informação torna-se o lugar em que se articulam os diferentes tipos de ordem. Ela é ao mesmo tempo o que se mede, o que se transmite, o que se transforma. Qualquer interação entre os membros de uma organização pode então ser considerada como um problema de comunicação. Isto se aplica tanto a uma sociedade humana quanto a um organismo vivo ou a um engenho automático. Em cada um destes objetos, a cibernética encontra algum modelo para aplicar aos outros. Na sociedade, a linguagem representa um sistema de interação entre elementos de um conjunto integrado. No organismo, a homeostase serve de exemplo para todos os fenômenos que funcionam contra o movimento em direção à desordem. No engenho, as combinações de seus circuitos precisam as exigências da integração. Qualquer sistema organizado pode ser analisado referindo-se a dois conceitos: o de mensagem e o de regulação por retroalimentação.

Por mensagem entende-se uma sucessão de símbolos extraídos de um determinado repertório. Estes símbolos podem ser signos, letras, sons, fonemas, etc. Uma determinada mensagem é, portanto, uma seleção específica realizada no interior de um conjunto de organizações possíveis. É uma certa ordem entre todas as que a combinatória dos símbolos autoriza. A informação mede a liberdade desta escolha e, portanto, a improbabilidade da mensagem. Mas ignora seu conteúdo semântico. Qualquer estrutura material pode então ser comparada a uma mensagem, no sentido em que a natureza e a posição dos elementos que a constituem, átomos ou moléculas, são o resultado de uma escolha entre uma série de possíveis. Por transformação isomorfa de acordo com um código, tal estrutura pode ser expressa por um outro conjunto de símbolos. Pode ser comunicada por um emissor situado em qualquer ponto do globo a um receptor que a reconstitui por transformação inversa. É assim que funcionam o rádio, a televisão e os serviços secretos. Portanto, nada existe, diz Wiener[367], que impeça "considerar o organismo como uma mensagem".

Quanto à retroalimentação, trata-se de um princípio de regulação que permite a uma máquina ajustar sua atividade em função não

---

367 *The Human Use of Human Beings,* 1954, p. 95.

somente do que deve fazer, mas do que realmente faz. Funciona introduzindo no sistema os resultados de sua atividade passada e para isto utiliza órgãos sensoriais encarregados de avaliar a atividade dos órgãos motores, de verificar os desempenhos e de corrigi-los. Esta vigilância tem como função corrigir a tendência do mecanismo à desorganização, isto é, produzir temporária e localmente uma inversão da direção da entropia. Segundo sua complexidade, estes mecanismos vão da simples regulação de uma caldeira de acordo com a temperatura ambiente até constituir um verdadeiro sistema de aprendizagem. Qualquer organização utiliza dispositivos de regulação por meio dos quais cada elemento é mantido informado a respeito dos efeitos de seu próprio funcionamento e, em conseqüência, o ajusta no interesse do todo.

Com a possibilidade de realizar mecanicamente uma série de operações previstas em um programa, o velho problema das relações entre o animal e a máquina é colocado em novos termos. "Os dois sistemas, diz Wiener[368], têm em comum o fato de se esforçarem para manter a entropia através da retroalimentação". Os dois conseguem isto desorganizando o meio exterior, "consumindo entropia negativa", segundo a expressão de Schrödinger e de Brillouin. Os dois possuem, com efeito, uma aparelhagem especializada para recolher, a um nível baixo de energia, a informação proveniente do mundo exterior e para transformá-la tendo em vista seu próprio funcionamento. Nos dois casos, é a realização e não a intenção que regula a ação do sistema sobre o mundo exterior por meio de um centro de regulação. Um organismo só conserva uma certa estabilidade se fizer incessantes empréstimos ao exterior. Apesar das mudanças do meio, consegue oscilar em torno do equilíbrio que o caracteriza. Se consegue manter sua homeostase, é porque seus inúmeros mecanismos de regulação lhe permitem definir as condições mais favoráveis à sua existência. Vivo ou não, qualquer sistema que funciona tende a se gastar, a se degradar, a aumentar sua entropia. Graças a uma regulação, cada degradação local é compensada por um trabalho realizado em outro lugar no organismo. Daí um outro aumento de entropia, compensado por sua vez por um outro trabalho efetuado em um outro ponto do corpo. E assim sucessivamente como em uma cascata, em que uma perda de ordem aqui é compensada por um ganho ali. A coordenação do sistema baseia-se em uma rede de circuitos reguladores que integram o organismo. Mas como em uma queda-d'água, a mudança total de

---

368 *The Human Use of Human Beings*, p. 26.

energia representada pelo conjunto das operações efetua-se sempre na mesma direção, imposta pelo segundo princípio da termodinâmica. A tendência estatística para a desordem deteriora pouco a pouco qualquer sistema fechado. Afinal de contas, a manutenção do estado de um sistema vivo custa caro: o retorno ao equilíbrio sempre instável acarreta um déficit da organização ao redor, isto é, um aumento de desordem no conjunto constituído pelo organismo e seu meio. Portanto, o ser vivo não pode ser um sistema fechado. Não pode parar de absorver alimentos, de expulsar os dejetos, de ser constantemente atravessado por uma corrente de matéria e de energia vinda de fora. Sem um afluxo constante de ordem, o organismo se desintegra. Isolado, só lhe resta morrer. Todo ser vivo está de certa forma permanentemente conectado com a corrente geral que leva o universo em direção à desordem. Representa uma espécie de derivação ao mesmo tempo local e transitória que mantém a organização e lhe permite reproduzir-se.

Animal e máquina, cada sistema torna-se então um modelo para o outro. A máquina pode ser descrita em termos de anatomia e fisiologia. Possui órgãos de execução animados por uma fonte de energia. Dispõe de uma série de órgãos sensoriais que respondem a estímulos luminosos, sonoros, táteis e térmicos para vigiar sua própria saúde, para sondar o meio, verificar a alimentação. Contém centros de controle automático para avaliar seus desempenhos; uma memória em que estão depositados os gestos a realizar e em que estão inscritos os dados da experiência passada. Tudo isto é conectado por um sistema nervoso que, por um lado, leva ao cérebro as impressões procedentes dos sentidos e, por outro, transmite as ordens aos membros. A todo momento a máquina que executa seu programa é capaz de orientar sua ação, corrigi-la e mesmo interrompê-la, de acordo com as mensagens recebidas.

Inversamente, o animal pode ser descrito à luz da máquina. Órgãos, células e moléculas estão unidos por uma rede de comunicação. Trocam sem cessar sinais e mensagens em forma de interações específicas entre componentes. A flexibilidade do comportamento baseia-se nos dispositivos de retroação e a rigidez das estruturas na execução de um programa rigorosamente prescrito. A hereditariedade passa a ser a transferência de uma mensagem repetida de geração em geração. No núcleo do ovo está depositado o programa das estruturas a serem produzidas. "A fibra cromossômica, diz Schrödinger[369], con-

---

369 *What is Life?*, p. 18-19.

têm, cifrado em uma espécie de código miniatura, todo o devir de um organismo, seu desenvolvimento, seu funcionamento... As estruturas cromossômicas também detêm os meios de colocar este programa em execução. São ao mesmo tempo a lei e o poder executivo, o plano do arquiteto e a técnica do construtor". É portanto na estrutura de uma grande molécula que se baseia a ordem de um ser vivo. Por motivos de estabilidade, a organização de um cromossomo torna-se semelhante à de um cristal. Não a estrutura monótona em que uma mesma unidade química se repete infinitamente, com a mesma periodicidade, nas três dimensões. Mas o que os físicos designam por "cristal aperiódico", no qual a articulação de muitas unidades mostra a variedade exigida pela diversidade dos seres vivos. Um pequeno número de unidades basta, adiciona Schrödinger. Com o código morse, a combinação de dois símbolos permite cifrar qualquer texto. É por uma combinatória de símbolos químicos que o plano do organismo é traçado. A hereditariedade funciona como a memória de uma calculadora.

Até meados do século XX, a estrutura das macromoléculas permaneceu praticamente inaccessível. Ela passará a ser um objeto de análise graças, uma vez mais, à convergência de duas linhas de investigação. Uma proveniente da tecnologia, que encontra nos polímeros uma fonte de materiais novos para a indústria. A outra da física e da química, que procuram purificar as macromoléculas, determinar sua composição, precisar sua organização. A existência de polímeros nos seres vivos era conhecida desde a primeira metade do século XIX. Muitas vezes, com efeito, os químicos haviam constatado que certas substâncias de tamanho grande só liberavam, por hidrólise, alguns compostos simples, ou mesmo um só. Assim, na celulose ou no amido só se encontra glucose, na borracha ou na guta-percha isopreno. Desde Berzélius, o termo polímero servia para designar a grande arquitetura, o termo monômero a unidade de base. Quase sempre estas unidades pareciam ligadas de um extremo a outro, formando uma cadeia. Mas a similitude de composição não excluía a diversidade de estrutura. Apesar de constituídas pela mesma glucose, o amido e a celulose possuem propriedades muito diferentes: de uma forma ou de outra, o primeiro está presente na alimentação de toda a humanidade; a segunda, ao contrário, não é digerida pelo homem. Só a articulação das unidades podia justificar uma tal diferença. Em certos polímeros, com efeito, as unidades são todas dispostas no mesmo sentido em uma cadeia monótona; em outros, ao contrário, ora estão em um sentido, ora em sentido inverso, em motivos alternados. Certas cadeias são longas, outras curtas. Algumas são lineares, outras ramificadas. Em certos polímeros só se encontra uma espécie de monômero; em outros, muitas. Em suma, a variação de alguns parâmetros basta para dar origem à diversidade.

No começo deste século, os químicos tentam analisar no laboratório os meios empregados pela natureza para edificar estas grandes arquiteturas. A química dos polímeros difere da dos pequenos compostos e baseia-se em princípios diferentes. Para preparar uma pequena molécula orgânica, o químico deve, freqüentemente com grande dificuldade, intervir em cada etapa e colocar cada átomo na posição desejada. A produção de polímeros, ao contrário, exige somente que as unidades de base sejam misturadas em certas proporções e colocadas em condições convenientes de acidez, temperatura, pressão, etc. Uma vez iniciada a reação, ela prossegue espontaneamente sem nenhuma intervenção do químico. Este pode, em todo caso, influenciar a natureza do produto final de diversas maneiras: fazendo variar as condições de reação; mudando as unidades de base; modificando suas proporções; sobretudo adicionando à mistura certas substâncias que agem como catalisadores e de certa forma guiam a orientação das unidades ao longo da cadeia. Graças ao emprego destes catalisadores, torna-se possível dirigir a reação e controlar a organização espacial do produto. Estabelece-se então uma estreita cooperação entre o laboratório e a indústria. Uma série de substâncias novas aparece através da polimerização de moléculas simples, especialmente de hidrocarburetos. Mas a atitude da biologia diante das macromoléculas dos seres vivos também será influenciada progressivamente por um conjunto de conceitos e de técnicas.

A tecnologia dos polímeros une-se aos métodos de análise elaborados pouco a pouco pela química e pela física. A própria natureza das macromoléculas lhes confere propriedades específicas de peso, de carga elétrica, de difração da luz, de viscosidade quando em solução. Estas características indicam o meio de tratar estes compostos e de estudar seu comportamento. Pode-se pesá-los, por assim dizer, submetendo-os a forças de centrifugação umas cem mil vezes superior à gravitação. Pode-se medir sua agilidade em um campo elétrico, estimar seu tamanho, seu volume, sua forma geral. Em suma, pode-se chegar a uma representação destas arquiteturas moleculares em seu conjunto. Mas é sobretudo através de três técnicas que se revela em detalhes a composição destas moléculas, sua organização interna, os processos de sua síntese.

A primeira provém da química. No começo do século XX, os botânicos haviam encontrado o meio de purificar e de isolar os diferentes pigmentos dos vegetais. Derramavam extratos de plantas sobre longas colunas de certos pós calcáreos que eluíam em seguida por diversos solventes. Os pigmentos, retidos pela coluna em zonas diferentes, separavam-se uns dos outros durante a dissolução. Este método, conhecido pelo nome de "cromatografia", é retomado e diversificado pelos químicos em meados do século. Presta-se, de fato, a infinitas variações. Pode-se alterar a composição da coluna e do líquido de eluição, a atividade, a concentração de íons, etc. Esta técnica possui um considerável poder de resolução. Permite distinguir compostos muito vizinhos que diferem apenas por detalhes de carga elétrica, de tamanho ou de forma. Pode-se mesmo, à guisa de coluna, utilizar folhas de certos papéis, sobre as quais derramam-se lentamente, primeiro em uma direção e depois em outra, as soluções dos produtos que se quer analisar. Cada composto se desloca a uma velocidade que lhe é própria. Assim, para o químico é quase um jogo discriminar, qualitativa e quantitativamente, compostos praticamente idênticos. Não é exagerado dizer que a simplicidade e a eficácia desta técnica transformaram inteiramente a análise das macromoléculas biológicas e especialmente proteínas e ácidos nucléicos. Até então sabia-se que estes compostos eram constituídos por alguns radicais químicos, uns vinte nas proteínas, quatro nos ácidos nucléicos, mas reunidos em número enorme em cada molécula. Com um trabalho considerável podia-se mesmo hidrolisar a molécula, determinar a natureza das unidades nela contidas, contar os exemplares de cada uma. Mas não se tinha meios para analisar a articulação destas unidades e a organização espacial de uma proteína. A cromatografia torna este estudo possível. Empregando certas enzimas, o químico pode realizar cortes na molécula de proteína e recolher não as unidades separadas, mas fragmentos formados por muitas unidades. Pode em seguida cortar cada fragmento em pedaços menores e em seguida analisar a composição de cada um. Como em um quebra-cabeças, trata-se de distinguir a posição relativa dos fragmentos e dos pedaços, de ajustá-los para reconstituir o desenho original. Como existem enzimas de especificidades distintas para quebrar a molécula em pontos diversos, pode-se dividir o mesmo desenho em uma série de quebra-cabeças diferentes. Procedendo-se pouco a pouco, acaba-se obtendo um número suficiente de equações para resolver todas as incógnitas. Para espanto geral, uma molécula de proteína, arquitetura de rara complexidade em três dimensões, reduz-se a uma estrutura de grande simplicidade em uma dimensão. É, com efeito, um polímero linear formado pela ligação de algumas centenas de unidades provenientes de um estoque de vinte. A complexidade espacial nasce das dobras da cadeia sobre si mesma, das sinuosidades que produzem em sua superfície um relevo acidentado: o que dá à molécula sua forma específica é o comprimento da cadeia, cem a mil unidades, e a seqüência em que estas unidades estão dispostas. Mais uma vez a diversidade e a complexidade nascem da simplicidade de uma combinatória.

A segunda técnica, pela qual se transformam as possibilidades da análise bioquímica, provém da descoberta dos radioisótopos pelos físicos. Um elemento radiativo emite radiações que se pode distinguir. É portanto "visível", seja qual for sua localização no organismo. Por síntese, o químico é capaz de colocar um átomo radiativo em um ponto escolhido de uma molécula, seja mineral ou orgânica. Tendo entrado no organismo, de uma maneira ou de outra, sua trajetória pode ser minuciosamente seguida. Observam-se suas transformações sucessivas, a distribuição de seus componentes, sua retenção ou sua excreção. A utilização dos isótopos também permite desembaraçar os fios do emaranhado formado pelo metabolismo intermediário; seguir passo a passo as etapas que presidem à elaboração das pequenas moléculas e sua polimerização para formar as grandes; medir a estabilidade dos componentes ou a velocidade de sua renovação. Junto com o exame histológico, a auto-radiografia dos isótopos permite distinguir na célula a constituição das estruturas visíveis no microscópio e vigiar suas modificações durante o ciclo de divisão. Não só a composição dos seres vivos é então objeto de análise. É toda a dinâmica de suas transformações químicas.

Finalmente, a terceira técnica que dá acesso à estrutura das macromoléculas n célula prové.n dos aperfeiçoamentos dos meios de observação realizados pelos físicos. Primeiro com o microscópio eletrônico, em que a substituição da luz visível por um feixe de elétrons aumenta de aproximadamente mil vezes o poder de resolução do olho: torna-se possível observar, detalhadamente, as organelas da célula e mesmo distinguir, no conjunto, a forma de certas moléculas muito grandes. Também e sobretudo com a análise dos cristais pela difração dos raios X: não é mais então a forma geral de uma molécula que pode ser discernida; é a posição exata de cada átomo, não somente em compostos simples, mas nas arquiteturas mais elaboradas. Todavia, à precisão dos resultados corresponde a dificuldade da técnica. Reservada aos físicos, leva alguns deles a se interessarem diretamente pela biologia. A difração dos raios X fora empregada na Grã-Bretanha no começo deste século para analisar a organização dos cristais simples, como os do cloreto de sódio. Daí nascera uma escola de cristalógrafos interessados em compreender a estrutura interna dos mais variados compostos, inclusive das macromoléculas biológicas, pois estes físicos estavam convencidos de que as funções da célula viva só podiam basear-se na configuração destas moléculas. Foi um deles que propôs a expressão "biologia molecular" para designar este tipo de análise; depois disto, cada especialista que, de uma maneira ou de outra, trabalhava com a experimentação da célula se encontrava na situação do senhor Jourdain, fazendo biologia molecular sem o saber. Ao princípio um pouco isolados, os cristalógrafos tateavam ante a complexidade dos sistemas biológicos. É preciso proceder por etapas, do simples para o complexo; só aumentar progressivamente sua decomposição; aprender a conhecer certos setores privilegiados das moléculas; marcá-las com átomos pesados de fácil reconhecimento pelos raios X. Pouco a pouco conseguem não somente discernir os contornos das macromoléculas, mas precisar seus detalhes. A análise puramente cristalográfica é substituída então por uma atividade sutil em que se misturam a interpretação dos dados físicos, a construção de modelos no laboratório e uma espécie de intuição fundada no conhecimento das propriedades dos átomos e de suas ligações. Por mais trabalhoso que seja, este diálogo nascente entre a cristalografia e a química teórica impõe-se como o único modo de acesso à organização das grandes arquiteturas biológicas. Pois se a análise da química descreve a ordem das unidades ao longo da cadeia, silencia em relação às sinuosidades desta, em relação à complexa anatomia da molécula e sua configuração no espaço. A análise física permite localizar cada detalhe em uma construção que contém muitos milhares de átomos.

Aos cristalógrafos adiciona-se um outro contingente de físicos que também se interessa, por razões diferentes, pela biologia. Depois da guerra, com efeito, muitos jovens físicos se revoltam contra a utilização militar da energia atômica. Além disso, alguns estão cansados do caminho tomado pela experimentação em física nuclear, de sua lentidão, da complexidade imposta pelo emprego de grandes máquinas. Vêem nisto o fim de uma ciência e procuram outras atividades. Alguns se voltam para a biologia, com uma mistura de inquietude e esperança. Inquietude porque, em geral, só têm dos seres vivos noções vagas de zoologia e de botânica deixadas por velhas lembranças da escola. Esperança porque os mais famosos predecessores lhes designam a biologia como disciplina cheia de promessas. Niels Bohr vê nela a fonte de novas leis físicas a serem encontradas. Schrödinger também, profetizando para a biologia momentos de renovação e exaltação, especialmente no domínio da hereditariedade. Ouvir um dos pais da mecânica quântica se perguntar "o que é a vida?" e descrever a hereditariedade em termos de estrutura molecular, de ligação interatômica, de estabilidade termodinâmica, basta para canalizar para a biologia o entusiasmo de alguns jovens físicos e conferir-lhes um tipo de legalidade. Sua ambição e seu interesse limitam-se a um só problema: a natureza física da informação genética.

Os microrganismos

À transformação dos conceitos e das técnicas adiciona-se a do material utilizado no estudo da célula e da hereditariedade. A genética clássica não chegara a preencher o vazio existente entre o gen e o caráter. Chegara à conclusão de que havia, nos cromossomos, uma substância capaz ao mesmo tempo de se reproduzir exatamente e de trazer em si a especificidade genética. Mas o material empregado pela genética durante a primeira metade deste século não se prestava nem à pesquisa de uma tal substância nem ao estudo de seu modo de ação. Algumas tentativas de combinar fisiologia e genética na drosófila conseguiram mostrar a influência dos gens sobre certas reações químicas do organismo. Mas em um ser complexo que se reproduz por via sexuada, o efeito de um gen só se manifesta, na maior parte das vezes, após um longo período, depois de uma série de transformações impostas pelo desenvolvimento e pela morfogênese. Os organismos estudados pelos geneticistas não convinham aos químicos e vice-versa. Para associar seus esforços, era preciso um material comum. Contrariamente ao que se esperava, os microrganismos, particularmente as bactérias e os vírus, serão este material.

Nascida quase três séculos antes da invenção do microscópio, a bacteriologia durante muito tempo limitou-se à observação, até que os trabalhos de Pasteur a transformaram em uma ciência experimental. Em poucos anos o homem teve a surpresa de constatar que sem os microrganismos este mundo não seria o que ele é. Mas a importância dos micróbios como agentes patógenos, sua função nos ciclos das transformações a que estão submetidos os elementos na superfície da Terra e seu papel em inúmeras indústrias durante muito tempo relegaram para um segundo plano o valor dos micróbios para o estudo dos mecanismos biológicos. A teoria celular contribuíra para a unificação do mundo vivo. Mas as bactérias continuavam excluídas desta generalização. Seu tamanho pequeno não permitia que se reconhecesse nelas as estruturas características. Só era possível cultivá-las, descrevê-las, tentar classificá-las. No começo deste século, os micróbios pouco a pouco tornaram-se objetos para a fisiologia e a bioquímica. A evolução da medicina e da indústria exigia um rigor cada vez maior na identificação dos germes e no conhecimento de suas propriedades. Quanto mais se isolavam os micróbios, mais era importante definir seus caracteres para poder distingui-los. Apesar de os microbiologistas se limitarem a estudar o crescimento em distintas condições, conseguiram precisar as necessidades nutritivas dos microrganismos, seu poder de utilizar certos compostos como fonte de carbono, sua sensibilidade ao efeito dos agentes antimicrobianos. Ao mesmo tempo, os químicos descobriram nos microrganismos um material particularmente favorável a seus estudos. Mais simples de ser manipulado que um músculo de pombo, mais fácil de ser reproduzido em seus caracteres que um fígado de rato, uma cultura de leveduras ou de bactérias presta-se igualmente à extração dos componentes, à análise do metabolismo, à determinação das atividades enzimáticas. Pombos, ratos ou bactérias, em todos estes objetos encontravam-se notáveis semelhanças: mesmas reações químicas, mesmos intermediários com alto potencial de energia, mesmas atividades enzimáticas sempre associadas a proteínas. Por detrás da diversidade das formas e da variedade das propriedades surge assim uma unidade de composição e de funcionamento no mundo vivo. Sempre se utilizam os mesmos materiais para produzir os mesmos componentes. Como se a natureza só conhecesse uma maneira de proceder.

Entretanto, até meados do século XX, qualquer similitude entre microrganismos e seres superiores parecia excluída, ao menos em um campo: a hereditariedade. Tendo-se tornado tardiamente unidade de mutação e de função, o gen era sobretudo unidade de recombinação e de segregação. A genética baseava-se no estudo dos híbridos que se reproduziam por via sexuada. Graças à associação da análise genética e da observação citológica, o papel dos cromossomos e a mecânica da hereditariedade puderam ser estabelecidos. Ora, nada disto poderia ser feito com micróbios, nem as hibridações nem a citologia. Os micróbios se reproduzem por via vegetativa e nada se encontrava neles que pudesse lembrar a sexualidade. Seu tamanho pequeno impedia qualquer observação citológica. A ausência de organização não permitia distinguir entre somático e germinal, entre caráter e fator, entre fenótipo e genótipo. Bacteriologistas e geneticistas chegaram à conclusão de que as bactérias eram desprovidas de um aparelho genético, que sua hereditariedade nada tinha de comum com a dos animais e das plantas. O mundo dos micróbios não parecia depender nem dos conceitos nem dos métodos da genética.

Somente em meados deste século os microrganismos tornam-se acessíveis à análise da genética. Primeiro os mofos e as leveduras, em que se observam fenômenos de sexualidade e de conjugação. Nestes organismos é possível associar o estudo do metabolismo e o da hereditariedade. Os caracteres considerados não são mais somente qualidades até certo ponto secundárias, como o comprimento de uma asa ou a cor de uma flor. É a própria química do organismo, seu poder de crescimento, suas faculdades de síntese. Pela primeira vez associam-se um geneticista e um químico no estudo de um mofo que se multiplica em um meio simples e nele forma todos os seus constituintes. O geneticista isola mutantes que se tornaram incapazes de crescer neste meio. O bioquímico procura explicar esta incapacidade. O que aparece então é que cada mutação bloqueia o metabolismo em um determinado ponto. Cada uma impede a síntese de um metabolito essencial. Cada uma altera a qualidade de uma enzima que intervém nesta síntese. Toda a química do organismo é portanto regida por sua hereditariedade. Um gen específico comanda uma reação química específica porque determina as propriedades da proteína-enzima específica que catalisa esta reação. No vazio criado recentemente entre o gen e o caráter passa a situar-se a proteína.

Tendo as reações do metabolismo sido transformadas em objetos de estudo da genética, torna-se possível analisar a hereditariedade de organismos tão simples quanto as bactérias. As propriedades que até então haviam excluído as bactérias da genética convertem-nas em um material particularmente favorável ao estudo da variação. Com seu pequeno tamanho e a rapidez de seu crescimento, as bactérias produzem em algumas horas enormes populações em pequenos volumes. Aplicando a estas culturas os métodos da estatística, constata-se que a variação é conseqüência de raras mudanças quânticas, idênticas às mutações dos seres superiores. Como uma mosca, uma bactéria possui portanto determinantes fatoriais hereditários, isto é, gens. Estes determinam tanto a morfologia quanto o metabolismo e o conjunto das propriedades que se pode distinguir. Em certos micróbios, existem fenômenos de conjugação que lembram a sexualidade dos organismos superiores, com machos e fêmeas. Torna-se então possível realizar hibridações e determinar as relações que existem entre os gens. Estes estão dispostos ao longo de estruturas lineares, semelhantes aos cromossomos dos seres superiores. O mesmo acontece com os vírus. No conjunto do mundo vivo, só há portanto uma única maneira de assegurar a permanência das formas e das propriedades através das gerações. Assim como uma só maneira de modificá-las. As regras do jogo genético são as mesmas para todos.

Até então, a reprodução sexuada aparecia como o único meio de reunir os gens de uma espécie em combinações tão numerosas que permitem uma variedade quase infinita de indivíduos. Mas há nas bactérias outros meios além do sexo para transferir material genético de uma célula para outra. É assim que os vírus podem servir de veículos aos gens bacterianos e realizar um tipo de hereditariedade infecciosa. Ou que, em certas espécies, as bactérias são capazes de absorver e de incorporar em seu próprio cromossomo os gens liberados pela trituração de outras bactérias. Portanto, é falsa a correlação estabelecida entre hereditariedade e reprodução sexuada. A noção de hereditariedade deve ser ampliada. Passa a ser a capacidade que cada célula possui de reproduzir-se de forma idêntica e de transmitir esta capacidade através das gerações. Esta propriedade de reproduzir estruturas e reações através da multiplicação é o princípio geral da hereditariedade. Sem ela, não há organismo vivo. O resto, a sexualidade, a diversidade das formas, a diferenciação das células, são complicações elaboradas durante a evolução, variações sobre um mesmo tema fundamental. Pode-se perfeitamente conceber um universo um pouco monótono, sem sexo, sem hormônios e sem sistema nervoso; um universo unicamente povoado de células idênticas que se reproduzem indefinidamente. Este universo de fato existe. É o universo formado por uma cultura de bactérias.

O emprego de culturas de bactérias como objeto de estudo tem duas conseqüências importantes. A primeira é de dar acesso à estrutura interna do material genético. Com as bactérias, a análise genética simplifica-se ao extremo e adquire um poder de resolução desconhecido quando se estudava os organismos complexos. O simples gesto que consiste em espalhar culturas de micróbios em meios seletivos permite obter em algumas horas informações sobre milhares de acontecimentos, mutações ou recombinações. É difícil imaginar o trabalho que seria necessário para atingir um resultado equivalente examinando-se animais ou plantas. Este aumento de resolução leva a rever a imagem de estrutura integral semelhante às contas do rosário atribuída ao gen pela genética clássica. O gen definido como unidade de função contém muitas centenas de elementos que podem ser modificados pela mutação e separados pela recombinação. Mas a esta nova organização continuam se aplicando os princípios antigos: a natureza quântica das variações, o papel do acaso nas combinações submetidas às leis da probabilidade, a disposição dos elementos ao longo de uma estrutura unidimensional. Além disso, as bactérias permitem conhecer a química do material genético. Se, com efeito, os gens liberados através da trituração de bactérias estão dispostos a penetrar em outras bactérias para nelas enraizar-se e conferir-lhes novos caracteres, o químico pode intervir. Tem meios para extrair estes gens, dosá-los, purificá-los, como com qualquer outro composto. É assim que Avery descobre que a atividade genética está ligada à presença de ácido desoxiribonucléico. Há quase um século conhecia-se a presença desta substância no núcleo das células. Conhecia-se sua composição global. Mas até o momento não se sabia que papel atribuir-lhe, que estrutura molecular conferir-lhe. Seu papel consiste em trazer em si a especificidade das unidades de Mendel. Sua estrutura pode ser conhecida pela combinação da análise química com a cristalografia. Trata-se de um longo polímero formado pelo alinhamento das quatro unidades que são repetidas aos milhões e permutadas ao longo da cadeia, como os signos de um alfabeto ao longo de um texto. É a ordem destas quatro unidades que dirige a das vinte unidades nas proteínas. Tudo leva então a considerar a seqüência contida no material genético como uma série de instruções que especificam as estruturas moleculares, portanto as propriedades da célula; a considerar o plano de um organismo como uma mensagem transmitida de geração em geração; a ver na combinatória dos quatro radicais químicos um sistema de numeração de base quatro. Em suma, tudo leva a assimilar a lógica da hereditariedade à de uma calculadora. Raramente um modelo imposto por uma época encontrou aplicação mais fiel.

A utilização das culturas de bactérias por diferentes disciplinas tem ainda uma outra conseqüência: com um organismo tão rudimentar, as diferentes técnicas se simplificam a um tal ponto que podem ser acionadas simultaneamente. Para analisar a hereditariedade, não basta mais observar os caracteres da célula da bactéria, suas variações, suas recombinações nos híbridos. É preciso, paralelamente, extrair o material genético, precisar suas características, medir suas propriedades em uma centrifugadora. É preciso analisar ao mesmo tempo as proteínas correspondentes, precisar sua estrutura, avaliar a atividade enzimática. Pode-se assim observar os efeitos de uma mutação não somente através das mudanças de função que ela provoca, mas através das modificações das estruturas em questão. Inversamente, torna-se possível analisar as propriedades de uma célula, sua organização, seu funcionamento, segundo a natureza das lesões que acarretam as mutações. A análise genética não visa mais simplesmente a desmontar o mecanismo da hereditariedade. Torna-se um aparelho de precisão que serve para determinar os componentes da célula, seu papel, suas interações com os outros elementos. Através das mutações, procura-se dissecar a célula sem destruí-la. Há mais de um século o estudo do patológico constituía um dos métodos mais seguros para interpretar o normal. A fisiologia experimental intervinha do exterior para produzir lesões no organismo por ação mecânica ou pelo efeito de tóxicos. A biologia molecular as provoca do interior, como conseqüência das mutações. Tem como objetivo atingir não as estruturas já formadas, mas o programa que dirige sua elaboração. A pressão seletiva exercida no laboratório sobre uma população de bactérias pode tornar-se tão eficaz que se obtém facilmente monstros em que a função escolhida é danificada por alguma mutação. Com tais monstros, fisiólogos e morfólogos analisam as aberrações no organismo inteiro; bioquímicos e físicos nos extratos. Trata-se assim não de dois domínios que se ignoram, mas de dois aspectos de uma mesma análise.

Podem-se avaliar as mudanças que ocorreram na atitude da biologia. Sua história é dominada por um conflito entre duas posições contrárias: entre a esperança de reduzir os desempenhos do organismo às propriedades da matéria e a recusa de uma concepção que nega qualquer qualidade específica à integração dos seres vivos. Por um lado, quanto mais a análise química se aperfeiçoa, mais ela mostra a identidade das leis que regem o mundo vivo e o mundo inanimado. Por outro, quanto mais se amplia o estudo dos organismos vivos, de seu comportamento, de sua evolução, mais ela mostra rupturas que ocorrem a cada nível de integração. Do vírus ao homem, da célula à espécie, a biologia interessa-se por sistemas de complexidade sempre crescente pela integração sucessiva de sistemas inferiores. Cada nível de organização representa um limiar em que bruscamente mudam os objetos, os métodos e as condições de observação. Os fenômenos que podem ser distinguidos em um nível desaparecem no nível inferior; sua interpretação não é mais válida para o nível superior.

Para a biologia, trata-se então de articular estes níveis dois a dois, de ultrapassar cada limiar, de fazer aparecer sua singularidade de integração e de lógica. As bactérias constituem, por assim dizer, um mínimo vital. A biologia molecular começa com elas para situar-se no primeiro nível de integração que caracteriza um organismo, ignorando os outros. Instala-se deliberadamente em uma das fronteiras do mundo vivo, nos limites do inanimado. O nível inferior se descreve em termos de organização, de sistema lógico, de máquina automática, o que acaba sendo equivalente. Mas a natureza do sistema e os métodos de observação sempre permitem considerar os dois níveis conjuntamente, comparar constantemente a totalidade do organismo com o detalhe dos componentes ou dos fenômenos evidenciados pela análise. Nosso saber sobre a célula bacteriana elaborou-se pela acumulação de diversas técnicas praticadas tanto no organismo inteiro, quanto em extratos. Mais especificamente, pela combinação, em cada etapa, da análise genética com a análise física e química. É preciso destruir a integridade da célula para reconhecer seus componentes e estudar seu funcionamento. Mas é preciso recorrer à célula intacta para assegurar-se de que após o isolamento e a purificação os compostos isolados agem no tubo de ensaio da mesma forma que no organismo. A descrição da célula bacteriana é o resultado da comparação dos dois níveis.

A mensagem

Com as bactérias, o indivíduo raramente constitui um objeto de análise. Quase sempre a experimentação lida com uma cultura, isto é, um meio que contém uma população que facilmente chega a milhares de micróbios em alguns centímetros cúbicos. Não há, portanto, possibilidade alguma de observar diretamente as propriedades de cada um. Mesmo quando se quer demarcar a presença de determinados indivíduos, por exemplo de mutantes, torna-se obrigatório colocar a população em condições em que somente estes indivíduos podem se multiplicar. O que se observa então não são os próprios indivíduos, mas sua descendência, isto é, uma população enorme. A representação que o biólogo tem da célula bacteriana só pode ser, portanto, uma imagem estatística, uma espécie de esboço que emerge de uma quantidade de observações acumuladas sobre uma quantidade de indivíduos.

Este esboço representa o objeto mais simples que reúne as qualidades de organização, de autonomia e de invariância pelas quais geralmente se caracterizam os seres vivos. Existem, certamente, organizações ainda mais rudimentares, como os vírus. Mas se os vírus manifestam certas propriedades dos organismos, estão longe de possuir todas. E a falta de autonomia resultante impede que sejam considerados como seres vivos. Quanto às células encontradas tanto nos seres superiores quanto nos organismos unicelulares, como os protozoários ou as leveduras, observa-se uma complexidade de organização bem superior à de uma bactéria.

A simplicidade relativa da célula bacteriana não permite, entretanto, que se afirme seu caráter primitivo, do ponto de vista da evolução. É tentador relacionar a simplicidade ao arcaísmo e considerar a célula bacteriana como um fóssil vivo e mesmo como nosso ancestral. Mas, trate-se de uma bactéria ou de um mamífero, todo ser vivo examinado pelo biólogo procede de uma evolução de milhares de anos. Quando os caminhos seguidos por esta evolução não são mais balizados por indícios observáveis, seus meandros correm o risco de permanecerem desconhecidos. Nada permite medir o parentesco entre organismos primitivos e bactérias atuais. Apenas podemos imaginar o material inicial da evolução. Se apresentava alguma semelhança com a célula bacteriana de hoje, não podemos imaginar que tinha sua desconcertante complexidade. Por detrás de cada bactéria considerada e de cada um de seus componentes há uma longa história, tão necessária para a inteligência do sistema quanto para o conhecimento de sua estrutura.

Por razões técnicas, o estudo da célula bacteriana concentrou-se em um colibacilo inofensivo, um organismo existente no intestino do homem. Este colibacilo multiplica-se perfeitamente em um meio formado por alguns sais minerais simples e por um composto orgânico, um açúcar por exemplo, que serve ao mesmo tempo de fonte de carbono e de energia; nada há neste meio que o químico não saiba produzir a partir de elementos simples. Pode-se igualmente cultivar o colibacilo em um meio mais complexo, como caldo de carne, que contém uma variedade de produtos orgânicos. A presença de compostos necessários ao crescimento permite então à célula bacteriana economizar muitas sínteses e, por isso mesmo, multiplicar-se mais rápido. Nas melhores condições de temperatura e de aeração, nosso colibacilo chega a se reproduzir a cada vinte minutos. Durante vinte minutos, a bactéria cresce e se alonga. Depois divide-se em duas, produzindo assim duas bactérias, idênticas entre si e idênticas à que lhes deu origem.

Uma bactéria é um objeto muito pequeno para ser discernido a olho nu. No microscópio ótico, um colibacilo tem uma forma alongada, de aproximadamente um mícron e meio. Mas não se distingue estrutura alguma. No microscópio eletrônico, as fotografias de cortes praticados em bactérias previamente fixadas e coloridas lembram as de paisagens lunares. Somente com perseverança e comparação, combinando as mais variadas técnicas, puderam ser identificadas as raras estruturas visíveis. Nas fotografias eletrônicas a célula bacteriana aparece como uma pequena bolsa cuja forma é mantida pela presença de uma parede rígida. Sob a parede, a bolsa está envolta por uma membrana de duas camadas que realiza uma separação física entre a célula e o meio. Impermeável à passagem de certas substâncias, a membrana protege a célula contra a fuga das moleculas que esta elabora. Em contrapartida, deixa circular livremente certos sais minerais. Além disso, graças a uma espécie de bomba situada nesta membrana, a célula bacteriana pode absorver e concentrar certos compostos, como os açúcares, que encontra no meio e que são necessários a seu metabolismo. A estrutura da membrana e o mecanismo destas bombas ainda são mal conhecidos. Mesmo no microscópio eletrônico, só se distingue no interior da bolsa um pequeno número de estruturas definidas. Na região central, aparece uma massa bastante densa formada, ao que parece, por fibras dobradas sobre si mesmas, enroscadas em meadas: é a longa fibra que contém o programa genético. Além disso, a bolsa só parece conter alguns milhares de grânulos, de tamanho homogêneo, em forma de esferas: é aí que as proteínas são sintetizadas.

Abrindo a bolsa, o químico encontra milhares de espécies moleculares. Mas por seu tamanho, elas não formam uma série contínua. Podem ser agrupadas em duas categorias bem distintas. Quase a metade é formada por moléculas muito pequenas que não ultrapassam quinhentas ou seiscentas unidades de peso molecular. A outra metade, ao contrário, compreende apenas moléculas muito grandes, superiores a dez ou vinte mil. Entre as duas não há intermediários. Surpreendente à primeira vista, esta repartição se explica pela maneira como a célula elabora seus componentes. Construir as enormes arquiteturas moleculares peça por peça, átomo por átomo, representa uma tarefa ao mesmo tempo muito complexa e muito custosa, mesmo para a célula. Esta procede, portanto, em duas etapas. Em um primeiro momento, os elementos retirados do meio são combinados através de uma série de transformações. Um a um ou em grupos, estão constantemente sendo trocados, deslocados, adicionados ou diminuídos. Esta primeira parte do trabalho consiste essencialmente em ligar entre si átomos de carbono. Elaboram-se assim esqueletos de estruturas variadas, alongadas ou fechadas sobre si mesmas, às quais outros átomos se juntam. Toda esta atividade desencadeia muitas centenas de reações. Mas acaba produzindo um número limitado de pequenos compostos, no máximo algumas dezenas. No segundo momento da química celular, as pequenas moléculas são reunidas para a produção das grandes. É através da polimerização de unidades ligadas de ponta a ponta que se formam as cadeias que caracterizam as macromoléculas. Cada operação química é então idêntica às outras: trata-se sempre de adicionar **uma unidade a** uma cadeia em formação. Variando o comprimento da cadeia, dispondo as unidades de acordo com uma ordem diferente, a célula constrói assim uma variedade considerável de grandes arquiteturas com um número limitado de radicais simples. Os dois tempos da química celular diferem portanto ao mesmo tempo por sua função, seus produtos, sua natureza. O primeiro esculpe unidades químicas, o segundo os reúne. O primeiro forma compostos que só têm existência temporária, pois constituem intermediários no processo da biossíntese; o segundo edifica produtos estáveis. O primeiro opera através de uma série de reações distintas; o segundo através da repetição da mesma.

É também por uma série de transformações que utilizam pequenos compostos que a célula bacteriana encontra a maneira de utilizar a energia que extrai do meio. Existe, no mundo das bactérias, muitas maneiras de conseguir energia: pela captura da luz solar, pela oxidação de produtos minerais ou de compostos orgânicos. Mas para acumular suas reservas e transferi-las, a célula bacteriana funciona como todos os seres vivos. É sempre o mesmo composto rico em fósforo que é utilizado. Sua síntese permite armazenar o potencial de energia recolhida; sua hidrólise, mobilizá-la quando necessário. Nosso colibacilo só sabe extrair sua energia da degradação de certos compostos orgânicos como os açúcares. Em uma molécula de açúcar, de glucose por exemplo, os átomos estão dispostos em uma estrutura bem definida, segundo uma ordem precisa no espaço. Destruindo a molécula e desorganizando sua estrutura, a célula bacteriana converte a ordem inicialmente contida na glucose em energia química. Esta é então utilizada para a síntese dos componentes bacterianos, isto é, para o estabelecimento de uma ordem molecular diferente, a da célula. A mobilização de energia se traduz portanto por uma transferência de organização, por uma conversão da ordem do meio em ordem da bactéria. Para degradar uma molécula de açúcar, a célula procede passo a passo, por uma série de reações sucessivas. A cada etapa, um quantum de energia é liberado e recolhido em forma de uma molécula deste composto rico em fósforo. Graças a esta destruição sistemática, as transferências de energia efetuam-se na célula com um rendimento considerável.

Procedendo-se por analogia, é evidentemente o modelo de uma fábrica química em miniatura que melhor descreve a célula bacteriana. Fábrica e bactéria só funcionam graças à energia recebida de fora. Todas as duas transformam, por uma série de operações, matérias-primas extraídas do meio em produtos fabricados. Todas as duas lançam os dejetos para fora. Mas a idéia de fábrica implica uma orientação dos esforços, uma direção do trabalho, uma vontade de produção; em suma, um objetivo a ser atingido, em torno de que articula-se a arquitetura e se coordenam as atividades. Qual pode ser então o objetivo da bactéria? Que procura ela produzir que justifica sua existência, determina sua organização e orienta seu trabalho? Aparentemente só há uma única resposta a esta questão. O que uma bactéria procura incansavelmente produzir são duas bactérias. Eis, ao que parece, seu único propósito, sua única ambição. A toda velocidade, a pequena célula bacteriana executa as quase duas mil reações que compõem seu metabolismo. Cresce. Pouco a pouco alonga-se. E quando chega o momento, divide-se. Onde havia um indivíduo, de repente há dois. Cada um torna-se então a sede de todas as reações químicas. Cada um constrói o conjunto das estruturas moleculares. Cada um cresce de novo. Alguns minutos mais tarde, cada um se divide para produzir dois indivíduos. E assim por diante, enquanto o permitam as condições de cultura. Há dois milhões de anos ou mais reproduzem-se bactérias ou algo semelhante. Toda a estrutura da célula bacteriana, todo seu funcionamento, toda sua química, se aprimoram com este único objetivo: produzir dois organismos idênticos a si mesmos, o melhor e o mais rápido possível, nas condições mais variadas. Se se quer considerar a célula bacteriana como uma fábrica, é preciso portanto considerá-la como uma fábrica de um tipo específico. Os produtos fabricados pela tecnologia do homem na verdade diferem totalmente das máquinas que as produzem e portanto da própria fábrica. Ao contrário, o que a célula bacteriana elabora são os próprios componentes e o que ela produz é, afinal de contas, idêntico a ela mesma. Se a fábrica produz, a célula se reproduz.

Os dois tipos de síntese efetuados pela célula viva, por modificações sucessivas ou por polimerização, não se distinguem fundamentalmente das que o químico orgânico realiza no laboratório. Nenhum material desconhecido, nenhuma reação, nenhuma ligação química que esteja fora do alcance do laboratório. Não somente o químico é capaz de preparar muitos dos compostos que se encontram na célula, como alguns se formam espontaneamente em condições que, ao que parece, deviam predominar na superfície da Terra antes do aparecimento dos seres vivos. É o que ocorre, por exemplo, quando soluções de sais minerais convenientemente escolhidos são "excitados" por descargas de energia, especialmente sob o efeito de raios ultravioleta. Nem nas matérias-primas, nem na natureza das reações, nem nos tipos de ligação formados há descontinuidade entre a química do vivo e a da matéria inerte.

Mas se o laboratório e a indústria estão em condições de produzir alguns dos compostos que caracterizam a célula, a que preço o conseguem! Uma aparelhagem custosa e incômoda, um rendimento deplorável, condições de temperatura, de pressão, de acidez quase sempre incompatíveis com a vida. Enquanto isso, nossa célula bacteriana efetua umas duas mil reações distintas, com uma virtuosidade ímpar, em um espaço minúsculo. Duas mil reações que divergem, se cruzam, convergem em toda velocidade sem jamais se confundirem; que produzem com exatidão, em qualidade e em quantidade, as espécies moleculares necessárias ao crescimento e à reprodução; tudo com um rendimento próximo aos 100%. Se a química do vivo difere da do laboratório, não é pela natureza do trabalho realizado, mas pelas condições de sua realização.

Entretanto, há muito tempo o segredo da célula é conhecido pelo químico: o emprego de catalisadores, isto é, de substâncias que, sem participarem da própria reação, sem serem quimicamente transformadas, ativam sua execução. A maior parte das reações químicas se produz espontaneamente mas com uma extraordinária lentidão, nas condições do laboratório ou da célula. O catalisador apenas aumenta sua velocidade. Mas se os catalisadores do laboratório são quase sempre desprovidos de especificidade e ativam reações muito diversas, os dos seres vivos são rigorosamente específicos. Para cada reação química na célula existe um catalisador particular, uma única enzima. Cada catalisador ativa uma das reações celulares e somente uma. Para efetuar suas duas mil operações químicas, a célula produz portanto duas mil espécies de enzimas. Estas pertencem a uma mesma família de moléculas, as proteínas. Todas as proteínas não são enzimas e algumas desempenham um outro papel na célula. Mas todas as enzimas são proteínas. Cada uma contém alguns milhares de átomos reunidos em uma ordem rigorosa. É a geometria da estrutura que lhe confere suas propriedades. A mudança de um único radical químico, o deslocamento de alguns átomos podem bastar para deformar a molécula e fazê-la perder sua função.

Toda a química da célula, sua precisão, sua eficácia baseiam-se portanto nas qualidades das quase duas mil proteínas-enzimas que catalisam as reações do metabolismo. Portanto, o que é reproduzido com exatidão em cada geração não é somente a célula bacteriana em seu conjunto. É cada uma das enzimas que regem sua química. É cada uma das espécies moleculares que a constituem. A extração e o estudo de uma proteína exigem uma cultura de ao menos um trilhão de bactérias. Uma só destas bactérias contém muitas milhares de espécies moleculares. Entretanto, quando o químico tenta isolar e purificar uma proteína a partir de uma tal mistura, ele consegue. Quando o mesmo químico procura analisar a composição da proteína e determinar a seqüência das unidades na cadeia, também consegue. Quando o cristalógrafo procura precisar a organização desta molécula e determinar a posição exata de cada átomo, também consegue. Tudo isto significa que os milhares de exemplares desta proteína, sintetizados por cada uma dos trilhões de bactérias, possuem exatamente as mesmas propriedades; que são constituídas exatamente pelas mesmas unidades e dispostas segundo a mesma seqüência; que têm exatamente a mesma estrutura, os mesmos átomos distribuídos da mesma forma. Em suma, significa que todas as bactérias da cultura produzem rigorosamente as mesmas espécies moleculares. Se há erros, são muitos raros para serem descobertos.

A permanência dos seres vivos através das gerações pode ser observada, portanto, não somente em suas formas, mas até no detalhe das substâncias que os compõem. Cada espécie química é reproduzida exatamente de uma geração a outra. Mas cada espécie não forma cópias de si mesma. Uma proteína não nasce de uma proteína idêntica. As proteínas não se reproduzem; organizam-se a partir de uma outra substância, o ácido desoxirribonucléico, o componente dos cromossomos. Apenas na célula este composto possui a propriedade de ser reproduzido por cópia de si mesmo, graças à singularidade de sua estrutura. Trata-se, com efeito, de um longo polímero formado não por uma, mas por duas cadeias enroladas em hélice uma ao redor da outra. Cada cadeia contém um esqueleto constituído alternativamente por um açúcar e um fosfato. A cada molécula de açúcar está ligado um outro radical químico retirado de um estoque constituído apenas por quatro espécies. Estas quatro unidades são repetidas milhões de vezes ao longo da cadeia, em combinações e permutações de uma variedade infinita. Por analogia, freqüentemente se compara esta seqüência linear à que articula os signos de um alfabeto ao longo de um texto. Trate-se de um livro ou de um cromossomo, a especificidade nasce da ordem em que são dispostas as unidades, letras ou radicais nucléicos. Mas o que confere a este polímero um papel único na reprodução é a natureza das relações que unem as duas cadeias. Cada unidade de uma associa-se a uma unidade da outra, mas não a qualquer uma. Neste sistema de ligações, a cada unidade de uma cadeia só pode corresponder uma das três outras unidades da segunda. Se se designa os quatro radicais nucléicos por A, B, C e D, a presença de um A em uma cadeia acarreta necessariamente a de um B na outra; frente a um

C sempre se situa um D. Os signos andam em pares, de forma que as duas cadeias são complementares. A seqüência de uma determina a seqüência da outra.

Graças às particularidades desta estrutura, a fibra de ácido nucléico é reproduzida rigorosamente. Como as duas cadeias são complementares, cada uma contém as particularidades da seqüência. A reprodução da molécula é então o resultado da separação das duas cadeias seguida da reconstituição, por cada uma delas, da cadeia que lhe é complementar. Como frente a um B só pode se situar um A, etc., não há ambigüidade alguma dificultando que cada cadeia dirija a síntese da seqüência complementar. Um pouco desconcertante pela simplicidade, este mecanismo dá origem e duas moléculas idênticas a partir da estrutura inicial. Reproduzir a fibra do cromossomo significa, de certa forma, recopiá-la signo por signo. As forças que intervêm no reconhecimento de cada unidade e de sua localização são as que regem a formação dos cristais. Para ligar cada radical ao precedente, para efetuar a química da polimerização, bastam algumas enzimas. Estas enzimas ainda são mal conhecidas. Uma delas, no entanto, foi isolada: a que copia um ácido desoxirribonucléico em um tubo de ensaio se lhe forem fornecidos os ingredientes necessários à reação, isto é, os quatro radicais de base. Descobriu-se também na célula bacteriana a existência de verdadeiros sistemas de reparação que, por assim dizer, "apalpam" as cópias formadas, verificando a fidelidade e corrigindo certos erros.

A fibra nucléica, único dos componentes bacterianos que é recopiado, perpetua a estrutura das outras espécies químicas através das gerações. Seu papel consiste, com efeito, em dirigir a síntese das proteínas, em guiar a organização. Um gen particular corresponde a um segmento particular da cadeia nucléica, onde estão cifradas, em um sistema de numeração de base quatro, as instruções necessárias à edificação de uma proteína particular. Ácido nucléico e proteína são polímeros lineares. Cada um é caracterizado pela seqüência das unidades que contém, pela ordem em que estas unidades estão dispostas ao longo da cadeia. O ácido nucléico impõe a seqüência da proteína. A ordem das unidades nucléicas determina a das unidades protéicas. Este é um processo de sentido único, pois a transferência de informações efetua-se sempre em uma mesma direção, do ácido nucléico para a proteína, jamais no sentido inverso. Mas se a combinatória nucléica emprega apenas quatro unidades químicas, a das proteínas utiliza vinte. A atividade do gen, a execução das prescrições para a síntese da proteína, exige portanto uma transformação unívoca de um sistema de símbolos em outro.

A antiga representação do gen, visto pela genética clássica como estrutura integral em forma de rosário, foi substituída pela de uma seqüência linear de unidades químicas, de um cristal aperiódico, como os físicos haviam predito. A imagem que melhor descreve nosso saber sobre a hereditariedade é a de uma mensagem química. Mensagem escrita não com ideogramas, como no chinês, mas com um código do tipo morse. Assim como uma frase constitui um segmento de texto, um gen corresponde a um segmento de ácido nucléico. Nos dois casos, um símbolo isolado não representa nada; só a combinação dos signos adquire um "sentido". Nos dois casos, uma determinada seqüência, frase ou gen, começa e termina por sinais especiais de "pontuação". A transformação da seqüência nucléica em seqüência protéica se parece com a tradução de uma mensagem que chega cifrada em morse mas que só adquire sentido depois de traduzida em português, por exemplo. Efetua-se por meio de um "código" que fornece a equivalência dos signos entre os dois "alfabetos".

A atividade dos gens e a ordenação das unidades nas cadeias protéicas representam, portanto, um trabalho muito mais sutil que sua reprodução, a ordenação das unidades nucléicas. Para a tradução e a formação das ligações químicas da proteína, a célula bacteriana utiliza uma aparelhagem muito complexa. As sínteses de proteínas efetuam-se em duas etapas sucessivas, pois as unidades protéicas são reunidas e polimerizadas não diretamente no gen, mas nos pequenos grânulos situados no citoplasma, que constituem verdadeiras cadeias de montagem. O texto nucléico do gen é primeiro transcrito, com o mesmo alfabeto de quatro signos, em outra espécie de ácido nucléico. Esta cópia, designada pelo nome de "mensageiro", associa-se aos grânulos do citoplasma dando-lhes as instruções que lhes permitem reunir as unidades protéicas segundo a ordem ditada pela dos elementos nucléicos. Efetua-se então a tradução do texto genético recopiado na mensagem graças à intervenção de outras moléculas, chamadas "adaptadores". Estes dispõem as unidades protéicas apropriadas frente às unidades nucléicas, estabelecendo assim uma correspondência unívoca entre os dois alfabetos. Munidos de seus adaptadores, os grânulos se deslocam de uma extremidade à outra do mensageiro, como a cabeça de leitura de um gravador ao longo de uma fita. As unidades protéicas são assim colocadas na ordem prescrita pelo gen. Sucessivamente, cada uma delas é ligada à precedente por uma mesma ligação química. A cadeia é assim sintetizada pouco a pouco, de uma extremidade à outra.

Hoje, o código genético é quase que totalmente conhecido. Cada unidade protéica corresponde a uma combinação particular de três unidades nucléicas, a um terno. Como existem sessenta e quatro combinações de três unidades nucléicas escolhidas entre as quatro, a célula contém um "dicionário" de sessenta e quatro termos genéticos. Dois ou três dos ternos asseguram a pontuação, isto é, indicam, no texto nucléico, o começo e o fim das seqüências que correspondem às cadeias protéicas. Cada terno nucléico "significa" uma unidade protéica. Como o número destas unidades protéicas limita-se a vinte, cada uma corresponde a muitos ternos, a muitos sinônimos no dicionário nucléico, o que permite que haja alguma flexibilidade na estrutura da hereditariedade. Todos os organismos, do homem à bactéria, são capazes de interpretar corretamente qualquer mensagem genética. O código genético parece ser universal e sua chave conhecida por todo o mundo vivo.

Depois de as unidades protéicas terem sido ordenadas e suas ligações formadas, a cadeia dobra-se sobre si mesma constituindo um desenho de rara e única complexidade. A proteína adquire assim sua forma definitiva, conferida por suas propriedades particulares, seja a de catálise ou outra qualquer. Esta transformação de uma estrutura de uma dimensão em outra de três ainda não é conhecida detalhadamente. Ao que parece, não exige nenhum fator particular além dos que intervêm na síntese. Parece realizar-se espontaneamente pelo jogo das interações que se estabelecem entre os radicais químicos distribuídos ao longo da cadeia. Alguns agrupamentos de átomos se atraem, outros se repelem, mas basta que se constitua a seqüência para que se transforme livremente em uma determina articulação no espaço, em uma configuração rigorosamente definida. Pode-se desnaturalizar as proteínas notadamente sob a ação de certos compostos. A molécula perde então sua forma; se desdobra e volta ao estado de cadeia alongada. Colocadas novamente em condições fisiológicas, certas cadeias retomam sua estrutura específica e outras não. Ao que parece, estas só adquirem sua configuração durante a síntese, pela formação de algum "núcleo" em torno do qual se organiza o resto da molécula. Mas, em todos os casos, é unicamente pelo efeito de interações físicas que esta etapa fundamental da reprodução das moléculas se realiza: a transformação do plano em edifício, a conversão do potencial em funcional.

A célula bacteriana contém uma só molécula de ácido desoxiribonucléico, uma longa fibra em que estão alinhados uns dez milhões de signos. Seu comprimento, superior a um milímetro, é quase mil vezes superior ao diâmetro da célula na qual ela se enrola e se enrosca formando um novelo. Durante o crescimento bacteriano, a fibra só se reproduz uma vez por geração e cada uma das duas bactérias formadas pela divisão celular recebeu um exemplar. Esta molécula de ácido nucléico produz o "cromossomo" da bactéria, que contém todos os gens necessários para determinar a organização e o funcionamento da célula bacteriana. O sistema portanto se organiza em função de um objetivo: levar a bactéria a produzir duas, sendo que cada uma, contendo um exemplar do cromossomo, torna-se por sua vez capaz de produzir duas bactérias.

O que está cifrado ao longo da cadeia nucléica e que é recopiado signo por signo para ser escrupulosamente transmitido de geração em geração é a coleção dos planos detalhando as arquiteturas da célula bacteriana, é o conjunto das prescrições que permitem construir minuciosamente a série dos edifícios protéicos. O programa não é transcrito e traduzido de uma só vez, mas por segmentos. A leitura da mensagem pode ser comparada não à de um rolo que se desenrolaria de um extremo a outro, mas sobretudo à de um livro de instruções cujas páginas são consultadas em função das necessidades. Certas regiões do programa contêm diretrizes que remetem a outras regiões de acordo com as circunstâncias e especificam a conduta que se deve ter em uma determinada situação. Por exemplo, na página 35 encontram-se as instruções: construir o aparelho que permite descobrir no meio da cultura a presença do açúcar galactose; se houver, executar as direções prescritas na página 241; caso contrário passar adiante. Ou ainda, a página 428 fornece os planos para a construção de um aparelho para medir, no citoplasma, a concentração de um metabolito essencial, a arginina; se esta concentração ultrapassa um certo nível, não fazer nada; se ela não o atinge, executar as instruções previstas nas páginas 19, 64, 155, 601 e 883. A maior parte das situações que um colibacilo pode enfrentar é prevista na mensagem. O programa também contém os planos de todas as peças necessárias para fazer uma bactéria e dá a esta os meios para enfrentar as dificuldades da vida cotidiana. Mas isto é apenas um programa. Nos processos que conduzem a recopiar a seqüência nucléica, para a reprodução ou para as sínteses protéicas, o ácido desoxiribonucléico desempenha o papel passivo de uma matriz. Fora da célula, sem os meios de executar os planos, sem aparelhagem de cópia ou de tradução, ele permanece inerte, assim como permanece inerte uma fita fora do gravador. Da mesma forma que a memória de uma calculadora, a da hereditariedade não age por si mesma. A mensagem genética funciona somente no interior da célula e não faz nada sozinha. Pode apenas guiar quem faz. Para que as máquinas sejam produzidas a partir dos planos, é preciso máquinas. Nenhuma das substâncias que se pode extrair da célula tem a propriedade de se reproduzir. Só a bactéria, a célula intacta é capaz de crescer e de se reproduzir, pois só ela possui ao mesmo tempo o programa e o modo de emprego, os planos e os meios de executá-los.

A regulação

Estes meios de execução são as proteínas. Todas as atividades da célula, sua arquitetura e sua integração se baseiam em suas propriedades. As proteínas não atuam formando ligações químicas, mas associando-se a outros compostos. Sua estrutura lhes confere uma virtude única: a de "reconhecer" com exatidão uma ou mais espécies químicas unicamente na mistura mais heterogênea. A precisão desta escolha e sua especificidade determinam as relações que se estabelecem entre os componentes da célula. Elas regulam toda a sua química.

Se uma enzima catalisa a transformação de um determinado metabolito, e somente deste metabolito, é porque nas anfractuosidades de sua superfície existe uma espécie de núcleo onde se encaixa exatamente aquela espécie molecular e só ela. Estando o substrato alojado em seu lugar, alguns de seus átomos são submetidos às ações exercidas pelos radicais da proteína que se encontram ao redor, perturbando as forças que unem certos átomos do substrato e ocasionando mudanças e uma ruptura, por exemplo, em algumas ligações. O produto assim formado não se adapta mais exatamente ao nicho da proteína, abandona sua cavidade, deixando a proteína intacta e o lugar livre para uma nova molécula de substrato. Tudo isto ocorre em uma ínfima fração de segundo. O segredo desta química reside na precisão das unidades químicas e na adaptação de cada enzima a seu substrato. Deles dependem a eficácia e a velocidade das reações. Um metabolito, reconhecido apenas por uma enzima, segue necessariamente uma determinada via química, imposta pela atividade catalítica da enzima. Em contrapartida, esta está perfeitamente "informada" a respeito da natureza de uma espécie química e ignora as outras. Sua estrutura determina ao mesmo tempo sua escolha e sua interação. Uma enzima possui assim as propriedades que Maxwell atribuía a seu demônio[370]: nesta mistura de compostos que a célula contém, ele "vê" uma espécie molecular capaz de abrir-lhe as portas da reação. O rigor da ordem que caracteriza as trocas de matéria e de energia na célula baseia-se na segurança desta triagem.

A especificidade das interações estabelecidas por certas proteínas, entre si ou com outros compostos, determina também a arquitetura da célula. Apesar de sua relativa simplicidade, a célula bacteriana contém uma tal diversidade de espécies químicas, apresenta um tal grau de complexidade que é difícil perceber a articulação em seu conjunto. Mas se começa a compreender o que determina a forma de objetos mais simples, como os vírus. Um vírus é uma partícula constituída por um fragmento de ácido nucléico fechado em uma casca de proteína. Desprovido de enzimas e da aparelhagem química necessária às sínteses e à mobilização da energia, o vírus não pode se reproduzir por si mesmo, mas unicamente no interior de células que infecta e cuja máquina utiliza em seu próprio benefício. Somente em uma célula as instruções contidas no ácido nucléico do vírus podem ser colocadas em execução: as proteínas de vírus são sintetizadas, seu ácido nucléico recopiado; as peças separadas, fabricadas deste modo, são em seguida articuladas, formando novas partículas de vírus. Liberadas, podem então infectar outras células. Portanto, um vírus se multiplica não por crescimento e divisão, como uma célula, mas pela produção independente de seus componentes que são finalmente reunidos para reconstituir a partícula. Vê-se portanto que um vírus possui certas propriedades de um sistema vivo, mas não todas. Pode se disseminar, se multiplicar e sofrer mutações. Pode dirigir a produção de proteínas viróticas que influenciam em seu favor o meio em que se encontram. Pode portanto ser o objeto de uma evolução por seleção natural. Mas, em contrapartida, só pode colocar em execução seu programa genético e se reproduzir em um meio que já seja capaz de efetuar as operações do metabolismo, de produzir energia e sintetizar os polímeros, isto é, em uma célula. Não se pode portanto considerar um vírus como um organismo. Fora da célula, a partícula virótica não passa de um objeto inerte. Só o sistema célula-vírus possui todas as propriedades do vivo. A infecção virótica é a ruptura da ordem celular que tem como conseqüência a irrupção de uma mensagem química estranha.

---

370 Wiener, *Cybernetics,* 2.ª ed., 1961, p. 58.

Existe uma grande variedade de vírus, de tamanhos e formas diversas. Nos menores, o ácido nucléico só contém alguns milhares de unidades de base, o suficiente para ordenar a seqüência de três ou quatro cadeias protéicas. A casca protéica destes pequenos vírus, em forma de bastonetes ou de esferas, é constituída pela reunião de vários exemplares de uma mesma molécula. A arquitetura do vírus é definida pela reunião destas moléculas idênticas. Pode-se isolar e purificar as proteínas da casca virótica. Colocadas em solução sob certas condições, as moléculas desta proteína se associam por um processo semelhante à cristalização e dão origem a partículas de forma idêntica à do vírus. Se a solução de proteína contém também moléculas de ácido nucléico, o vírus se reconstitui e as partículas formadas são infecciosas. É ainda a estrutura específica da proteína, uma determinada disposição de seus átomos, que lhe confere o poder de associar-se eletivamente a outras proteínas idênticas em um edifício de simetria e forma rigorosamente definidas. As moléculas desta proteína se reconhecem e se ordenam segundo uma determinada geometria por motivos específicos. Para estabelecer a forma não se exige nenhum molde, nenhuma fonte de energia, nenhuma força particular, a não ser as ações entre grupos de átomos graças a que os cristais se organizam e crescem no mundo não vivo. As mesmas interações intervêm para elaborar a forma dos vírus mais complexos, constituídos, por exemplo, por uma cabeça poliédrica ligada a uma cauda alongada. Muitas espécies de proteínas, e não mais uma só, devem então ordenar-se e encaixar-se umas nas outras, formando unidades simetricamente repetidas a fim de edificar a arquitetura complexa que contém o ácido nucléico. O mesmo ocorre com as organelas da célula e com os grânulos do citoplasma onde se efetua a tradução da linguagem nucléica em linguagem protéica e a reunião das proteínas. E também com os flagelos que ornam o contorno da pequena célula bacteriana.

Inúmeras formas que admiramos nas células apresentam as mesmas propriedades que os cristais. A cristalização implica uma união dos semelhantes, uma geometria rigorosamente ordenada pelas forças que organizam e unem entre si moléculas idênticas. Trate-se de partículas, de folhetos, de fibras ou de túbulos, a maior parte das estruturas que o microscópio revela apresentam estas características. Não se conhece ainda a organização molecular das organelas mais complexas da célula, especialmente a membrana. Mas de agora em diante tem-se certeza de que a edificação destas organelas não utiliza nenhum princípio misterioso, não requer nenhuma força desconhecida da física, não exige nenhum fator que não esteja contido na própria estrutura dos componentes. A diversidade e a beleza das formas, esta admirável geometria dos seres vivos, parece basear-se em um fenômeno conhecido há muito tempo: a formação dos cristais. Novamente há diferença entre o mundo vivo e o mundo inanimado: diferença de complexidade, não de natureza. A integração da célula bacteriana baseia-se nas propriedades de certas proteínas e em sua capacidade de reconhecer eletivamente outras espécies moleculares. Em um sistema tão complexo, só a coordenação dos elementos dá unidade ao sistema. Formada por alguns milhares de espécies moleculares, sede de milhares de reações químicas que ocorrem simultaneamente a toda velocidade, a célula bacteriana não pode formar uma totalidade funcional sem uma estreita coesão de seus componentes. Todas as trocas de matéria e de energia devem ser detalhadamente regradas para que o desígnio da bactéria possa se cumprir: produzir duas bactérias. A pequena célula bacteriana não poderia ser, portanto, uma simples coleção de espécies moleculares fechadas em uma bolsa e submetidas às leis estatísticas que regem os elementos simplesmente justapostos e independentes uns dos outros. É preciso uma rede de comunicação para manter informados os componentes que estão afastados uns dos outros em escala atômica e para dirigir as atividades particulares em função do interesse geral e do objetivo comum. Em todas as etapas da química celular intervêm circuitos de regulação para coordenar as reações e adequá-las às exigências da produção. Com um pequeno gasto de energia, a célula adapta seu trabalho a suas necessidades. Ela só produz o que necessita e quando necessita. A fábrica química é inteiramente automática.

Coordenar as atividades químicas da célula significa antes de tudo colocar em funcionamento ou, ao contrário, deter as cadeias de reações de acordo com as condições presentes. Significa fornecer permanentemente aos agentes de execução informações sobre suas próprias atividades para que se adaptem à situação. Significa estabelecer interações entre os componentes estranhos do ponto de vista da estrutura, mas unidos pela função. Só há integração na medida em que a rigidez das instruções prescritas no programa genético é corrigida pela flexibilidade das informações recolhidas sobre a situação local, sobre o estado do sistema, sobre a natureza do meio. Este jogo entre o que é necessário fazer e o que é feito determina a todo momento a atividade de cada componente. É a existência destas interações que libera o sistema de suas limitações termodinâmicas e lhe dá o poder de lutar contra a tendência mecânica para a desordem. Isto exige que aos órgãos de execução estejam atrelados, para dirigi-los, órgãos de percepção capazes de "sondar" o mundo exterior, de descobrir a presença de certos compostos que agem como sinais, de medir sua concentração. Este papel corresponde a certas proteínas, chamadas de regulação, às quais sua estrutura confere propriedades específicas. Estas proteínas são, com efeito, capazes de associar-se seletiva e reversivelmente não a uma, mas a duas ou muitas espécies moleculares que, diferindo por sua natureza e sua estrutura, não manifestam entre si nenhuma reatividade química. Somente por meio da proteína reguladora pode-se estabelecer uma interação particular entre estes corpos: deixados a si mesmos, quimicamente se ignorariam. Estas proteínas constituem, por assim dizer, estruturas de duas cabeças: a primeira permite à proteína reconhecer uma determinada espécie química e realizar assim uma função, seja a de catálise ou outra qualquer; a segunda permite fixar um composto totalmente diferente que modifica a configuração da proteína e que, por isso mesmo, muda as propriedades da primeira cabeça. De acordo com a presença ou a ausência deste composto, com a concentração que atinge na célula, a proteína oscila entre dois estados: de atividade ou de não-atividade. É portanto este composto que, por suas variações, modula o funcionamento da proteína e, ao mesmo tempo, o da cadeia de reações da qual ela faz parte. De certa forma, age como um sinal químico para colocar a proteína em posição de "andar" ou de "parar". Estas proteínas de regulação desempenham portanto um papel de adequação entre as diferentes funções da célula, entre as milhares de reações que concorrem para armazenar ou para mobilizar a energia e o potencial químico. O que confere valor a estas interações é que estão livres das principais limitações que pesam sobre as reações químicas: sendo reversíveis e não realizando verdadeiras ligações químicas, só utilizam energias de ativação fracas ou nulas; não estando sujeitas a regras de afinidade e de reatividade químicas, realizam uniões entre quaisquer espécies moleculares. A natureza das interações e sua possibilidade de existência dizem respeito apenas à organização da molécula protéica, isto é, de uma seqüência nucléica. Sem estes agentes de união, sem estas proteínas de múltiplas cabeças, a coordenação da célula enfrentaria dificuldades insuperáveis, tanto de estrutura química quanto de termodinâmica. É pela presença destas estruturas que se estabelece uma rede de comunicação entre célula e meio, entre gens e citoplasma, entre pares de componentes sem afinidade química.

Em torno destas proteínas dispõem-se os circuitos de regulação. Como em eletrônica, os mesmos elementos podem articular-se formando uma variedade de circuitos e desempenhar a função imposta pela circunstância. Certas proteínas de regulação revelam a presença de um metabolito específico no meio de cultura. Mas o efeito resultante varia segundo a natureza deste composto e seu papel na economia da célula. Caso se trate, por exemplo, de um açúcar que pode fornecer energia, sua presença logo desencadeia a síntese das enzimas que o degradam. Caso se trate, ao contrário, de um metabolito essencial que a célula pode produzir, sua presença no meio de cultura detém instantaneamente a formação das enzimas que concorrem para sua própria síntese. Em uma cadeia de reações, os agentes de execução são a todo momento informados pelo produto final a respeito do resultado de sua atividade, dando-lhes condições para adaptá-la. Cada metabolito sintetizado pela célula adapta sua própria produção por meio de um dispositivo de retroação.

Como os relés das máquinas eletrônicas, as proteínas de regulação só reagem à presença de um sinal químico quando esta ultrapassa um certo limiar. Sua resposta provém da oscilação da proteína entre dois estados possíveis. Representa uma escolha entre os dois termos de uma alternativa, atividade ou não-atividade, andar ou parar, sim ou não. Tudo o que a proteína pode revelar, com efeito, é a presença ou a ausência de um determinado composto, de uma determinada unidade química. Tais sistemas binários funcionam em todos os níveis do metabolismo para coordenar sua diversidade. A todo momento intervêm para adaptar as funções às necessidades da célula e ao estado do meio; para ajustar as atividades de catálise nas cadeias de reação; para determinar que gens devem ser traduzidos em proteínas; para autorizar, apenas uma vez em cada geração, a reprodução do cromossomo; para coordenar a divisão da célula. A integração desta, a coesão de suas atividades baseiam-se portanto inteiramente na existência destas estruturas protéicas, produtos da seleção natural. Todas as interações imagináveis entre as espécies moleculares mais distantes podem se estabelecer com a condição de que exista a estrutura protéica conveniente. De fato, observam-se as conexões mais inesperadas quimicamente, mas as mais eficazes logicamente. Quando se discerne uma via metabólica nova e quando se desvela sua regulação, esta infalivelmente confere à célula eficácia de funcionamento e economia de meios. É exatamente o gênero de vantagem que favorece ao máximo a reprodução. A lógica do sistema de regulação baseia-se na ambição da bactéria de produzir duas com o menor gasto possível.

Quando se analisa, portanto, as funções de nossa célula bacteriana, sua morfologia ou sua integração, é sempre a família de proteínas que ocupa o primeiro lugar. Entre elas encontram-se tanto os agentes de execução quanto as peças da estrutura ou os órgãos dos sentidos. Seja qual for seu papel, as proteínas se caracterizam por unirem-se seletivamente a outros compostos, o que os químicos chamam de associações "não covalentes" que não constituem verdadeiras ligações químicas. O que lhes dá uma posição privilegiada na célula é seu poder de reconhecer especificamente certas unidades químicas em uma mistura, seja qual for a complexidade desta última. Por isto mesmo, as proteínas estão em condições de "apalpar" as espécies químicas, de "sondar" a composição do meio, de "perceber" estímulos específicos de todo tipo. "Conhecendo" somente eles, as proteínas escolhem seus associados. Em todos os níveis, as proteínas funcionam como os demônios de Maxwell para lutar contra a tendência mecânica à desordem. Detêm o "saber" necessário para manter a organização da célula.

A existência de cada interação decorre unicamente da estrutura da proteína correspondente. Isto significa que tanto a anatomia da célula bacteriana quanto sua fisiologia baseiam-se quase exclusivamente nas particularidades de algumas seqüências protéicas. Significa também que a reprodução destas estruturas e de todo o sistema só é possível na medida em que a ordem molecular de três dimensões é inteiramente determinada por outra ordem de uma dimensão. A dificuldade de copiar uma arquitetura no espaço já fora assinalada por Buffon. Mas ela pode ser encontrada em todos os níveis, tanto nas formas visíveis quanto nas moléculas. A biologia molecular substituiu o modelo de um molde interior pelo de uma mensagem linear. Pois, de todas as articulações de elementos materiais, a seqüência é sem dúvida alguma a que pode ser reproduzida mais fielmente e com menores gastos. Considerando-se a disposição dos caracteres em um organismo ou a dos átomos em uma molécula, só há uma maneira de representar a reprodução de um objeto: a colocação de cada elemento na cópia deve ser guiada por seu homólogo no original. Só há possibilidade de reproduzir algo na medida em que cada singularidade pode ser localizada, em que cada motivo, cada detalhe significativos podem ser reconhecidos. O que não acontece com uma estrutura de três dimensões, em que só a superfície é acessível e não a profundidade. O crescimento limita-se então à superposição de elementos novos nas regiões acessíveis da estrutura. É o próprio mecanismo que rege a formação de um cristal pela repetição monótona de uma mesma unidade. Ao contrário, pode-se perfeitamente conceber a reprodução de uma superfície, cujos detalhes estão todos à mostra. Em teoria, nada se opõe, por exemplo, à reprodução exata de uma matriz de duas dimensões; ou melhor, de duas matrizes, cada uma representando a imagem da outra em um espelho. Na prática, entretanto, a cópia de uma tal estrutura representa uma operação de complexidade muito superior à de uma simples seqüência. O que dá à reprodução das moléculas sua eficácia, o que talvez até mesmo a tenha tornado possível, é a existência de uma relação unívoca entre dois sistemas de ordem: por um lado, a dupla seqüência nucléica que permanece sempre linear e que se recopia sem dificuldade; por outro, a seqüência protéica que se converte espontaneamente e sem ambigüidade em estruturas específicas de três dimensões. A complexidade no espaço pode se reproduzir porque baseia-se na simplicidade de uma seqüência. No mundo vivo, a ordem da ordem é linear.

A cópia e o erro

Em princípio, o número das seqüências nucléicas possíveis, portanto o número das arquiteturas protéicas, é quase ilimitado. Ainda não se conhece bem as restrições de estrutura que certas limitações físicas podem impor. Mas, de todo modo, o que é possível excede bastante tudo o que foi realizado. A pequena célula bacteriana contém apenas alguns milhares de espécies protéicas; mas cada uma delas está perfeitamente adaptada à sua função; cada uma delas dá, com uma precisão e um rendimento admiráveis, sua contribuição ao projeto do organismo de produzir dois. O que a análise da célula bacteriana revela atualmente é o resultado das reproduções que se sucederam durante dois bilhões de anos; é o corte que nossa época realiza na cadeia da evolução. Esta certamente não atua nem sobre os componentes da bactéria, nem mesmo sobre a bactéria em sua totalidade, mas sobre grandes populações. Entretanto, a própria natureza de seu mecanismo leva a evolução a ocupar-se dos detalhes, a testar cada uma das estruturas moleculares, a adaptá-las cada vez mais a suas funções. Com seres simples como as bactérias, o único critério conhecido pela seleção natural é a velocidade de multiplicação. E na corrida para formar uma descendência, tudo se paga; a menor falha, o menor atraso, o menor desvio, contanto que sejam hereditários. É uma lei sem apelação nem piedade. Por menor que seja, qualquer diferença de estrutura, portanto de função, tem quase inevitavelmente uma repercussão evolutiva ao repetir-se em cada geração. Aparecendo uma estrutura capaz de fixar muitos metabolitos, estabelecendo-se assim alguns circuitos de regulação, a reprodução do cromossomo que os determina é favorecida. A seleção natural escolhe entre os organismos que existem. Mas, *a posteriori*, é como se ela escolhesse uma por uma as espécies químicas que constituem a bactéria; como se esculpisse cada molécula, esmerando-se em cada detalhe.

O que se inscreve no programa genético é portanto o resultado de todas as reproduções passadas; é a acumulação dos sucessos, pois os vestígios dos fracassos desapareceram. A mensagem genética, o programa do organismo atual, aparece portanto como um texto sem autor, que um revisor reviu durante mais de um bilhão de anos, melhorando-o, aprimorando-o, completando-o incansavelmente, eliminando pouco a pouco todas as imperfeições. O que hoje é recopiado e transmitido para assegurar a estabilidade da espécie é este texto transformado sem cessar pelo tempo. E o tempo, aqui, é o número de cópias sucessivas da mensagem, o número de gerações que, desde um longínquo ancestral, conduziram à nossa célula bacteriana. Provavelmente jamais conheceremos detalhadamente os caminhos seguidos pela evolução. Não há a menor possibilidade de identificarmos cada uma das etapas pelas quais, em talvez alguns bilhões de gerações, os átomos pouco a pouco se organizaram para chegar ao formidável edifício constituído pela célula bacteriana. Podemos estar certos de que ao menos certos mecanismos revelados pela análise da genética e da biologia molecular atuam na variação e na evolução dos seres vivos. Entretanto, é difícil determinar seu papel e avaliar sua importância.

O que talvez mais nos espante nas operações realizadas pela célula bacteriana é sua fidelidade. Milhares de reações ocorrem com uma precisão e uma segurança muito superiores a tudo o que a tecnologia e a indústria podem realizar. Existem na célula até mesmo mecanismos especializados em localizar defeitos e encarregados de corrigi-los. Nesta precisão baseiam-se a manutenção do sistema e sua constância através das gerações. É ela que afasta o organismo da desagregação que espreita inevitavelmente todo sistema mecânico. No cômputo geral, os fracassos suficientemente importantes para ocasionar a morte da célula ou sua incapacidade de se reproduzir não atingem mais de uma bactéria em mil durante o crescimento. Mas segurança não significa infalibilidade. Aqui e ali acabam ocorrendo raros erros. Podem-se distinguir dois grupos, determinados pelo fato de alterarem as próprias instruções genéticas ou de atrapalharem sua execução. Neste último caso, os erros podem inserir-se nas operações de transcrição e sobretudo de tradução, que utilizam uma aparelhagem complexa. Por exemplo, um acidente na colocação de uma unidade protéica em relação a um terno nucléico que possui um outro sentido no dicionário. Incorreta pela mudança de um só símbolo, a seqüência pode dar origem a uma proteína modificada, incapaz de assegurar a função que lhe cabe. Mas os erros deste tipo são raros, pois é possível purificar uma proteína e estabelecer a seqüência exata de suas unidades sem originar ambigüidade. São quase sempre inofensivas para a célula, pois pouco importa a esta produzir uma ou duas moléculas de enzima defeituosas nas mil que fazem o mesmo trabalho. Tratam-se de defeitos de fabricação, são acidentes sem conseqüência para a espécie.

Só os erros que ocasionam uma mudança da mensagem genética, isto é, as mutações, podem ter conseqüências importantes para a espécie. Pois, uma vez aparecidas, são fielmente recopiadas de geração em geração. As bactérias permitem analisar as mutações, sua origem e sua expressão, com uma facilidade e uma eficácia desconhecidas nos outros organismos. Com efeito, pode-se exercer uma impiedosa pressão seletiva sobre populações enormes, na direção desejada. O geneticista pode, assim, fazer surgir os mais raros mutantes. Basta colocar alguns bilhões de organismos contidos em uma gota de cultura em condições em que só o mutante esperado seja capaz de se multiplicar. Torna-se então fácil medir a freqüência das mutações; precisar seu mecanismo; pesquisar uma eventual ligação de causa e efeito entre a função e a estrutura. A natureza das mutações é imposta pela própria organização do texto químico. Há mutação quando o sentido do texto é alterado, quando é modificada a seqüência nucléica pela qual é prescrita uma seqüência protéica, portanto uma estrutura que desempenha uma função. As mutações resultam de erros semelhantes aos introduzidos em um texto por um copista ou um impressor. Como um texto, uma mensagem nucléica pode ser modificada pela mudança de um signo por um outro, pela retirada ou pela adição de um ou mais signos, pela transposição de signos de uma frase para outra, pela inversão de um grupo de signos, em suma, por qualquer acontecimento que altere a ordem preestabelecida.

Estes acontecimentos se caracterizam pelo fato de não poderem ser orientados em uma direção precisa, nem pelo meio nem por um componente da célula. As mudanças do texto químico acontecem não pela modificação de uma seqüência previamente escolhida, mas às cegas. Pelo emprego de certos reativos ou de certas irradiações, conhecidos por transformarem um determinado radical químico, é possível atingir seletivamente uma das quatro unidades nucléicas, provocar a mudança de uma letra do texto por uma outra, por exemplo, transformar um B em um A. Mas o signo B é repetido milhões de vezes ao longo da cadeia; existe em inúmeros exemplares em cada segmento da mensagem, em cada gen. O reativo químico não pode escolher um B determinado; atua ao acaso, transformando qualquer um dos milhões de B em A. Com efeito, a única molécula capaz de conhecer a seqüência nucléica para estabelecer ordem durante a cópia é o próprio ácido nucléico. Nos processos de síntese protéica, a transferência de informação efetua-se sempre em sentido único, do ácido nucléico para a proteína, nunca em direção inversa. Não existe na natureza nenhuma espécie molecular capaz de modificar a seqüência nucléica de forma planejada, nem entre as enzimas que servem para alinhar as unidades nucléicas com o objetivo de copiar a matriz, nem entre as proteínas de regulação que situam os segmentos nucléicos em posição de "andar" ou de "parar". Estas moléculas têm o poder de estabelecer associações com o ácido nucléico, não de modificar as seqüências da mensagem em função de uma significação que ignoram. Pela própria natureza do material genético e das relações que ele estabelece com os outros componentes da célula, nenhuma espécie molecular tem meios de mudar o plano que decide a respeito de sua própria arquitetura. Isto significa que um gen não pode ser transformado tomando como referência a função que ele comanda. Espontâneas os artificialmente provocadas, as mutações sempre modificam ao acaso a ordem de uma seqüência escolhida ao acaso no interior do programa genético. Todo o sistema está organizado para que seus erros sejam cegos. Não há na célula componente algum para interpretar o programa em seu conjunto, para "compreender" uma seqüência e em conseqüência modificá-la. Os elementos que traduzem o texto genético só compreendem a significação dos tripletos considerados separadamente. Aqueles que, ao reproduzi-lo, poderiam mudar o programa, não o compreendem. Se existisse uma vontade para modificar o texto, ela não disporia de nenhum meio de ação direta. Teria que passar pelo longo desvio da seleção natural.

Cada mutação, cada erro de cópia atinge um ou muitos signos do texto genético. Cada uma modifica um ou muitos gens. Daí a alteração de uma ou de muitas proteínas. De acordo com a "utilidade" destas estruturas, de acordo com o fato de favorecerem ou não o desígnio da bactéria de se reproduzir, o mutante terá ou não vantagens em relação aos seus congêneres. Evidentemente, o conjunto das estruturas e das funções que hoje se encontra em um organismo colocado em condições parecidas às do meio natural foi aprimorado pela seleção durante milhões de gerações. Tais são a precisão e a eficácia atingidas que, quase sempre, os programas só podem ocasionar uma diminuição ou uma perda de função. Só quando o meio se transforma radicalmente uma mutação pode trazer algum benefício ao organismo. Ainda que alguns bilhões de indivíduos desapareçam por incapacidade de se multiplicar, basta que alguns mutantes se reproduzam para que a espécie se adapte às novas condições. Nocivas nas circunstâncias habituais, certas mutações tornam-se vantajosas em situações excepcionais.

Quase sempre as mutações representam mudanças não quantitativas, mas qualitativas. Elas subvertem a ordem do texto genético, mas nada acrescentam. Entretanto, a evolução procede por aumento da complexidade do organismo e portanto pela extensão de seu programa. Existem dois tipos de acontecimentos capazes de aumentar o conteúdo de informação genética da célula bacteriana. Às vezes acontece que, durante a reprodução do cromossomo, um mesmo segmento seja copiado duas vezes. Trata-se de um erro semelhante aos que ocorrem na composição de um texto em que, por falta de atenção, uma mesma linha é repetida. A partir de então, os dois exemplares do fragmento genético se perpetuam de geração em geração. A mesma proteína é produzida pelas duas cópias do mesmo gen. Mas as pressões exercidas pela seleção para manter as funções só atuam sobre um gen. O outro gen pode variar à vontade e a mutação surgir com toda a liberdade. Não é mais necessário então que estas variações tragam alguma vantagem à célula para que se perpetuem. Basta que não sejam nocivas. Ao que tudo indica, foram tais repetições que formaram pouco a pouco, elo por elo, as cadeias de reações químicas.

Certas bactérias têm um outro meio de adquirir um suplemento de programa genético. Quase sempre os microrganismos são isolados uns dos outros. Não se comunicam entre si. Não trocam nada. São mesmo protegidos contra qualquer relação por sua parede. Entretanto, transferências de material genético de uma célula para outra são às vezes realizadas, seja por meio do vírus, seja por processos que lembram a sexualidade dos seres superiores. Mas tal entrada de material genético só tem conseqüências duráveis sobre a descendência da célula na medida em que os fragmentos assim introduzidos conseguem enraizar-se, ser reproduzidos e transmitidos de uma geração para outra. Esta implantação freqüentemente se realiza por recombinação genética. Sendo assim, um segmento de cromossomo pode ser substituído por um segmento homólogo proveniente de um outro indivíduo. Entre as populações de bactérias que se multiplicam em condições diferentes, tendem a se constituir conjuntos genéticos diferentes segundo as exigências do meio. Graças à recombinação, os elementos dos textos genéticos, os gens provenientes de indivíduos diferentes podem se rearticular em combinações novas às vezes vantajosas para a reprodução. Mesmo se a sexualidade não é verdadeiramente um modo de reprodução para as bactérias, que comumente se multiplicam por divisão, ela permite uma mistura dos diferentes programas genéticos existentes na espécie e, conseqüentemente, o aparecimento de tipos genéticos novos.

Mas a recombinação simplesmente rearticula os programas genéticos nas populações. Não aumenta seu número. Existem certos elementos genéticos que se transmitem de célula para célula e simplesmente se adicionam ao material genético já existente. Estes elementos constituem de certa forma os cromossomos supranumerários. As instruções que contêm não são indispensáveis nem ao crescimento nem à reprodução. Mas este suplemento de texto genético permite à célula adquirir novas estruturas e efetuar novas funções. É um elemento deste tipo que determina, por exemplo, a diferenciação sexual em certas espécies bacterianas. Além disso, não sendo indispensável, a seqüência nucléica contida em tais elementos supranumerários não está submetida às exigências de estabilidade colocadas pela seleção em relação ao cromossomo bacteriano. Para a célula, estes elementos constituem um suplemento gratuito, uma espécie de reserva de texto nucléico ao qual se dá toda liberdade para variar durante as gerações.

É na própria natureza do texto genético que se baseiam estas duas propriedades aparentemente opostas dos seres vivos: a estabilidade e a variabilidade. Considerando-se o indivíduo, a célula bacteriana, vê-se como é recopiado literalmente, com extremo rigor, o programa em que estão inscritos não somente os planos detalhados de cada arquitetura molecular, mas os meios de colocar estes planos em execução e de coordenar a atividade das estruturas. Se, ao contrário, se consideram populações de bactérias, ou mesmo o conjunto de uma espécie, o texto nucléico aparece como perpetuamente desorganizado pelos erros da cópia, pelas intervensões da recombinação, pelas adições, pelas omissões. Afinal de contas, o texto sempre termina sendo reordenado. Mas não pelo mistério de uma vontade que procura impor seus desígnios ou por um remanejamento das seqüências dirigido pelo meio: a mensagem nucléica não recebe lições da experiência. A reordenação da mensagem decorre automaticamente de uma seleção que se exerce não em relação ao próprio texto genético, mas aos organismos, ou melhor, às populações, para eliminar todas as irregularidades. A própria idéia de seleção está contida na natureza dos seres vivos, no fato de que estes existem somente na medida em que se reproduzem. Cada novo indivíduo que, pelo jogo da mutação, da recombinação e da adição, é portador de um novo programa, é logo submetido à prova da reprodução. Se este organismo não puder se reproduzir, desaparece. Se for capaz de se reproduzir melhor e mais rapidamente que seus congêneres, logo esta vantagem, por menor que seja, favorece sua multiplicação e, conseqüentemente, a propagação deste programa específico. Se o texto nucléico parece até certo ponto modelado pelo meio, se as lições da experiência passada acabam se inscrevendo nele, é porque já percorreu o longo caminho do sucesso na reprodução. Mas só se reproduz o que existe. A seleção age não entre os possíveis, mas entre os existentes.

Contrariamente à estrutura do texto genético, a execução das instruções nele contidas está submetida a influências específicas do meio. Mas aí o meio também não exerce nenhum efeito didático. Em certos processos, como a síntese induzida de enzimas, a célula bacteriana responde à presença de compostos específicos no meio pela produção de proteínas específicas. Há alguns anos parecia inevitável que o composto modulasse, de alguma forma, o sentido da frase genética, o ordenasse, contribuísse para a estrutura final da proteína. Sabe-se atualmente que não é isto que ocorre: mesmo nestes fenômenos, o meio não exerce nenhum efeito didático. O composto específico desempenha o papel de um simples estímulo; limita-se a desencadear uma síntese na qual os mecanismos e a estrutura do produto final são fixados com rigidez pelo texto nucléico. O sistema só permite escolher entre os dois termos de uma alternativa. A única instrução que pode ser recebida do meio é transmitida pelas proteínas reguladoras. Trata-se de um sinal: ande ou pare. A leitura da mensagem genética parece-se assim com a música das máquinas de disco existentes nos bares. Pressionando botões, pode-se escolher, entre os discos da máquina, o que se quer escutar. Mas em caso algum é possível modificar o texto ou a execução da música gravada. Do mesmo modo, um segmento do texto genético contido no cromossomo da célula bacteriana pode ser transcrito ou não, segundo os sinais químicos recebidos do meio; mas estes não podem modificar a seqüência e, portanto, a função. A velha palavra adaptação refere-se assim a duas coisas diferentes. Por um lado, trata-se de um fenômeno que ocorre no indivíduo e que traduz, de certa forma, a resposta do organismo a algum fator externo, mas sempre nos limites permitidos pelas instruções contidas no programa. Por outro, ao contrário, trata-se de modificações que ocorrem em uma população; ocorre então uma mudança do próprio programa sob o efeito de uma pressão que favorece certos programas à medida que aparecem. Mas trate-se de explorar as possibilidades de um programa ou de mudá-lo, a adaptação é sempre o efeito eletivo e não didático do meio.

*

É assim que a biologia molecular vê o limiar de integração que separa o mundo vivo do mundo inanimado. Certamente ainda estamos longe de conhecer em todos os seus detalhes um objeto tão simples quanto uma bactéria. Das aproximadamente duas mil reações que ocorrem na pequena fábrica química, somente seiscentas ou setecentas foram descobertas e estudadas. Ignoramos a composição e a estrutura de inúmeras espécies químicas que se reconhecem entre elas e que se reúnem em organelas. Ainda não se conhecem bem a composição e a estrutura da membrana. Mas se cada aquisição nova nos dá a dimensão da complexidade dos detalhes, ela demonstra a simplicidade dos princípios em questão. Os procedimentos empregados pela natureza assemelham-se muito aos elaborados pelo homem para a sua tecnologia, trate-se do alongamento dos polímeros, das transferências de informação ou dos circuitos de regulação. À medida que se estuda a fábrica bacteriana, que se desmontam seus mecanismos, que se analisam suas estruturas, não aparece nada que não esteja, ao menos teoricamente, ao alcance de nossa química experimental. Nenhuma solução de continuidade entre o comportamento das pequenas moléculas minerais e o das enormes arquiteturas orgânicas, entre as reações do não-vivo e as do vivo, entre a química do laboratório e a dos organismos. A atividade das enzimas manifesta-se em solução em um tubo de ensaio e se exerce sobre moléculas que quase sempre podem ser produzidas no laboratório; ela só utiliza interações conhecidas pelos físicos. Recentemente sintetizou-se uma enzima que possui a mesma atividade de catálise que tem seu homólogo natural. Teoricamente tal operação não apresenta dificuldade: há muito tempo sabe-se produzir no laboratório a ligação que une duas unidades em uma cadeia protéica. Mas, na prática, esta síntese é extremamente complexa: trata-se de alinhar e depois de ligar de um extremo a outro muitas centenas de unidades. Isto se faz pela adição sucessiva de uma unidade de cada vez e cada uma destas operações implica uma série de reações químicas. A formação da proteína é o resultado de alguns milhares de reações que devem ser realizadas uma após a outra em ordem rigorosa. Apesar da construção de máquinas capazes de efetuar automaticamente certas partes do trabalho na ordem prescrita por um programa, a realização desta síntese continua sendo difícil, sua duração considerável e seu rendimento mínimo. Mas pode-se facilmente prever para breve a produção de uma variedade de proteínas. Não somente de moléculas dotadas de alguma atividade, catalítica ou de outro tipo, mas também de estruturas desconhecidas, sem função; algo parecido ao que deve ter existido na Terra antes do aparecimento dos seres vivos. Estas estruturas sem papel nem objetivo permitiriam explorar um passado dificilmente accessível à experimentação.

Por razões não de princípio, mas de técnica, é ainda mais difícil produzir no laboratório uma longa cadeia nucléica que tenha uma seqüência precisa. Não que o químico ignore a maneira de ligar uma a uma as unidades nucléicas. O que acontece é que a eficácia dos procedimentos conhecidos continua sendo muito pequena. Mesmo se o rendimento de cada reação ultrapassasse 90%, e se está longe disso, a quantidade de produto formado depois de realizadas as milhares de operações necessárias seria irrisória em relação às matérias-primas utilizadas. Mas é possível sintetizar pequenas seqüências de algumas unidades e depois repeti-las em longas cadeias. A síntese de um gen já foi realizada por métodos que combinam os procedimentos da química orgânica e a utilização de enzimas bacterianas. Ao que tudo indica, seria possível produzir seqüências nucléicas capazes de se implantar na célula e de conferir-lhe uma nova função. O que parece fora de nosso alcance, ainda por muito tempo, é a criação, peça por peça, de uma longa cadeia nucléica e a elaboração por síntese de um programa genético, mesmo um tão simples quanto o do vírus. Não há, entretanto, nenhuma razão *a priori* para que o químico um dia não o consiga.

O que atraiu muitos físicos para a biologia e mais particularmente para a análise da hereditariedade foi a esperança de encontrar alguma lei nova ainda não revelada pelo estudo da matéria. Esta expectativa não foi consumada. Certamente a ineficácia das técnicas protegerá da química experimental, durante muito tempo ainda, a complexidade de inúmeras estruturas. Entretanto, não é inconcebível que se chegue no futuro a sintetizar uma a uma as milhares de espécies químicas que constituem a célula bacteriana. Mas não há a menor possibilidade de reunir corretamente *todos* estes compostos e de provocar o surgimento de uma bactéria completa em um tubo de ensaio. Inúmeras enzimas que servem para polimerizar unidades só funcionam na presença de uma matriz. Outras só podem aumentar um fragmento de polímero preexistente, que é utilizado como ponto de partida. É até mesmo possível que, na formação de certas organelas complexas, a orientação correta das unidades seja às vezes determinada pela presença das mesmas organelas já formadas. A informação necessária para a estrutura dos componentes considerados individualmente está contida nas seqüências nucléicas. Mas, se a maioria das macromoléculas reúne-se espontânea e ordenadamente, ainda não se pode afirmar que isto seja suficiente. Não está excluída a hipótese de que a articulação de determinados complexos seja guiada pela articulação já realizada, como acontece na formação dos cristais. Por mais rudimentar que pareça ser a célula bacteriana no conjunto dos seres vivos, foi necessário muito tempo para que seu sistema se organizasse. Se a bactéria funciona com tal virtuosismo é porque, durante dois bilhões de anos, seus antepassados praticaram esta química anotando cuidadosamente a receita de cada sucesso. É aí que se produz o corte entre mundo vivo e mundo inanimado, entre biologia e física. Os corpos inanimados não dependem de tempo. Os corpos vivos estão indissoluvelmente ligados a ele. Neles, nenhuma estrutura pode desligar-se da história.

A história do colibacilo é, afinal de contas, uma cadeia contínua de reproduções com suas aventuras, seus impasses, seus sucessos. Só há bactérias atualmente na Terra porque outras bactérias, ou algo ainda mais rudimentar, tentaram desesperada e ininterruptamente se reproduzir. Como o mecanismo a ser copiado não é infalível, apresentaram-se inúmeras ocasiões para mudar o sistema, para deteriorá-lo, para aperfeiçoá-lo. A evolução se funda em incidentes, acontecimentos raros, erros. Exatamente o que levaria um sistema inerte à destruição torna-se, em um sistema vivo, fonte de novidade e de complexidade. O acidente pode transformar-se em inovação e o erro em sucesso. Pois o jogo da seleção natural tem regras próprias. Só contam os desvios que repercutem na dimensão da descendência. Se reduzem-na, são erros; se aumentam-na, são façanhas. Neste jogo não há astúcias ou estratagemas. Somente operações bem realizadas, que são resolvidas pelo desaparecimento ou pela extensão. A reprodução orienta o acaso.

A pequena célula bacteriana está articulada de tal forma que o conjunto do sistema pode se reproduzir até uma vez a cada vinte minutos. Nas bactérias, ao contrário dos organismos em que a reprodução é obrigatoriamente sexuada, o nascimento não é compensado pela morte. Durante o crescimento das culturas, as bactérias não morrem. Desaparecem enquanto entidade: onde havia uma, repentinamente há duas. As moléculas da "mãe" são equitativamente repartidas entre as "filhas". A mãe continha, por exemplo, uma longa fibra de ácido desoxirribonucléico que se desdobra antes da divisão da célula.

Cada filha recebe uma destas fibras idênticas, cada uma delas formada por uma cadeia "velha" e uma nova. Um dos critérios que permite conhecer se uma bactéria não está mais viva é sua incapacidade de se reproduzir. Se se quer ver uma morte nesta não-vida, trata-se de uma morte contingente. Freqüentemente depende do meio e das condições de cultura. Substituindo continuamente um pequeno fragmento de uma cultura por um meio novo, a cultura permanece em crescimento perpétuo: as bactérias se reproduzem eternamente.

O que torna o indivíduo efêmero em uma cultura de bactérias não é portanto a morte no sentido habitual, mas a diluição ocasionada pelo crescimento e pela multiplicação. Só persiste a organização que se reproduz automaticamente enquanto a célula pode extrair energia e materiais do meio. Nenhuma *Psyché* orienta as operações, nenhuma vontade prescreve sua continuação ou sua parada. Nada além da perpétua execução de um programa indissociável de sua realização. Pois os únicos elementos que interpretam a mensagem genética são os produtos da mensagem. O texto genético só tem sentido para as estruturas que ele próprio determinou. Não há mais, então, causa da reprodução, somente um ciclo de acontecimentos em que cada componente desempenha um papel em função dos outros. Se a organização pôde se reproduzir e os seres vivos aparecer, é porque a complexidade das arquiteturas no espaço foi engendrada pela simplicidade de uma combinatória linear. Mas também porque pôde se estabelecer uma relação unívoca entre dois sistemas de símbolos: um que serve para conservar a informação durante as gerações; outro que serve para desdobrar as estruturas em cada geração. O primeiro realiza uma comunicação vertical do pai para o filho; o segundo determina uma comunicação horizontal entre componentes do organismo. A relação entre estes dois sistemas dá à reprodução da célula uma lógica interna que nenhuma inteligência escolheu. Mas esta lógica impede que o meio ou a própria célula mudem a mensagem genética. Só a atividade do material genético, e não sua estrutura, está submetida à regulação que coordena os componentes do organismo. O que não significa que a mensagem nucléica escape a qualquer vigilância. Subtraído ao controle interno da célula, o programa genético permanece submetido a uma regulação externa. Não porque uma misteriosa mão conduz o destino da bactéria, mas porque um indivíduo bacteriano faz parte de uma população, a que vive em um tubo de ensaio, uma poça d'água ou um intestino de mamífero. Ele é um simples elemento em um sistema de nível superior que funciona com uma outra lógica. É no interior deste sistema que se exerce uma regulação sobre o programa genético. As interações que unem a população e seu meio acabam repercutindo sobre a reprodução das novidades que surgem espontaneamente no texto genético. Entre o programa genético e o meio existe esta necessária relação que a adaptação exige. Mas ela só se estabelece através de um dispositivo de retroação que ajusta a qualidade da mensagem a partir da quantidade da descendência. São os sucessivos retoques realizados pela seleção natural que fazem com que o texto genético esteja em perpétua transformação, seja incessantemente modificado, corrigido, adaptado à reprodução nas mais diversas condições. Sem pensamento para ditá-lo, sem imaginação para renová-lo, o programa genético se transforma realizando-se.

CONCLUSÃO

O integron

O FATO DE A HEREDITARIEDADE poder ser atualmente interpretada em termos de moléculas não é nem um fim nem a prova de que de agora em diante toda a biologia deve tornar-se molecular. Significa antes de tudo que as duas grandes correntes da biologia, a história natural e a fisiologia, que durante muito tempo caminharam separadas, quase se ignorando, acabaram fundindo-se. A antiga querela entre integristas e tomistas resolveu-se assim pela distinção recentemente estabelecida pela física entre o microscópico e o macroscópico. Por um lado, a variedade do mundo vivo, a extraordinária diversidade de formas, de estruturas, de propriedades observadas ao nível macroscópico se fundam na combinatória de algumas espécies moleculares, isto é, em uma extrema simplicidade de meios ao nível microscópico. Por outro, os processos que se realizam nos seres vivos ao nível microscópico das moléculas em nada se distinguem dos que a física e a química analisam nos sistemas inertes; é somente ao nível macroscópico dos organismos que surgem propriedades específicas originadas das exigências impostas pela necessidade de se reproduzir e de se adaptar a certas condições. Trata-se, então, de interpretar os processos comuns aos seres e às coisas em função do estatuto particular que conferem aos seres sua origem e seu fim.

Reconhecer a unidade dos processos físico-químicos ao nível molecular significa dizer que o vitalismo perdeu inteiramente sua função. De fato, desde o nascimento da termodinâmica o valor operatório do conceito de vida diluiu-se e seu poder de abstração diminuiu. Atualmente, não se interroga mais a vida nos laboratórios. Não se procura mais delimitar seus contornos. Tenta-se apenas analisar os sistemas vivos, sua estrutura, sua função, sua história. Mas, ao mesmo tempo, reconhecer a finalidade dos sitemas vivos significa dizer que não se pode mais fazer biologia sem referir-se constantemente ao "projeto" dos organismos, ao "sentido" que sua existência dá a suas estruturas e a suas funções. Vê-se como esta atitude difere do reducionismo que durante muito tempo prevaleceu. Até agora, para ser científica a análise devia antes de tudo abstrair-se de qualquer consideração que ultrapassasse o sistema estudado e seu papel funcional. O rigor imposto à descrição exigia a eliminação deste elemento de finalidade que o biólogo recusava admitir em sua análise. Hoje, ao contrário, não se pode mais dissociar a estrutura de sua significação, não somente no organismo, mas na série de acontecimentos que levaram o organismo a ser o que ele é. Qualquer sistema vivo é o resultado de um certo equilíbrio entre os elementos de uma organização. A solidariedade destes elementos faz com que cada modificação realizada em um ponto coloque em questão o conjunto das relações e produza, cedo ou tarde, uma nova organização. Isolando sistemas de natureza e complexidade diferentes, tenta-se reconhecer seus componentes e justificar suas relações. Mas seja qual for o nível estudado, trate-se de moléculas, de células, de organismos ou de populações, a história aparece como perspectiva necessária e a sucessão como princípio de explicação. Cada sistema vivo diz respeito então a dois planos de análise, a dois cortes, um horizontal e outro vertical, que só podem ser dissociados para a comodidade da exposição. Por um lado, trata-se de distinguir os princípios que regem a integração dos organismos, sua construção, seu funcionamento; por outro, os princípios que dirigiram suas transformações e sua sucessão. Descrever um sistema vivo significa referir-se tanto à lógica de sua organização quanto à de sua evolução. A biologia atualmente se interessa pelos algoritmos do mundo vivo.

*

A organização dos sistemas vivos obedece a uma série de princípios, tanto físicos quanto biológicos: seleção natural, energia mínima, auto-regulação, construção em "níveis" por integrações sucessivas de subconjuntos. A seleção natural impõe uma finalidade não somente ao organismo em sua totalidade, mas a cada um de seus componentes. Em um ser vivo, toda estrutura foi selecionada porque desempenhava uma determinada função em um conjunto dinâmico capaz de se reproduzir. Portanto, é por sua história e por sua continuidade que as moléculas que compõem os sistemas vivos se distinguem. Algumas não variaram desde milhões de anos: em determinado sentido, continuam sendo cópias das que se formaram outrora. Outras, ao contrário, se transformaram por alguma pressão seletiva. Muitas se perderam no caminho. Provavelmente mais numerosas são as que apareceram com espécies novas, com o homem, por exemplo. Mas, por detrás das exigências da seleção, os sistemas vivos, exatamente como os sistemas inertes, continuam submetidos ao princípio de energia mínima. As reações do vivo, utilizando ou não verdadeiras reações químicas, ocasionando sínteses ou simples associações de moléculas, vão sempre em uma mesma direção: a diminuição da energia livre. Suas velocidades são sempre determinadas pelas energias de ativação exigidas pelas transições em curso.

São os circuitos de regulação que dão aos sistemas vivos ao mesmo tempo sua unidade e o meio de adaptar-se à termodinâmica. Para esta, uma reação química só pode se modular através de seu equilíbrio ou de sua velocidade. Em uma reação simples, a constante de equilíbrio é uma função das moléculas que dela participam. A catálise apenas aumenta a velocidade, diminuindo a energia de ativação necessária. Em uma reação que utiliza uma arquitetura tão complexa quanto uma proteína, como uma reação enzimática, é a conformação da proteína que determina ao mesmo tempo sua afinidade com o substrato e a velocidade da reação. Só se pode mudar estas modificando aquelas. A coordenação da célula baseia-se então na deformação geométrica de algumas proteínas sob o efeito de interações com certos metabolitos que atuam como sinais específicos. Nos seres multicelulares são acrescentados outros circuitos de regulação para coordenar as atividades das células e integrá-las. Neles se produzem contatos entre as células, diretos ou através dos hormônios e do sistema nervoso. Ainda se ignora o funcionamento destes circuitos. Mas, ao que tudo indica, hormônios e mediadores químicos do sistema nervoso também agem deformando certas proteínas na membrana das células sensíveis. Em si mesmos, estes compostos continuam não tendo qualquer significação. Só funcionam como sinal para determinadas células graças à presença de proteínas que servem de receptores, isto é, graças ao programa genético destas células. Mas, em todos os casos, a regulação dos sistemas biológicos atua sobre os equilíbrios e as velocidades de reação. Em todos os casos, ela apenas traduz a interação dos componentes, isto é, das propriedades inerentes à sua articulação e, portanto, à sua estrutura.

A arquitetura em níveis é o princípio que rege a construção de qualquer sistema vivo, seja qual for seu grau de organização. Tal é a complexidade de um organismo, mesmo o mais simples, que certamente jamais teria podido se formar, se reproduzir e evoluir se o conjunto tivesse que se articular peça por peça, molécula por molécula, como um mosaico. Em vez disso, os organismos edificam-se por uma série de integrações. Elementos similares se reúnem em um conjunto intermediário. Muitos destes conjuntos associam-se então para constituir um conjunto de nível superior e assim por diante. A complexidade dos sistemas vivos nasce, portanto, da combinação de elementos cada vez mais elaborados, da articulação de estruturas subordinadas umas às outras. E se em cada geração estes sistemas podem se reproduzir a partir de seus elementos, é porque em cada nível a estrutura intermediária é termodinamicamente estável. Sendo assim, os seres vivos se constróem por uma série de encaixes. Estão articulados de acordo com uma hierarquia de conjuntos descontínuos. Em cada nível, unidades de tamanho relativamente bem definido e de estrutura quase idêntica unem-se para formar uma unidade na escala seguinte. Cada uma destas unidades constituídas pela integração de subunidades pode ser designada pelo termo geral de *íntegron*. Um íntegron se forma pela reunião de íntegrons de nível inferior e participa da construção de um íntegron de nível superior.

Esta hierarquia de íntegrons, este princípio da caixa feita de caixas é ilustrado, a nível microscópico, pela elaboração das estruturas protéicas no interior da célula. Podem-se distinguir três etapas na edificação destas estruturas. Na primeira, os elementos inorgânicos são transformados em pequenas moléculas específicas, as subunidades protéicas, por uma série de reações enzimáticas. A especificidade das reações baseia-se na associação entre enzimas e substratos e em seu equilíbrio. É pela integração das enzimas com certos metabolitos que sua velocidade é coordenada. Em uma segunda etapa, os polímeros se reúnem ao longo das matrizes onde subunidades se alinham em uma ordem precisa. Esta articulação baseia-se em associações específicas que ainda não utilizam nenhuma ligação química. Somente quando estão no lugar as subunidades ligam-se uma à outra pela ação de enzimas. Finalmente, em uma terceira etapa, as cadeias protéicas se dobram e reúnem-se em superestruturas. Nas mais simples a reunião resulta das propriedades de associação que sua estrutura confere aos componentes: a afinidade dos elementos entre si basta para a articulação do sistema, que se elabora espontaneamente. Nas mais complexas, talvez intervenham espécies de "centros" na organização dos outros elementos. Centros que podem funcionar seja como agentes de estrutura para modificar a conformação de outros componentes, seja como espécies de enzimas para acelerar sua associação, seja como matrizes para favorecer uma articulação específica entre as autorizadas pela termodinâmica. Mas, de qualquer modo, as disposições possíveis de uma estrutura organizada dependem das energias de ligação entre elementos. Constituem uma propriedade de equilíbrio do sistema. Ainda que tais centros existam, sua formação continua sendo determinada pelas interações dos componentes. Afinal de contas, as estruturas mais complexas se constroem por uma série de etapas em que os intermediários podem servir não somente como materiais, mas, de acordo com o caso, como agentes para a edificação da estrutura seguinte. Até nova ordem, só os elementos incorporados na estrutura são requeridos para sua construção. Os seres vivos se formam pela reunião espontânea dos componentes.

Em muitos aspectos as propriedades destas estruturas lembram as dos cristais. Esta é uma antiga analogia, já utilizada há mais de dois séculos para explicar a forma, o crescimento e a reprodução dos seres organizados. Entretanto, esta comparação teve que ser abandonada ao ser descoberta a estrutura de um sólido cristalino perfeito. Este cristal possibilita a repetição de um mesmo motivo nas três dimensões. Consiste em uma organização regular de átomos do centro para a superfície. Tornando-se então inacessível, o interior da estrutura é excluído de qualquer função. O cristal pode crescer unicamente por adição de elementos à superfície. Ele não se reproduz. Mas, a partir deste momento, o conceito de cristal generaliza-se: aplica-se a qualquer organização de matéria que se repita em duas ou mesmo em uma dimensão. A partir de partículas que, por assim dizer, não têm nenhuma dimensão, podem se constituir espontaneamente fibras, superfícies semelhantes a membranas de corpos com três dimensões. A partir de então, a analogia entre cristais e estruturas do vivo adquire um valor operatório. O que confere aos objetos de um conjunto a propriedade de se reunir é sua identidade. Esta não lhes permite apenas formar estruturas geométricas; ela lhes dá o poder de formá-las espontaneamente. Mas não se pode avaliar o rigor que a palavra identidade encerra, as variações de estrutura que podem ser toleradas. Se as exigências para a formação de cristais de três dimensões parecem rigorosas, são menos severas nos outros casos. Assim, as subunidades nucléicas ou protéicas representam objetos suficientemente geométricos. Uma série de estruturas biológicas, os polímeros, as membranas, as organelas distribuídas na célula, têm assim sua lógica interna. Uma lógica que não é exatamente a dos cristais de três dimensões, mas que não difere muito dela. Sejam quais forem as estruturas consideradas, elas só podem exercer função química através de sua superfície.

Mas se atualmente se percebem os princípios que intervêm na organização dos sistemas vivos, em sua construção e em sua lógica, se por extrapolação entrevê-se sua origem, ainda não se conhece bem a série de acontecimentos que conduziram do orgânico ao vivo. Para o biólogo, o vivo começa com aquilo que foi capaz de constituir um programa genético. Para ele, só a partir do momento em que um objeto se submete à seleção natural merece o nome de organismo. Vê a marca do vivo na faculdade de se reproduzir, ainda que um ser primitivo exija muitos anos para formar seu semelhante. Para o químico, ao contrário, querer traçar uma demarcação onde só poderia haver continuidade implica alguma arbitrariedade. Todo organismo contém uma grande variedade de estruturas, de funções, de enzimas, de membranas, de ciclos metabólicos, de compostos ricos em energia, etc. Seja qual for o começo assinalado para o que se chama um sistema vivo, sua organização só pode ser concebida no interior de um meio já preparado há muito tempo. A evolução biológica é a continuação necessária e ininterrupta de uma longa evolução química. No laboratório, pode-se tentar reconstituir as condições que, ao que parece, predominavam na Terra antes do aparecimento dos seres vivos. Vê-se então se formar espontaneamente uma série de compostos orgânicos. O próprio aparecimento dos polímeros depende das ligações casuais que se estabelecem entre subunidades. Apesar de sua ineficácia, as reações necessárias para a elaboração das macromoléculas que caracterizam o vivo parecem se efetuar na ausência de catalisadores biológicos. Mas dificilmente se consegue imaginar o aparecimento de um sistema integrado, por mais primitivo que seja, e a origem de uma organização capaz de se reproduzir, ainda que mal e lentamente. Pois o mais humilde dos organismos, a mais modesta das bactérias já constitui uma coalizão de um número enorme de moléculas. Não restam dúvidas de que as peças não se formaram independentemente no oceano primitivo e, um belo dia, se encontraram por acaso e subitamente se articularam formando semelhante sistema. O antepassado só poderia ser uma espécie de núcleo, uma associação de algumas moléculas, ajudando-se mutuamente e na medida do possível a se reformar. Mas então como isto começou? A mensagem genética só pode ser traduzida pelos produtos de sua própria tradução. Sem ácidos nucléicos, as proteínas não têm futuro. Sem proteínas, os ácidos nucléicos permanecem inertes. Qual é o ovo e qual é a galinha? E onde encontrar o vestígio de um tal precursor, ou de algum precursor do precursor? Em um recanto inexplorado da Terra? Em um meteorito? Em um outro planeta do sistema solar? Sem dúvida alguma, seria inestimável descobrir aqui ou ali, se não uma forma nova do vivo, ao menos vestígios orgânicos um pouco complexos. Isto transformaria nossa maneira de considerar a origem dos programas genéticos. Mas, com o tempo, esta esperança diminui.

Na falta de vestígios para investigar, a biologia fica reduzida às conjeturas. Procura seriar os problemas, individualizar os objetos, formular questões que a experimentação pode responder. Qual dos polímeros, nucléico ou protéico, tem direito à anterioridade? Qual é a origem do código genético? A primeira questão leva a se perguntar se algo que possui uma vaga semelhança com o vivo é concebível na ausência de um ou de outro tipo de polímero. A segunda levanta problemas de evolução e de lógica. De evolução porque a correspondência unívoca entre cada grupo de três subunidades nucléicas e cada subunidade protéica não surgiu de repente. De lógica, porque se sabe muito bem por que foi adotada esta correspondência e não uma outra, por que tal terno nucléico "significa" tal subunidade protéica e não uma outra. Talvez tenha existido nas organizações primitivas exigências de estrutura que nos escapam: o ajustamento das conformações moleculares teria então imposto, senão o sistema em seu conjunto, ao menos algumas das equivalências. Mas talvez nunca tenha havido exigências: então, as equivalências teriam surgido simplesmente devido ao acaso e só depois teriam se perpetuado. Depois de um sistema de relações ter sido estabelecido, estas relações não podem ser modificadas, sob pena de fazer quem possuía significado o perder, de confundir o que já valia como mensagem. Acontece com o código genético o mesmo que acontece com uma língua: mesmo se são devidas ao acaso, as relações entre "significante" e "significado" não podem mudar depois de terem sido instauradas. São estas as questões que a biologia molecular tenta responder. Mas nada indica que nunca se chegue a analisar a transição entre o orgânico e o vivo. Talvez não possamos nem mesmo estimar a probabilidade que tinha um sistema vivo de aparecer sobre a Terra. Se o código genético é universal, tudo indica que o que conseguiu viver até hoje é oriundo de um só ancestral. Ora, não há probabilidade mensurável para um acontecimento que só se produziu uma vez. Deve-se temer que o pesquisador se perca em um labirinto de hipóteses sem possibilidade de verificação. Sobre a origem da vida, poderia perfeitamente surgir um novo centro de querelas abstratas, com escolas e teorias relacionadas não com a predição científica, mas com a metafísica.

Entretanto, a biologia demonstrou que atrás da palavra vida não se esconde nenhuma entidade metafísica. A capacidade de se reunir, de produzir estruturas de complexidade crescente e de se reproduzir pertence aos elementos que compõem a matéria. Das partículas ao homem existe uma série de integrações, de níveis, de descontinuidades. Mas nenhuma ruptura, nem na composição dos objetos, nem nas reações que nela ocorrem. Nenhuma mudança de "essência". A ponto de a análise das moléculas e das organelas celulares ter atualmente se tornado assunto dos físicos. É pela cristalografia, pela ultracentrifugação, pela ressonância magnética celular, pela fluorescência, etc., que passam a se precisar os detalhes de estrutura. Isto não significa que a biologia tenha se tornado um anexo da física, que ela constitua, por assim dizer, uma filial da complexidade. Em cada nível de organização aparecem novidades, tanto de propriedades quanto de lógica. Nenhuma molécula tem capacidade de reproduzir-se por si mesma. Esta faculdade só aparece com o mais simples dos íntegrons que merece a qualificação de vivo, isto é, a célula. Mas, a partir deste momento, modifica-se a regra do jogo. Ao íntegron de nível superior, à população de células, a seleção natural coloca exigências e confere possibilidades inéditas. Por isso mesmo, e sem deixar de obedecer aos princípios que regem os sistemas inertes, os sistemas vivos tornam-se o objeto de fenômenos que não têm sentido no nível inferior. A biologia não pode nem se reduzir à física nem dispensá-la.

Todo objeto estudado pela biologia representa um sistema de sistemas, que é elemento de um sistema de ordem superior e que às vezes obedece a regras que não podem ser deduzidas de sua própria análise. Isto significa que cada nível de organização deve ser consideralo levando em conta os que lhe estão justapostos. Não se poderia apreender o funcionamento de um televisor sem conhecer, por um lado, o dos transistores e, por outro, a relação entre emissor e receptor. Mas em cada nível de integração manifestam-se algumas características novas. Como a física já constatara no começo deste século, a descontinuidade exige não somente meios de observação diferentes, mas também modifica a natureza dos fenômenos, mesmo das leis que os regem. Freqüentemente o equipamento conceitual e técnico que se aplica a um nível não funciona nem no nível superior nem no inferior. O que une os diferentes níveis da organização biológica é a lógica da reprodução. O que os distingue são os meios de comunicação, os circuitos de regulação e a lógica interna característicos de cada sistema.

*

Todo mundo está de acordo em ver uma direção na evolução. Apesar dos erros, dos impasses e das hesitações, um certo caminho foi percorrido durante mais de dois bilhões de anos. Mas é difícil descrever a orientação imposta ao acaso pela seleção natural. As palavras progresso, progressão, aperfeiçoamento são inadequadas. Evocam demasiadamente a regularidade, o desígnio, o antropomorfismo. Os critérios não estão definidos. Se o critério é a adaptação à sobrevivência, o colibacilo está tão bem adaptado a seu meio quanto o homem ao seu. As palavras complicação, complexidade, tampouco são adequadas. Há complicações gratuitas; outras que, pela sua especialização, eliminam qualquer possibilidade de evolução ulterior. O que talvez caracterize melhor a evolução é a tendência à flexibilidade de execução do programa genético; é sua "abertura" em um sentido que permite ao organismo aumentar constantemente suas relações com seu meio e expandir seu raio de ação. Em um ser tão simples quanto uma bactéria, a execução de um programa é muito rígida. É "fechado" no sentido em que o organismo não pode, por um lado, só receber do meio uma informação muito limitada e, por outro, reagir de maneira rigorosamente determinada. Tudo que uma bactéria percebe é a presença ou a ausência de certos compostos no meio de cultura. Tudo que ela dá como resposta é a produção ou não das proteínas correspondentes. Percepções e reações se reduzem a uma alternativa, sim ou não. Os "sucessos" da evolução acabam por aumentar correlativamente a capacidade de perceber e de reagir. Para que o organismo se diferencie, para que aumentem sua autonomia e suas trocas com o exterior, é preciso que se desenvolvam não somente as estruturas que ligam o organismo a seu meio, mas também as interações que coordenam os componentes do organismo. Ao nível macroscópico, a evolução baseia-se portanto na constituição de novos sistemas de comunicação, tanto no interior do organismo quanto entre ele e o que está à sua volta. Ao nível microscópico, isto se traduz pela modificação qualitativa e quantitativa dos programas genéticos.

O tempo e a aritmética negam que a evolução se deva exclusivamente a uma sucessão de microacontecimentos e a mutações acontecidas ao acaso. Para extrair de uma roleta, uma após a outra, subunidade por subunidade, cada uma das quase 100.000 cadeias protéicas que podem compor o corpo de um mamífero, é preciso um tempo muito superior à duração atribuída ao sistema solar. Só nos organismos muito simples a variação pode se efetuar exclusivamente por pequenas etapas independentes. Só nas bactérias a velocidade de crescimento e a importância das populações permitem esperar o aparecimento de uma mutação para se adaptar. Se uma evolução tornou-se possível, é porque os próprios sistemas genéticos evoluíram. À medida que os organismos se complicam, sua reprodução também se complica. Aparecem mecanismos que, baseando-se sempre no acaso, concorrem para misturar os programas e obrigam à mudança, como, por exemplo, a dispersão do programa genético em vários cromossomos; a presença de cada cromossomo não mais em um, mas em dois exemplares em cada célula; a alternância de fases entre um ou dois conjuntos de cromossomos durante o ciclo de vida; a segregação independente dos cromossomos; a recombinação por ruptura e a reunião dos cromossomos homólogos; etc. Mas as duas invenções mais importantes são o sexo e a morte.

A sexualidade parece ter surgido cedo na evolução. Representa antes de tudo uma espécie de auxiliar da reprodução, um supérfluo: nada obriga uma bactéria ao exercício da sexualidade para se multiplicar. A necessidade de recorrer ao sexo para se reproduzir transforma radicalmente o sistema genético e as possibilidades de variações. A partir do momento em que a sexualidade é obrigatória, cada programa genético é formado não mais por cópia exata de um só programa, mas por combinação de dois diferentes. Um programa genético não é mais então propriedade exclusiva de uma linhagem. Pertence à coletividade, ao conjunto dos indivíduos que se comunicam através do sexo. Constitui-se assim uma espécie de fundo genético comum de onde, a cada geração, se tira material para construir novos programas. Este fundo comum, esta população unida pela sexualidade constitui a unidade da evolução. À identidade que comanda a reprodução rigorosa do programa, a sexualidade opõe a diversidade ocasionada por uma recombinação dos programas em cada geração. Diversidade tão grande que, com a exceção dos gêmeos idênticos, nenhum indivíduo é exatamente idêntico a seu irmão. A sexualidade obriga os programas a examinar as possibilidades da combinatória genética. Portanto, ela obriga à mudança. Para convencer-se de que o sexo desempenha este papel na evolução, que ele mesmo é objeto de evolução, que não pára de se aperfeiçoar, basta considerar as sutilezas, os ritos, as complicações que acompanham sua prática nos organismos superiores.

A outra condição necessária à própria possibilidade de uma evolução é a morte. Não a morte vinda do exterior, como conseqüência de algum acidente. Mas a morte imposta pelo interior, como uma necessidade prescrita, desde o ovo, pelo próprio programa genético. Pois a evolução é o resultado de uma luta entre o que era e o que será, entre o conservador e o revolucionário, entre a identidade da reprodução e a novidade da variação. Nos organismos que se reproduzem por divisão, a diluição do indivíduo ocasionada pela rapidez do crescimento basta para apagar o passado. Nos organismos pluricelulares, com a diferenciação em linhagens somáticas e germinais, com a reprodução por sexualidade, é preciso, ao contrário, que os indivíduos desapareçam. Este desaparecimento é a resultante de duas forças contrárias. Um equilíbrio entre, por um lado, a eficácia sexual com seu cortejo de gestações, de cuidados, de educação e, por outro, o desaparecimento da geração que acabou de desempenhar seu papel na reprodução. É o ajustamento destes dois parâmetros, pelo efeito da seleção natural, que determina a duração máxima da vida de uma espécie. Todo o sistema da evolução, ao menos nos animais, baseia-se neste equilíbrio. Os limites da vida não podem portanto ser deixados ao acaso. São prescritos pelo programa que, desde a fecundação do óvulo, fixa o destino genético do indivíduo. Ainda se ignora o mecanismo do envelhecimento. A teoria mais aceita atualmente define a senilidade como o resultado de erros acumulados, seja nos programas genéticos contidos nas células somáticas, seja na expressão destes programas, isto é, nas proteínas que produzem as células. Segundo este esquema, a célula poderia adaptar-se a um certo número de erros. Passado este limite, estaria destinada à morte. Com o tempo, a acumulação de erros em um número crescente de células ocasionaria o inevitável. Portanto, a própria execução do programa determinaria a duração de vida. De todo modo, a morte faz parte do sistema selecionado no mundo animal e de sua evolução. Pode-se esperar muitas coisas do que atualmente é denominado "gênio biológico": a solução de numerosas epidemias, do câncer, das doenças do coração, das doenças mentais; a substituição de diversos órgãos, por transplante ou prótese; remédio para certas deficiências da velhice; a correção de certos defeitos genéticos; ou mesmo a interrupção provisória de uma vida ativa que, mais tarde, poderia ser retomada. Mas existem muito poucas possibilidades de que se consiga um dia prolongar a duração da vida além de um certo limite. As exigências da evolução adequam-se mal ao velho sonho da imortalidade.

O arsenal da genética é favorecido sobretudo pelas mudanças qualitativas e não quantitativas de programa. Ora, a evolução traduz-se antes de tudo por um aumento de complexidade. Uma bactéria é a tradução de uma seqüência nucléica cujo comprimento aproximado é de um milímetro e que é constituída por uns 20 milhões de signos. O homem procede de uma outra seqüência nucléica, cujo comprimento aproximado é de dois metros e que contém muitos bilhões de signos. A complicação de organização corresponde portanto a um alongamento do programa. Uma evolução foi possível graças à relação estabelecida entre a estrutura do organismo no espaço e a seqüência linear da mensagem genética. Pois a complexidade de uma integração traduz-se então pela simplicidade de uma adição. Entretanto, os mecanismos conhecidos pela genética favorecem as variações de programa, mas não trazem suplementos. Há certamente erros de cópia que duplicam certos segmentos da mensagem, fragmentos genéticos que podem ser transferidos pelos vírus e mesmo por cromossomos supranumerários. Mas estes processos não têm eficácia. Não se vê como poderiam bastar para provar algumas das grandes etapas da evolução: a mudança de organização celular, com a passagem da forma simples ou "procariote" das bactérias para a forma complexa ou "eucariote" das leveduras e dos organismos superiores; ou a transição do estado unicelular para o estado pluricelular; ou o aparecimento dos vertebrados. Cada uma destas etapas corresponde, com efeito, a um aumento notável do ácido nucléico. Para justificar estes crescimentos bruscos, é preciso que seja explorado o acaso de algum acontecimento raro, como um erro de reprodução que ocasiona um excesso de cromossomos, ou de algum processo excepcional, como a simbiose de organismos ou a fusão de programas pertencentes a espécies distintas. A natureza dos "mitocôndrios", encarregados de produzir energia nas células complexas, demonstra que as simbioses podem intervir na evolução. Por todos os critérios da bioquímica, têm a marca das bactérias. Possuem até mesmo sua própria seqüência nucléica, independente dos cromossomos da célula. Ao que tudo indica, trata-se de vestígios de bactérias, anteriormente associadas a um outro organismo para formar o ancestral de nossas células. As fusões de programa são conhecidas nas plantas, não nos animais. Um mecanismo de segurança protege-os dos efeitos dos "amores abomináveis" caros à Antiguidade e à Idade Média. Mas observou-se recentemente em cultura a fusão de células provenientes de espécies diferentes, homem e rato, por exemplo. Estas células híbridas, cada uma possuindo programas em duplo exemplar, multiplicam-se perfeitamente. O que os amores singulares entre espécies não podem realizar, outros acontecimentos o conseguem. Basta que excepcionalmente tais encontros tenham conseqüências para que ocorram mudanças muito profundas. Na prática, nada prova que tais acidentes ocorram na natureza; mas, na teoria, nada se opõe a isto. Não há regularidade nos aumentos de programas. Encontram-se saltos bruscos, acréscimos súbitos, recaídas inexplicadas, sem correlação com a complexidade do organismo. Para harmonizar os acréscimos do programa com o ritmo da evolução, é preciso acontecimentos pouco comuns. Vê-se como pode parecer ilusória hoje qualquer tentativa para estimar as durações ou avaliar as probabilidades da evolução. Talvez um dia os computadores calculem a possibilidade que teve o homem de aparecer.

Este aumento de programa é ocasionado pela tendência, característica da evolução, de aumentar as interações entre o organismo e seu meio. Um organismo pode multiplicar as trocas com o que está à sua volta de muitas maneiras. Os protozoários conseguem fazê-lo. Com seu conjunto de organelas especializadas, representam um grau de complexidade surpreendente para uma única célula. Mas existe um limite ao número e ao tamanho das estruturas compatíveis com a reprodução. Além de um certo limiar, a multiplicidade, a diferenciação e a especialização das células tornam-se economias. Se certas células encarregam-se da alimentação, outras são responsáveis pela percepção, pela locomoção ou pela integração. Diversificar, especializar as células significa libertá-las das exigências colocadas pela necessidade de ter que realizar *todas* as reações do organismo. Significa permitir que individualmente façam menos e melhor; com a condição de que suas atividades sejam coordenadas. Para se especializar, as células devem portanto comunicar-se entre si.

Há muitas maneiras das células se comunicarem: por contato direto ou por meio do sistema nervoso e dos hormônios. Mas ainda não se conhece bem a natureza das interações moleculares que intervêem nestes circuitos de regulação. De fato, começa-se a "compreender" a célula, mas não o tecido ou o órgão. Ignora-se a lógica do sistema que rege a execução dos programas complexos, como, por exemplo, o desenvolvimento de um mamífero. A formação de um homem a partir de um ovo espanta pelo rigor e precisão. Como, a partir de uma única célula, surgem trilhões em linhagens especializadas, segundo uma ordem perfeita no tempo e no espaço, eis um desafio à imaginação. Durante o desenvolvimento embrionário são progressivamente traduzidas e executadas as instruções que, contidas nos cromossomos do ovo, determinam quando e onde se formam as **milhares de espécies** moleculares que constituem o corpo do adulto. O plano de crescimento, a série de operações a efetuar, a ordem e o lugar das sínteses, sua coordenação, tudo isto está inscrito na mensagem nucléica. E, na execução do plano, há poucos fracassos: pela raridade dos abortos e dos monstros, mede-se a fidelidade do sistema.

Durante o desenvolvimento, cada célula recebe um conjunto completo de cromossomos. Mas, de acordo com sua especialização, as diferentes células produzem diferentes tipos de mensageiros e proteínas. Cada célula, apesar de conter a totalidade do programa, traduz apenas fragmentos. Só executa certas instruções. Existe, portanto, uma seqüência precisa de acontecimentos químicos durante os quais a própria expressão dos gens se modifica à medida que as células se diferenciam. Existem circuitos de regulação que ativam ou inibem os segmentos da mensagem em cada linhagem de células. Estes circuitos de regulação são não somente mais complexos nos organismos pluricelulares que nas bactérias, como respondem a exigências diferentes. Primeiro porque os organismos necessitam de sistemas capazes de ativar diferencialmente baterias de gens, de maneira permanente e não reversível. Em seguida, porque encontrar um gen em um milhão, e não em mil, exige um mecanismo mais elaborado que, por exemplo, realize triagens sucessivas de subconjuntos. Enfim, porque uma célula e uma bactéria trabalham em condições muito diferentes. O que a bactéria exige é manter seu equilíbrio funcional, mesmo adaptando-se a meios variados. A célula deve igualmente preservar um estado definido de equilíbrio; mas também precisa coordenar suas atividades com as de suas vizinhas. Somente assim o órgão está em condições de desempenhar suas funções, funções que estão por sua vez submetidas ao regulamento do organismo.

Pois, no final das contas, é sempre a lógica, a individualidade e a finalidade do organismo que regem seus componentes e seus sistemas de comunicação. Mas na rede que coordena um conjunto de atividades químicas tão complexo quanto um mamífero existem momentos em que ocorrem erros ou falsas manobras. Algumas são sem gravidade, outras não. A multiplicação das células, por exemplo, está submetida ao controle do organismo. Inicialmente rápida durante o desenvolvimento do embrião, detém-se quando o organismo tornou-se adulto, para reiniciar-se quando ocorre um ferimento. O programa genético não prescreve somente o plano das divisões celulares. Impõe-lhes um limite. Esta rede de coordenação parece utilizar dois tipos de circuitos: um direto, pelo próprio contato das células; outro indireto, por meio de hormônios. Mas em todos os casos, é por meio dos receptores específicos dispostos em sua superfície que uma célula recebe sinais. Um receptor desaparecendo, um sinal não sendo mais transmitido, interrompe-se um dos circuitos que mantêm em sociedade moléculas e células. Uma célula pode assim ser conduzida à anarquia. Tendo-se tornado surda aos sinais que limitam seu crescimento, não faz mais parte da comunidade. Pode invadir os tecidos vizinhos e provocar um tumor. Com a noção de programa genético, as antigas querelas sobre a origem do câncer perderam muito de sua significação. Se a lesão começa no núcleo ou no citoplasma, se ela é conseqüência de uma mutação somática, da presença de um vírus ou da desordem de um circuito, tudo que impede a recepção de um sinal pode subtrair uma célula à lei da comunidade. Compreender o câncer é aceder à lógica do sistema que impõe às células as exigências do organismo.

Estas complicações, introduzidas pela multiplicidade das células e por sua diferenciação, são necessárias para o aumento das trocas entre o organismo e seu meio. A cicatrização de uma lesão depois de um ferimento, a regeneração de um membro depois de uma amputação, são adequações de respostas do organismo. A flexibilidade do programa permite evitar certas formas de agressão. Mas o que se desenvolve especialmente durante a evolução são os meios de recolher a informação do exterior, de tratá-la, de adaptar em conseqüência as reações do organismo. Todas as soluções possíveis são então tentadas pela seleção natural. Há organismos que apalpam seu meio, outros que o escutam, o vêem, o sentem. Paralelamente aumentam os meios de reagir aos estímulos e os graus de liberdade na escolha das respostas. Pois não basta obter algumas impressões aqui ou ali. É preciso poder integrá-las e deduzir as conseqüências. Há um grande interesse, por exemplo, em ser sensível à luz. Tão grande que o olho foi "inventado" muitas vezes durante a evolução. Olho facetado dos insetos. Olho com lentes, que surgiu independentemente ao menos três vezes: em certos moluscos, nos artrópodes, nos primeiros vertebrados. Mas para que serviria um instrumento de precisão, capaz de apreciar uma forma, de estimar uma distância, de precisar a direção de um movimento, se não fosse para distinguir a presença de um predador ou de uma presa, para adequar sua resposta à situação? É preciso, além disso, ter os meios para integrar os sinais recebidos, compará-los a formas registradas em uma "memória", distinguir o amigo do inimigo, nadar, correr ou voar, "escolher" uma reação. Poderes de percepção, de reação e de decisão só podem evoluir em harmonia.

Os aumentos de trocas entre o organismo e o meio baseiam-se no desenvolvimento do sistema nervoso. O conhecimento atual do sistema nervoso lembra o da hereditariedade no século XIX. Possuem-se algumas informações sobre certas propriedades elétricas ou bioquímicas dos nervos. Mas não sobre a especificidade das conexões, a organização da rede, sua construção. Como a informação é codificada, transmitida, registrada, restituída? Ignora-se quase que totalmente a lógica subjacente ao funcionamento do cérebro, à memória, à aprendizagem. Mas parece certo que, de uma maneira ou de outra, a anatomia do sistema nervoso é fixada pela hereditariedade. Acontece com o cérebro o mesmo que com os outros órgãos: a estrutura é minuciosamente determinada pelo programa genético. Em muitos mutantes de rato, a mudança de um determinado gen ocasiona ao mesmo tempo uma certa anomalia de comportamento e uma lesão específica do cérebro. Constata-se que, durante a regeneração de nervos cortados em certos organismos, o percurso das fibras, o estabelecimento das conexões, a constituição dos circuitos, em suma, a organização da rede, efetua-se segundo o plano original. Finalmente, existem no cérebro dos mamíferos centros definidos não somente para receber as diferentes sensações e colocar os diferentes músculos em ação, mas também para reger o sono, o sonho ou a atenção e mesmo para determinar os estados afetivos. Por exemplo, existe no rato um centro da "punição" e um do "prazer": com elétrodos convenientemente implantados e dispondo de um meio de ativar por si mesmo este centro, um rato se dá prazer até cair de esgotamento! Mas não se sabe ainda como os circuitos adquiridos se superpõem à rede da hereditariedade. Ignora-se como se articulam o inato e o aprendido. Atualmente, eles não mais se opõem: se completam. Para os etólogos, quando um comportamento utiliza uma parte adquirida pela experiência, o faz em função do programa genético. A aprendizagem insere-se nos parâmetros fixados pela hereditariedade. Sem dúvida, logo será possível analisar o mecanismo molecular da sinapse, a articulação das células nervosas, a unidade de conexão anatômica em que se baseia toda a articulação da rede nervosa. E pode-se estar certo de que as reações que caracterizam a atividade do cérebro passarão a ser para o bioquímico tão banais quanto as da digestão. Mas descrever em termos de física e de química um movimento da consciência, um sentimento, uma decisão, uma lembrança, é algo muito diferente. Nada indica que um dia se consiga isto. Não somente por causa da complexidade, mas também porque se sabe, desde Gödel, que um sistema lógico não basta para sua própria descrição.

Com o desenvolvimento do sistema nervoso, com a aprendizagem e a memória, diminui o rigor da hereditariedade. No programa genético em que se baseiam as características de um organismo complexo, há uma parte fechada cuja expressão está rigorosamente fixada; uma outra aberta, deixando ao indivíduo uma certa liberdade de resposta. Por um lado, o programa prescreve com rigidez estruturas, funções, atributos; por outro, só determina potencialidades, normas, parâmetros. Aqui ele impõe, ali ele permite. Com o papel crescente do adquirido, modifica-se o comportamento do indivíduo. É o que ilustram as diferentes maneiras que têm os pássaros de reconhecer seus semelhantes. Em alguns, como o cuco, a identificação da espécie é determinada com rigor pelo programa genético. Ocorre pela visão das formas e dos movimentos. Criado no ninho de pais adotivos, pardais ou toutinegras, por exemplo, o jovem cuco quando se torna independente junta-se a outros cucos, mesmo que nunca tenha visto cucos em sua vida. No ganso, ao contrário, a identificação se faz de maneira mais flexível. Realiza-se por meio do mecanismo que os etólogos chamam *imprinting*. Após a eclosão do ovo, o jovem ganso segue o primeiro objeto que vê mexer e ouve chamar. Quase sempre segue sua verdadeira mãe gansa. Mas se por acaso se trata de um outro organismo, de Konrad Lorenz, por exemplo, então é Konrad Lorenz que o pequeno ganso considera como sua mãe, seguindo-o por todo lado. O que determina o programa genético é, portanto, em um caso uma forma, e no outro a aptidão para receber o *imprinting* de uma forma. Existem no mundo animal inúmeros exemplos deste tipo. É a importância crescente da parte aberta do programa que dá uma direção à evolução. Com a capacidade de resposta aos estímulos aumentam os graus de liberdade deixados ao organismo na escolha das respostas. No homem, o número de respostas possíveis torna-se tão elevado que se pode falar do "livre-arbítrio" caro aos filósofos. Mas a flexibilidade nunca é ilimitada. Mesmo quando o programa só dá ao organismo uma capacidade, a de aprender, por exemplo, ele impõe restrições em relação ao que pode ser aprendido, ao momento em que a aprendizagem deve ocorrer e em que condições. O programa genético do homem lhe confere aptidão à linguagem. Dá-lhe o poder de aprender, de compreender, de falar qualquer língua. Mas o homem deve, em uma determinada etapa de seu crescimento, encontrar-se em um meio favorável para que esta potencialidade se realize. Depois de uma certa idade, durante muito tempo privado de discurso, de cuidados, de afeição materna, a criança não falará. As mesmas restrições existem em relação à memória. Há limites para a quantidade de informação que pode ser gravada, para a duração de gravação, para o poder de restituição. Mas esta fronteira entre a rigidez e a flexibilidade do programa ainda não foi explorada.

Com o aumento das trocas durante a evolução, aparecem sistemas de comunicação que funcionam não mais no interior do organismo, mas entre os organismos. Estabelecem-se assim redes de relações entre indivíduos pertencentes a uma mesma espécie. Na origem, estes sistemas de comunicação estão diretamente ligados à finalidade da reprodução. Sem eles, a sexualidade não teria eficácia. Enquanto ela não é uma necessidade da reprodução, enquanto continua sendo uma função auxiliar, nada favorece a união dos sexos. Não há *sex-appeal* nas bactérias. Os encontros se fazem ao acaso das colisões entre indivíduos de sexo oposto. O mesmo pode ser dito em relação a certos organismos inferiores que, sendo hermafroditas, só usam o sexo ocasionalmente. Mas à medida que o organismo torna-se mais autônomo, que o exercício da sexualidade torna-se o único modo de reprodução, os indivíduos de um sexo precisam de um meio para distinguir os indivíduos do outro. Aparecem assim sistemas de comunicação que agem à distância para ligar seletivamente os sexos opostos de uma mesma espécie. Quase sempre trata-se de sinais específicos, emitidos por um sexo e recebidos pelo outro. Sinais olfativos em determinados insetos: uma substância volátil é produzida, que é captada, identificada e interpretada por aqueles que são dotados, pelo seu programa genético, de um receptor sensível a esta estrutura molecular. Sinais auditivos em outros insetos: só os machos cantam. Sinais visuais nos pássaros e peixes: um dos sexos, quase sempre o masculino, apresenta um equipamento complexo de formas, de cores, de ornamentos cambiantes cuja visão age como estímulo específico sobre o outro sexo. Ligados à química do organismo por hormônios, estes sinais visuais acionam a parte do comportamento que se liga à reprodução. Assim inicia-se o cortejo de práticas que conduzem à cópula, à edificação do ninho, ao choco, etc. Toda a seqüência das operações a serem realizadas, os ritos, o cerimonial, está inscrita na mensagem genética. A visão do sexo oposto desempenha o papel de um simples sinal. Apenas desencadeia a execução de um plano preparado para a reprodução.

Evidentemente, estes sistemas de sinais foram selecionados para favorecer a reprodução. Constituem, além disso, meios de comunicação entre indivíduos da mesma espécie. Tornam possível a formação de íntegrons de ordem superior ao organismo. Mas, até os mamíferos, a integração raramente ultrapassa a formação provisória de um casal, a unidade da reprodução. Só excepcionalmente se constituem grupos de comportamento coordenado, como os cardumes ou os bandos de pássaros durante as migrações. A principal exceção é encontrada em alguns insetos, formigas, térmites, abelhas, onde se constituem verdadeiros íntegrons que transcendem o indivíduo. A antiga comparação do organismo e da sociedade se materializa no formigueiro, na termiteira ou na colméia. Entretanto, cada uma destas estruturas constitui antes de tudo uma unidade de reprodução. A rainha e os machos desempenham o papel das células sexuais; as operárias, o das células somáticas. O conjunto destes sistemas está rigidamente determinado pelos programas genéticos que fixam não somente a morfologia e a fisiologia de cada tipo mas também a natureza e a série das operações que cabe a cada um. Quando um programa tem início, quando se estabelece um sistema de comunicação novo, como a dança das abelhas, é para transmitir a informação necessária a uma função do sistema: a procura de comida.

É portanto a estrutura da mensagem genética que impõe a estrutura destas comunidades animais. Mas nos mamíferos a rigidez do programa da hereditariedade diminui cada vez mais. Os órgãos dos sentidos se aprimoram. Os meios de ação aumentam, especialmente com a preensão. A capacidade de integração aumenta com o cérebro. Vê-se até mesmo aparecer uma nova propriedade: o poder de se liberar da aderência dos objetos, de interpor uma espécie de filtro entre o organismo e seu meio, de simbolizar. Pouco a pouco o sinal torna-se signo. Um roedor pode aprender a distinguir um triângulo de um quadrado ou de um círculo associando sua forma à busca de alimento. Um gato pode aprender a contar estímulos. Um chimpanzé, apesar de incapaz de falar com sua laringe, pode aprender, ao menos em parte, o código de sinais gestuais utilizados pelos surdos-mudos para se comunicar. Chega assim a reconhecer uma série de signos, a interpretá-los, a imitá-los e mesmo a combiná-los por grupos para constituir curtas "frases" e se exprimir. Não é portanto de repente, por um salto brusco, que esta pequena região do cérebro que rege o gesto e a palavra desenvolveu-se. Nem o homem chegou a ser homem por uma série única de etapas, por uma cadeia contínua. Foi através de um mosaico de mudanças em que cada órgão, cada sistema de órgãos, cada grupo de funções evoluiu segundo ritmo e velocidade próprios. Duração da vida fetal e lentidão do desenvolvimento, locomoção bípede e liberação dos membros anteriores, formação da mão e utilização de instrumentos, crescimento do cérebro e aptidão à linguagem, tudo isto conduz não somente a uma maior autonomia em relação ao meio, mas a novos sistemas de comunicação, de regulação, de memória, que funcionam a um nível mais elevado do que o do organismo. Reúnem-se todas as condições para novas integrações, em que a coordenação dos elementos baseia-se não mais na interação de moléculas, mas na troca de mensagens cifradas. Constitui-se assim uma nova hierarquia de íntegrons. Da organização familiar ao Estado moderno, da etnia à coalizão de nações, uma série de integrações se funda em uma variedade de códigos culturais, morais, sociais, políticos, econômicos, militares, religiosos, etc. A história dos homens é um pouco a história destes íntegrons, de suas formações, de suas mudanças. Aqui também se delineia uma tendência a uma integração crescente autorizada pelo desenvolvimento dos meios de comunicação. Enquanto está confinada à palavra, a transferência de informação permanece limitada no espaço e no tempo. Com a escrita, a comunicação pode libertar-se do tempo e a experiência passada de cada indivíduo acumular-se em uma memória coletiva. Com a eletrônica, com os meios de conservar imagem e som, de transmiti-los no próprio instante a qualquer ponto do globo, desaparece toda restrição de tempo e espaço.

Nos íntegrons culturais e sociais aparecem objetos novos. Estes funcionam segundo princípios desconhecidos nos níveis inferiores. Os conceitos de democracia, de propriedade, de salário são tão desprovidos de significação para uma célula ou um organismo quanto os de reprodução ou de seleção natural para uma molécula isolada. Isto significa que a biologia se dilui no estudo do homem como a física no da célula. A biologia, agora, representa apenas uma via de acesso entre outras. Desde o aparecimento de uma teoria da evolução, especialmente desde Herbert Spencer, tentou-se com freqüência interpretar os íntegrons sociais ou culturais, suas variações e suas interações com a ajuda de modelos tomados de empréstimo à biologia. Como os mecanismos que regem as transferências de informação obedecem a certos princípios, é possível, em certo sentido, ver na transmissão da cultura através das gerações uma espécie de segundo sistema genético superposto à hereditariedade. É tentador, então, especialmente para os biólogos, comparar os processos atuantes aqui e ali para procurar analogias; aproximar o aparecimento de uma idéia e o de uma mutação; opor a novidade da mudança ao conservadorismo da cópia; explicar o desaparecimento de sociedades, de culturas ou de espécies pelos impasses de uma evolução muito especializada. Pode-se mesmo aprofundar o paralelo. É então a reprodução que se encontra no centro dos dois sistemas, tanto no caso dos códigos de cultura e das sociedades quanto no caso da estrutura dos organismos e de suas propriedades: a fusão das culturas lembra a dos gametas; a universidade desempenha na sociedade o papel da linhagem germinal na espécie; as idéias invadem os espíritos como os vírus as células; elas se multiplicam e se selecionam pelas vantagens que conferem ao grupo. Em suma, a variação das sociedades e das culturas baseia-se em uma evolução semelhante à das espécies. Basta definir os critérios da seleção. O problema é que ninguém conseguiu.

Pois, com seus códigos, regulações, interações, os objetos que os íntegrons culturais e sociais constituem ultrapassam os esquemas explicativos da biologia. Trata-se de integrações de elementos já integrados. Mas se novamente aparecem níveis, descontinuidades de fenômenos e de conceitos, não se encontra ruptura alguma com os níveis da biologia. Os objetos de observação se encaixam uns nos outros. A fisiologia, por exemplo, considera individualmente as funções do organismos e os mecanismos que as coordenam. Acima dela, a ciência do comportamento não tematiza os processos internos para assim apreender em sua totalidade a reação do organismo a seu meio. Mais acima ainda, a dinâmica das populações e a sociologia, ignorando o comportamento dos indivíduos, tomam o do conjunto como objeto de análise. Um dia será preciso associar os diferentes níveis de observação para relacionar cada um deles com seus vizinhos. Mas não se pode esperar apreender o sistema sem conhecer as propriedades dos elementos. Isto significa que se o estudo do homem e de suas sociedades não pode se reduzir à biologia, também não pode dispensá-la; como a biologia não pode dispensar a física. Não se pode dar conta das transformações culturais e sociais pela seleção das idéias. Mas não se pode também esquecer que o organismo humano é o produto da seleção natural. De todos os organismos, é o homem que possui o programa genético mais aberto, mais flexível. Mas onde acaba esta flexibilidade? Qual é a parte do comportamento prescrito pelos gens? A que exigências da hereditariedade o espírito humano está submetido? Evidentemente, tais exigências existem em certos níveis. Mas onde estabelecer o limite? Para a lingüística moderna, há uma gramática de base, comum a todas as línguas; esta uniformidade refletiria um quadro imposto pela hereditariedade à organização do cérebro. Para os neurofisiologistas, o sonho constitui uma função necessária não somente ao homem, mas a todos os mamíferos; ele é regido por um centro localizado em uma região precisa do cérebro. Para os etólogos, a agressividade constitui uma forma de comportamento selecionada durante a evolução. Já presente na maioria dos vertebrados, ela dava uma vantagem seletiva ao homem quando, vivendo em pequenos grupos, encontrava-se sempre em competição pela comida, pelas mulheres, pelo poder. Agora, não é mais a seleção natural que desempenha o primeiro papel nas transformações do homem, ao menos em certas sociedades. É a cultura, mais eficaz, mais rápida, mas também muito recente. Em consequência, no comportamento atual do homem, muitos aspectos têm como origem alguma vantagem seletiva conferida à espécie na época de seu aparecimento. Muitos traços da natureza humana devem inserir-se em um quadro fixado pelos vinte e três pares de cromossomos que constituem o patrimônio hereditário do homem. Mas, então, qual é a rigidez deste quadro? Quais são as restrições impostas à plasticidade do espírito humano pelo programa genético?

Com a acumulação do conhecimento, o homem tornou-se o primeiro produto da evolução capaz de controlar a evolução. Não somente a dos outros, favorecendo as espécies que o interessam e eliminando as que o incomodam. Mas também a sua. Talvez um dia se possa intervir na execução do programa genético e mesmo em sua estrutura, para corrigir certos defeitos, para introduzir suplementos. Talvez se chegue a produzir, no número de exemplares que se quiser, a cópia exata de um indivíduo, um homem político, um artista, uma rainha de beleza, um atleta. Nada impede que se comece a aplicar aos seres humanos os procedimentos de seleção utilizados para os cavalos de corrida, os ratos de laboratório ou as vacas leiteiras. Seria preciso conhecer os fatores genéticos que influenciam qualidades tão complexas quanto a originalidade, a beleza ou a resistência física. E sobretudo seria conveniente que se chegasse a um acordo a respeito de que critérios escolher. Mas este não é mais um assunto exclusivo da biologia.

*

Há uma coerência nas descrições da ciência e uma unidade nas explicações que demonstram a existência de uma unidade subjacente nas entidades e nos princípios em questão. Seja qual for seu nível, os objetos de análise são sempre organizações, sistemas. Cada um serve de ingrediente ao seguinte. Mesmo o átomo, o velho irredutível, tornou-se um sistema. E os físicos ainda não estão em condições de dizer se a menor das entidades conhecidas hoje é ou não uma organização. A palavra evolução serve para descrever as mudanças ocorridas entre sistemas. Pois o que evolui não é a matéria, confundida com a energia em uma mesma permanência. É a organização, a unidade de emergência sempre capaz de se unir a seus semelhantes para integrar-se em um sistema que a domina. Sem esta propriedade, o universo seria insípido: um oceano de grãos idênticos, inertes, ignorando-se uns aos outros; um pouco como as mais antigas pedras da Terra em que, durante bilhões de anos, nem as moléculas, nem suas relações mudaram.

É pela integração que a qualidade das coisas muda. Pois uma organização freqüentemente possui propriedades que não existem no nível inferior. Estas propriedades podem ser explicadas pelas de seus componentes, mas não podem ser deduzidas deles. Isto significa que um determinado íntegron só tem uma certa probabilidade de aparecer. Qualquer previsão relativa à sua existência só pode ser de ordem estatística. Isto se aplica tanto à formação dos seres quanto à das coisas; tanto à constituição de uma célula, de um organismo ou de uma população quanto à de uma molécula, de uma pedra ou de uma tempestade. A unidade de explicação baseia-se hoje, portanto, na contingência. Mas, nos organismos, os efeitos do acaso são imediatamente corrigidos pelas necessidades da adaptação, da reprodução, da seleção natural, o que conduz a um paradoxo. No mundo inanimado, com efeito, o acaso dos acontecimentos pode ser estatisticamente previsto com precisão. Nos seres vivos, ao contrário, indissoluvelmente ligados a uma história impossível de ser detalhadamente conhecida, os desvios introduzidos pela seleção natural impedem que se faça qualquer predição. Como prever o aparecimento e o desenvolvimento de certas formas vivas e não de outras? Como predizer, no secundário, o fim brutal dos grandes répteis e o próximo sucesso dos mamíferos?

Afinal de contas, o que torna possível a existência de todas as organizações, de todos os sistemas e de todas as hierarquias são as propriedades dos átomos descritas pelas leis do eletromagnetismo de Maxwell. Talvez haja outras coerências possíveis nas descrições. Mas, fechada em seu sistema de explicações, a ciência não pode dele escapar. Atualmente o mundo é mensagens, códigos, informação. Qual dissecção amanhã deslocará nossos objetos para recompô-los em um novo espaço? Que nova boneca russa surgirá?

ÍNDICE REMISSIVO

acaso, 78, 86, 198, 206, 211, 213, 228, 229, 289-290, 296, 305, 307, 308, 309
ácido (desoxirribo) nucléico, 20, 23, 232, 247-248, 260, 266-267, 274-280, 281-282, 284-285, 286-287, 289-290, 294-296, 304-305, 310
Acquapendente (Fabrice d', 1533-1619), 59
Adanson (Michel, 1727-1806), 54, 56
adaptação (mecanismo de), 13-14, 15-16, 144-145, 146-148, 151-152, 154-157, 174-178, 180, 181-182, 222-223, 227-228, 287-288, 289-293, 298, 307, 308, 312-313, 321
afinidade, 47, 85, 235
alquimia, 31, 45, 47, 48, 105
Aldrovande (Ulisses, 1522-1605), 26, 28, 33
alvéolos (das abelhas), 43-45
alma, 30, 35, 41
anatomia comparada, 90-92, 109-117
animal-máquina, 39, 41, 42, 50, 69-70, 96, 256-258
animálculos, 22, 46, 62, 63, 65-66, 70-73, 89, 127-128
animismo, 42-43, 45, 46
aprendizagem, 17, 256, 313-316
Aristóteles, 26, 29, 41, 88, 212
atração, 47, 85
autômato, 39, 42, 251, 255, 256-258, 268, 294
Avery (Oswald T., 1877-1955), 267

bactéria, 263-269, 307, 308, 310, 312
bacteriologia, 263-264
Baer (Karl von, 1792-1876), 73, 128-132
Balbiani (Édouard, 1825-1899), 216
Belon (Pierre, 1517-1564, 27
Beneden (Édouard van, 1846-1910), 216, 219
Bergman (Tobern, 1735-1784), 99
Bernard (Claude, 1813-1878), 12, 185, 188-198
Bernoulli (Daniel, 1700-1782), 201

Berthelot (Marcelin, 1827-1907), 101, 185, 234-236
Berzélius (Jöns Jakob, 1779-1849), 99, 101, 102, 103, 104, 237, 258
Bichat (Xavier, 1771-1802), 97, 98, 119-121,124 , 188
bioquímica (origem da), 102-103, 187, 240-246
biologia (constituição da), 94-95, 149
— (dualidade da), 14, 186
biologia molecular, 16, 249, 253, 262, 267-268, 294, 299, 305
Bohr (Niels, 1885-1962), 248, 262
Balxampnn (Ludwig, 1844-1906), 173, 179, 202-206, 207, 213
Bonnet (Charles, 1720-1793), 40, 53, 70-71, 74, 75, 77, 79, 80, 83, 85, 140, 142-143
Borelli (Giovanni, 1608-1678), 40-41
Boveri (Theodor, 1862-1915), 217, 218, 219
Bridges (Calvin B., 1889-1938), 228
Brillouin (Léon, 1889-1969), 254, 256
Broussais (François, 1772-1838), 130
Brown (Robert, 1775-1853), 123
Büchner (Édouard, 1860-1917), 239, 240, 241
Buffon (Georges Lecler de, 1707-1788), 18, 22, 39-40, 44, 53, 54, 56, 71, 74, 79, 80, 83, 84, 86-90, 114, 118, 121, 123, 127, 133, 138, 139, 140, 143-145, 147, 150, 155, 179, 180
Burnet (Thomas, 1635-1715), 138
Butler (Samuel, 1835-1902), 221

Cabanis (Pierre, 1757-1808), 98, 155
cadeia (dos seres), 53-54, 81, 94, 115, 116-117, 142, 143, 144, 147-148, 149-150, 152, 153, 157-158, 160, 163-164, 245-246, 269
caixa preta, 230-231, 253
calor inato, 30
Camper (Petrus, 1722-1789), 91
câncer, 309, 313
Cannon (Walter B., 1871-1945), 196

323

caráter, 54-55, 57, 91, 92, 112-113, 208-213, 224, 225-228, 230-231, 263, 264
Cardan (Hiérosme, 1501-1576), 26, 29, 31
Carnot (Sadi, 1796-1832), 102, 199
catálise, 105, 237, 239-240, 242-243, 245-246, 247, 251, 259, 274-275, 285-286, 294-295, 301, 304
célula (evidenciada), 118-133, 134-135, 160
— (como objeto de análise), 186, 187, 188-190, 214-219, 229, 240, 263-269
— (bacteriana), 269-280
Cesalpino (André, 1519-1603), 29
Chateaubriand (François de, 1768-1848), 130-131
Chevreul (Michel-Eugène, 1786-1889), 105-106
cibernética, 251, 255-258
citologia, 214-219, 223, 266
classificação dos seres vivos, 50-51, 53-59, 90-92, 108-109, 116-117, 147-148, 149-150, 151, 152-153, 159-160, 169-170, 171, 193-195
Clausius (Rudolph, 1822-1888), 201
clone, 133
código genético, 257, 277-278, 304-305
colibacilo, 270
colóide, 241, 247, 251
Comte (Auguste, 1798-1857), 133-134, 161, 193
computador, 257, 267-268, 274, 285
Condillac (Etienne Bonnot de, 1715-1780), 38
contingência, 137-138, 160, 163, 172, 178, 182, 203
cópia (mecanismo de), 87-88, 276, 286-287, 296, 297-298
Correns (Carl, 1864-1933), 225
cosmos, 35
cristal, 258, 262, 282-283, 286-287, 296, 303-304
cromatografia, 259-260
cromossomo, 216-219, 223-224, 228, 247, 254, 258, 263, 265, 266, 275, 276, 279, 292, 293
cultura (natureza e), 318-320
Cuvier (Georges, 1769-1832), 97, 98, 107-117, 161, 162-163, 187, 188
Darwin (Charles, 1809-1882), 160, 168-183, 185, 186, 197, 198, 203, 207, 212
Darwin (Erasme, 1731-1802), 18, 158
Daubenton (Louis, 1716-1800), 91, 114
decifração (do código genético), 277-278

demônio (de Maxwell), 202, 254, 281, 286
Descartes (René, 1596-1650), 35-36 41, 42, 47, 60-61
desenvolvimento embrionário, 31-32, 59-60, 62, 64, 127-133, 135-136, 197-198
diástase, 104, 105, 239, 242
Diderot (Denis, 1713-1784), 140, 144, 147, 155, 180
diferenciação celular, 125-126, 128, 132-133, 197, 266, 311, 312, 313
difração dos raios X, 261-262
dissimetria molecular, 236-237, 246
Driesch (Hans, 1867-1941), 218
drosófila, 226, 227-228, 263, 265
Dujardin (Felix, 1801-1860), 123
Dumas (Jean-Baptiste, 1800-1884), 102, 106, 128

Einstein (Albert, 1879-1955), 19
energia, 102-103, 199-207, 232-233, 244-245, 253-254, 255-257, 281, 282, 300-301
entropia, 200-201, 204, 255-256
envelhecimento, 309
enzima, 242-243, 244, 245-246, 247, 264, 265, 267, 274-275, 290, 292-293, 294, 295, 301, 302-303
epigênese, 73, 88, 128, 132
espécie, 57-59, 62, 68-69, 79, 143, 150-151, 229
estatística (análise), 173, 179, 201-207, 209, 211-212, 213, 224
estrutura visível (como objeto de análise), 23, 26, 28-29, 35, 50-59, 60, 64, 66, 68-69, 70, 75, 78, 80, 81, 147-1488
evolução, 18, 19, 20-21, 136, 137-138, 168-183, 185, 203-204, 287-288, 291-293, 307-320

fabrica (e organismo), 189, 272-274, 294
fatores de crescimento, 245-246
fecundação artificial, 72
fenótipo, 212-213, 264
fermento: ver diástase
fermentação, 104-105, 185, 236-240, 241-243, 244
Fernel (Jean, 1496-1558), 21, 26, 30, 32, 41
fibra (componente elementar dos seres vivos), 82-83, 119-120, 134-135
finalidade (da reprodução), 11-13, 15-16, 273, 278, 283, 290, 300, 312-313
fisiologia experimental, 188-198

Flemming (Walter, 1843-1906), 216
Fontenelle (Bernard Le Bovier de, 1657-1757), 44, 54, 69, 96
força vital, 45-46, 97-99, 101-103, 124-126, 232-233, 234, 247-248
fósseis, 112, 139, 144-145, 152, 162-163, 165, 166-167, 168, 270
Franklin (Benjamin, 1706-1790), 154
Frédéric-Guillaume (1688-1740), 147
Galeno (Cláudio, 131-210), 26
Galilei (Galileo, 1564-1642), 35, 37, 40
Gärtner (Carl Friedrich von, 1772-1850), 208
gen, 227-231, 246-247, 252-253, 263-267, 276-278, 285, 286, 290, 295
genética (origem da), 187, 207-214, 219-231
genótipo, 212, 264
geração (conceito de), 22-23, 24, 25-26, 29-34, 35, 59-64, 81
geração espontânea, 18, 19-20, 30-31, 60-62, 89, 127, 157-158, 236, 238-239
Geoffroy (Etienne, 1672-1731)
Geoffroy Saint-Hilaire (Isidore, 1805-1861), 47, 66
geologia, 163-168
Gerhardt (Charles Frédéric, 1816-1856), 106
germe (na preformação), 64-69, 78,
Gibbs (Josiah Willard, 1839-1903), 173, 179, 202, 203, 206, 207
Gödel (Kurt, nascido em 1906), 314
Goethe (Johann Wolfgang, 1749-1832), 91, 93-94, 96, 97-98, 108, 110
Graaf (Régnier de, 1641-1673), 62-63, 128
gravitação, 19, 37-38
Grew (Nehemiah, 1641-1712), 118

Haeckel (Ernst, 1834-1919), 197, 215, 216
Haldane (J. S., 1860-1936), 248
Haller (Albrecht von, 1708-1777), 70, 71, 82-83, 119, 157
Hartsoeker (Nicolas, 1656-1725), 22, 45, 46, 66
Harvey (William, 1578-1657), 41, 49, 59-60
Helmholtz (Hermann von, 1821-1894), 200, 233
hereditariedade dos caracteres adquiridos, 10-11, 32-33, 67-68, 155-157, 173-174, 221-223, 227-228, 290-293
Hertwig (Oscar, 1849-1922), 217-218
Hertwig (Richard, 1850-1937), 217, 218

Hipócrates (460-377), 26, 212
história natural (constituição de uma), 50-59
Hobbes (Thomas, 1588-1679), 39
Holbach (Paul-Henri Thiry d', 1723-1789), 45
homeostase, 196, 255, 256
Hooke (Robert, 1635-1703), 22, 118
hormônios, 251, 266, 301, 311, 312, 316
Humboldt (Alexandre von, 1769-1859), 167-168
Huxley (Thomas Henry, 1825-1895), 220

infecciosa (hereditariedade), 266
informação, 102, 104, 254-255
infusório, 121
íntegron, 302, 306, 318, 319, 321
isômeros, 103, 236, 246, 253

Jacó, 10
Johannsen (Wilhelm, 1857-1927), 228
Joule (James, 1818-1889), 201
Jussieu (Antoine Laurent de, 1748-1836), 92, 93-94, 112
Kant (Emmanuel, 1724-1804), 95, 96, 97
Kékulé von Stradonitz (August, 1829-1896), 234-235
Koelreuter (Josef, 1733-1806), 76
Kolbe (Hermann, 1818-1884), 233

Lamarck (Jean-Baptiste de, 1744-1829), 18, 19, 20, 91-94, 149-158, 160, 161, 162, 179, 180
La Mettrie (Julien Offroy de, 1709-1751), 45
Laplace (Pierre-Simon de, 1749-1827), 60-61
Laurent (Auguste, 1807-1853), 106
Lavoisier (Antoine-Laurent de, 1743-1794), 47-48, 49-50, 90, 99, 104, 187, 193, 240, 243
Leeuwenhoek (Antoni van, 1632-1723), 63, 66, 118
Leibniz (Gottfried, 1646-1716), 35, 69
leis da natureza, 35, 36-37, 62, 68-69, 70, 78
levedura, 104-105, 239, 241, 242, 244, 264, 265
Liebig (Justus von, 1803-1873), 98, 99, 100-103, 104, 106, 234, 237
linguagem, 315, 317-318
Lineu (Carl von, 1707-1778), 50-59, 174
livre arbítrio, 315
Loeb (Jacques, 1859-1924), 241

325

Lorenz (Konrad, nascido em 1903), 315
luta pela vida, 175, 183
Lyell (Charles, 1797-1875), 164-166, 167, 171

macromoléculas, 253-262, 271-272
Magnol (Pierre, 1638-1715), 56
Maillet (Benoît de, 1656-1738), 138, 140, 141
Malabranche (Nicolas de, 1638-1715), 61, 63-64, 67, 68
Malpighi (Marcello, 1628-1694), 61, 65, 118
Malthus (Thomas-Robert, 1766-1834), 143, 154-155, 174-175
Maupertuis (Pierre Moreau de, 1698-1759), 75, 77, 80, 84-85, 86, 88, 89, 121, 123, 127, 133, 140, 143, 146-148, 154, 155, 157, 175, 180
Maxwell (James Clark, 1831-1879), 201-202, 206, 254, 280-281, 286
mecânica estatística, 173, 179, 201-207, 224
mecanicismo, 45, 46-47, 49-50, 68-69, 71, 73, 79-80
meio (conceito de), 133-134, 135, 141, 145, 161-162, 192-193
meio interior, 193, 196
membrana celular, 123-124, 126-127, 270-271, 283, 301, 304
memória (da hereditariedade), 86-88, 187, 197, 213, 253
Mendel (Johann Gregor, 1822-1884), 179, 185, 198, 207, 208-214, 220, 224, 227, 228, 232
mensagem (da hereditariedade), 253, 255, 257, 269-280, 289-293
metabolismo intermediário, 243, 261
método (de classificação), 56-57
microorganismo, 236-239, 242, 244, 263-269
microscópio (ótico), 61, 62, 123, 127, 216, 261, 270
— (eletrônico), 261, 270-271
Miescher (Friedrich, 1844-1895), 232, 247
Mohl (Hugo von, 1805-1872), 123
molde interior, 87-88, 286
moléculas orgânicas, 83-84, 86-87, 88-89, 118-119, 122-123
monômero, 258-259, 296
monstros, 32-33, 75-76, 86, 130-131
Montaigne (Michel Eyquem de, 1533-1592), 30, 32, 34

Montesquieu (Charles de, 1689-1755), 145
Morgan (Thomas Hunt, 1866-1945), 226, 228
morte, 94, 96-98, 308-309
Mulder (Gerrit Jan, 1802-1880), 103
Muller (Hermann Jo, 1890-1967), 227-228
mutação, 227-229, 264-267, 289-293
Nägeli (Karl von, 1817-1891), 214, 220
Naudin (Charles, 1815-1899), 208
Needham (John, 1713-1781), 18
Newton (Isaac, 1643-1727), 37, 47, 79, 82
núcleo celular, 215-219, 223-224, 232, 241, 247-248, 257

Oken (Lorenz, 1779-1851), 121-122, 124
organização (como objeto de análise), 80, 81, 90, 92-84, 97, 98, 107-118, 121, 149-151, 152, 157, 158, 159-160, 251-252, 300-306
origem da vida, 304-306
Ostwald (Wilhelm, 1853-1932), 239-240
Owen (Richard, 1804-1892), 108

Pallas (Peter Simon, 1741-1811), 93-94
Paracelso (Théophraste von Hohenheim, 1493-1541), 27, 32
Paré (Ambroise, 1510-1599), 25, 27, 31, 33
partenogênese, 70-71, 125, 132
Pascal (Blaise, 1623-1662), 21
Pasteur (Louis, 1822-1895), 22-23, 185, 236-239, 244
patológico (na análise do fisiológico), 130, 191-193, 238
Perrault (Claude, 1613-1688), 67
Perrin (Jean, 1870-1942), 23
Pinel (Philippe, 1745-1826), 119
plano (de desenvolvimento), 130, 133, 135-136
— (de organização), 113-118, 133, 134, 135-136, 142
polímero, 253, 257-260, 267, 271-272, 273, 275, 276, 277, 281, 302, 304, 305
Porta (Jean-Baptiste della, 1534-1615), 27
pré-existência dos germes, 66-69, 70, 73-74, 78
pré-formação no miolo, 64-67, 68, 69, 70-71, 73, 74, 81, 85
Prévost (Jean-Louis, 1790-1850), 128

programa genético, 10, 11, 13, 14, 16-17, 26-7-268, 271, 279(281, 290-293, 295, 297-298, 304, 305, 307-321
proteína, 242, 246, 247, 260-261, 266-267, 271, 274-275, 276-278, 280-86, 87, 288-289, 290, 301-303, 304-305, 307, 308, 309, 313
protistas, 126-127, 132,217
protoplasma, 123, 126, 132, 233, 241, 251
protozoários, 221, 311
Purkinje (Jan, 1787-1869), 123
química orgânica (constituição de uma), 99-107
química física (e biologia), 233, 239, 240, 259

rádioisótopos, 261
Ray (John, 1627-1705), 56, 58
Réaumur (René Ferchault de, 1683-1767), 43-44, 49, 70, 71, 76-77, 79
recombinação genética, 264, 266-267, 291, 292
Redi (Francisco, 1626-1698), 18, 20, 61
regeneração, 74, 79
regulação, 195-196, 255-257, 283-285, 290, 293, 294, 297, 301-302
Remak (Robert, 1815-1865), 131
reparação (mecanismos de), 276, 289
reprodução (origem do conceito) 68-69, 78-80, 89-90, 132-133, 135, 137
retroalimentação, 255-256
retroação, 181, 257, 285, 298
Robinet (Jean-Baptiste, 1735-1820), 140, 142

Scheele (Carl, 1742-1786), 99
Schleiden (Matthias, 1804-1881), 125, 127
Schrödinger (Erwin, 1887-1961), 248, 254, 256, 257-258, 262
Schwann (Theodor, 1810-1882), 124, 125-127
Seguin (Armand, 1767-1835) 49
seleção natural, 175-178, 179-183, 290-291, 296, 298, 300, 303, 306, 307, 309, 313, 317, 319-320, 321
semelhança, 27, 31-32, 33, 34
sexualidade, 264-265, 266, 308, 309, 316
Siebold (Carl von, 1804-1885), 126-127
Signo, 27, 35, 37, 38
simbiose, 310-311
sistema (de classificação), 55-56, 57-58
sistema nervoso, 251, 266, 301, 311, 313-321

sociedades, 317, 318-319
Spallanzani (Lazzaro, 1729-1799), 18, 19, 20, 72-73, 75-76, 80, 89
Spencer (Herbert, 1820-1903), 318
Stahl (Georg Ernst, 1820-1903), 45
Sténon (Nicolas, 1638-1687), 62-63
Storr (Gottlieb Konrad, 1749-1821), 91
Sturtevant (Alfred H., 1891-1970), 228
Swammerdam (Jan, 1967-1680), 46, 61, 67
Szillard (Leo, 1898-1964), 254

tecido, 119-121, 123
teleologia, 16
teoria celular, 124, 127-128, 131-132, 135, 185
termodinâmica, 181, 188, 198-297, 254-255, 257, 283, 284, 299, 301, 302
Tournefort (Joseph Pitton de, 1656-1708), 51-59
tradução (do código genético), 277-278, 279, 288
transcrição (da mensagem genética), transformismo, 135-136, 140, 148, 149-159
Treviranus (Gottfried, 1776-1837), 94
Tschermak (Erich von, 1871-1962), 225

unidade (de composição e de funcionamento do mundo vivo), 244-246, 263-264

valência, 234-235
variação (mecanismo da), 54-55, 57, 85, 86, 94, 117-118, 146-149, 151-153, 154-157, 168-178, 179-181, 222-223, 226-228, 229-231, 289-293, 307-308
Vésale (Andreas, 1514-1564), 41
Vicq d'Azyr (Félix, 1748-1794), 91, 93-94, 114-115
vida (conceito de), 95-99, 124, 125-126, 132-133, 134, 148-150, 186, 188, 247, 248-249, 255
Virchow (Rudolf, 1821-1902), 127, 132, 185, 214
virus, 263, 265, 266, 268, 269, 281-282, 291, 295
vitalismo, 42-44, 46, 96-99, 101-103, 124-126, 247-250
vitaminas, 245-246
Voltaire (François Maria Arouet, 1694-1778), 78
Vries (Hugo de, 1848-1935), 224, 225, 227

Waldeyer (Wilhelm, 1836-1921), 216
Wallace (Alfred Russell, 1823-1913), 174-175, 178, 179, 186
Weismann (August, 1834-1914), 220-223, 226, 228
Wiener (Norbert, 1894-1964), 196, 255, 256

Willis (Thomas, 1621-1675), 46
Wöhler (Friedrich, 1800-1882), 101, 102, 106
Wolff (Caspar Frederic, 1733-1794), 73, 128
Woodward (John, 1665-1728), 138